〈改訂版〉
理工系のための
力 学

井口英雄
佐甲徳栄
相馬亘
中原明生

著

東京図書

R 〈日本複製権センター委託出版物〉
本書を無断で複写複製（コピー）することは，著作権法上の例外を除き，禁じられています．本書をコピーされる場合は，事前に日本複製権センター（電話 03-3401-2382）の許諾を受けてください．

まえがき

　本書は，理工系の大学1年生を対象とした力学のテキストです．理工系の学生が，大学の4年間で学ぶ科目で，力学という名前が付く科目は，たとえば，構造力学，材料力学，流体力学，解析力学，熱力学，統計力学，量子力学などがあります．このように，たくさんある教科の基本となるのが，本書で学ぶ力学です．

　これほど重要な科目ですから，これまでにもたくさんのテキストが出版されてきました．著者らが学生の頃は，ファインマンの『力学』，ランダウ＝リフシッツの『力学』，山内恭彦の『一般力学』が名著とされていました．この中でもファインマンの『力学』は読んで面白く，物理学の考え方を身に付けるには最適でしたが，その他の本は難解で，何度も何度も挫折しながら，結局，最後まで通読することができませんでした．当時でも，もう少し敷居が低いテキストがあり，戸田盛和の『力学』や原島鮮の『力学』が多くの学生によって読まれていたと思います．

　現在でも，ファインマンの『力学』とランダウ＝リフシッツの『力学』が両極にあり，その間にすべての『力学』のテキストが位置するという構造は変わっていません．しかし，その顔ぶれは豊富になり，特に，授業で使われるテキストの参考書が増えた印象があります．このように質よりも量が多くなったわけですが，どのテキストもなにかよそよそしい顔つきをしていることが，本書の著者らが気にかかった点です．そのため本書は，『力学』の本音を語り，授業の実況中継に近い形を目指しました．また，大学の1年生が学ぶ数学についても，できるだけコンパクトにまとめました．

　最近の理工系人気の中で，必ずしも数学と物理を得意としない学生がたくさん理工系の学部に進学してくる状況です．本書は，高校で微分積分と物理学を学んだ学生を想定していますが，これらが得意な学生のみならず，苦手としている学生にとっても，学習の一助となれば幸いです．

　また，本書の執筆は，組版処理ソフトウェア LaTeX を使いましたが，そのマクロや数学ノートやコラムで使ったアイコンを提供下さった，青山秀明名誉教授（京都大学）に感謝いたします．

Euro2012 決勝 スペイン×イタリアの朝に　著者一同

改訂に寄せて

　本書が出版されてから7年の歳月が過ぎました．本改訂においては，これまでに本書を通して力学を学んだ学生が指摘してくれた間違いを訂正するとともに，より正確に説明することを心がけました．また，理工系の様々な学科の学生を念頭におき，回転座標系の3次元での説明など，新たな項目を付け加えました．本改訂により，本書が理工系の学生の力学の学びの一助になれば幸いです．

平成から令和への夜明けに　著者一同

本書で用いる表記法

　本書では，スカラーは，$A, B, C, \ldots, a, b, c, \ldots$ のように，普通の太さの斜体文字で表します．ベクトルは，$\boldsymbol{A}, \boldsymbol{B}, \boldsymbol{C}, \ldots, \boldsymbol{a}, \boldsymbol{b}, \boldsymbol{c}, \ldots$ のように，太字の斜体文字で表します．また行列は $\mathbf{A}, \mathbf{E}$ のように太字の立体文字で表します．スカラーやベクトルを手書きする場合の一例を，図に示しておきます．ベクトルを手書きする場合は，はじめに対応するスカラーを書いて，その後に文字の中のどこかに線を追加して，2本線にします．本書では，ベクトルを時間で微分することを，ベクトルの上に・（ドット）を打って表すことがあります（ニュートンの記号）．つまり，$\dot{\boldsymbol{A}}, \dot{\boldsymbol{B}}, \dot{\boldsymbol{C}}, \ldots, \dot{\boldsymbol{a}}, \dot{\boldsymbol{b}}, \dot{\boldsymbol{c}}, \ldots$ のように書きます．

図　スカラーとベクトルの手書き

　高校までの数学では，ベクトルを $\vec{A}, \vec{B}, \vec{C}, \ldots, \vec{a}, \vec{b}, \vec{c}, \ldots$ のように書いていたと思います．この書き方を用いると，ベクトルの時間微分は，$\dot{\vec{A}}, \dot{\vec{B}}, \dot{\vec{C}}, \ldots, \dot{\vec{a}}, \dot{\vec{b}}, \dot{\vec{c}}, \ldots$ と書かれます．これは，とても書きにくいし，読みにくいものです．この問題点を避けるために，本書ではベクトルを太字で表します．

　記法の進歩は文明そのものの進歩ではありませんが，文明を支える交通手段の改革のように考えれば，その意味は明確になるのではないでしょうか．また，きれいに数式を書くように表記方法を工夫することは，どうでもよいように感じるかもしれません．しかし，うまい表記方法を導入することが，研究の発展に大きく貢献したことが，これまでの科学の歴史にも多く見られます．

目　次

Chap.0　はじめに　　　　　　　　　　　　　　　　　　　　　**1**

　0.1　大学で学ぶ物理学 ・・・・・・・・・・・・・・・・・・・・・・・・・・　2

　0.2　物理学と工学 ・・・・・・・・・・・・・・・・・・・・・・・・・・・・　3

Chap.1　物体の運動を記述しよう　　　　　　　　　　　　　　**5**

　1.1　力学で扱う物体を定義しよう ・・・・・・・・・・・・・・・・・　6

　1.2　運動の変化を記述しよう ・・・・・・・・・・・・・・・・・・・・　8

　数学ノート：ベクトル ・・・・・・・・・・・・・・・・・・・・・・・・　14

　数学ノート：微分 ・・・・・・・・・・・・・・・・・・・・・・・・・・・・　18

　1の演習問題 ・・・・・・・・・・・・・・・・・・・・・・・・・・・・・・・・　22

　コラム：素粒子の標準模型 ・・・・・・・・・・・・・・・・・・・・・・　24

Chap.2　ニュートンの偉業　　　　　　　　　　　　　　　　　**25**

　2.1　最重要！運動の3法則 ・・・・・・・・・・・・・・・・・・・・・・　26

　2.2　第1法則は第2法則に含まれない！ ・・・・・・・・・・・・・・　33

　2.3　次元と単位 ・・・・・・・・・・・・・・・・・・・・・・・・・・・・・・　39

　2.4　万有引力と重力 ・・・・・・・・・・・・・・・・・・・・・・・・・・・　41

　数学ノート：テイラー展開，マクローリン展開 ・・・・・・・・・・・・・　48

　2の演習問題 ・・・・・・・・・・・・・・・・・・・・・・・・・・・・・・・・　50

　コラム：ニュートン力学（古典力学）の限界 ・・・・・・・・・・・・・　52

Chap.3　運動方程式を理解しよう　53

3.1　地表付近の物体の運動 ・・・・・・・・・・・・・・・・・・・・・・・　54

数学ノート：不定積分と定積分 ・・・・・・・・・・・・・・・・・・・　64

3.2　ダ・ヴィンチの発見——摩擦のある運動 ・・・・・・・・・　66

3.3　雨滴の落下とスカイダイビング——粘性抵抗と慣性抵抗 ・・・・・　76

数学ノート：変数分離形の微分方程式 ・・・・・・・・・・・・・・・　88

3.4　音を立てずにドアを素早く閉めるには——減衰振動 ・・・・・　89

数学ノート：微分方程式 ・・・・・・・・・・・・・・・・・・・・・・　103

3.5　長周期地震に弱い高層ビル——強制振動 ・・・・・・・・　107

3の演習問題 ・・・・・・・・・・・・・・・・・・・・・・・・・・・・　115

コラム：粘性抵抗と慣性抵抗 ・・・・・・・・・・・・・・・・・・・　118

Chap.4　仕事とエネルギー　119

4.1　仕事を定義しよう ・・・・・・・・・・・・・・・・・・・・・・・　120

4.2　力学で現れるエネルギー ・・・・・・・・・・・・・・・・・・　124

数学ノート：2次元での保存力の条件式と偏導関数 ・・・・・・・・　128

4.3　エネルギー保存の法則 ・・・・・・・・・・・・・・・・・・・　131

4.4　保存力とポテンシャル・エネルギーの関係 ・・・・・・・・・・・　135

4の演習問題 ・・・・・・・・・・・・・・・・・・・・・・・・・・・・　138

コラム：非弾性衝突と土星の環の形成 ・・・・・・・・・・・・・・　142

Chap.5　極座標と回転運動　143

5.1　円周上の物体の便利な表し方 ・・・・・・・・・・・・・・・・　144

5.2　極座標を用いた2次元平面上の運動方程式 ・・・・・・・・・・・　149

数学ノート：変化する基本ベクトル ・・・・・・・・・・・・・・・　153

5.3　地球の自転と野球ボールに働く遠心力・コリオリ力 ・・・・・・・・　155

数学ノート：3次元極座標 ・・・・・・・・・・・・・・・・・・・・　164

数学ノート：回転座標系のベクトルを用いた表現 ・・・・・・・・・・　166

5の演習問題 ・・・・・・・・・・・・・・・・・・・・・・・・・・・・　169

コラム：フーコーの振り子 ・・・・・・・・・・・・・・・・・・・・・　170

Chap.6　角運動量　171

6.1　角運動量保存とフィギュアスケート ・・・・・・・・・・・・・・172

数学ノート：ベクトル積と行列式 ・・・・・・・・・・・・・・・・ 175

6.2　力のモーメントと角運動量が従う方程式 ・・・・・・・・・ 179

6.3　中心力場の運動で保存するもの ・・・・・・・・・・・・・・ 188

6 の演習問題 ・・・・・・・・・・・・・・・・・・・・・・・・・・・ 191

コラム：慣性モーメントと分子の形 ・・・・・・・・・・・・・・ 192

Chap.7　2 体問題　193

7.1　1 の次は 2——2 体問題の基礎 ・・・・・・・・・・・・・・ 194

7.2　ケプラーからニュートンへ——惑星の運動 ・・・・・・・・・ 201

7.3　ぶつけて調べる相互作用——衝突 ・・・・・・・・・・・・・ 212

7.4　複雑？　単純？　——連成振動 ・・・・・・・・・・・・・ 219

数学ノート：固有値・固有ベクトル ・・・・・・・・・・・・・・ 225

7 の演習問題 ・・・・・・・・・・・・・・・・・・・・・・・・・・・ 227

コラム：重力波天文学 ・・・・・・・・・・・・・・・・・・・・・ 229

Chap.8　質点系　231

8.1　2 の次は n ・・・・・・・・・・・・・・・・・・・・・・・・ 232

8 の演習問題 ・・・・・・・・・・・・・・・・・・・・・・・・・・・ 242

コラム：コンピュータの中の宇宙 ・・・・・・・・・・・・・・・ 244

Chap.9　剛体　245

9.1　大きさのある物体の運動を考えよう ・・・・・・・・・・・ 246

数学ノート：多重積分 ・・・・・・・・・・・・・・・・・・・・・ 252

9.2　つり合う剛体，回転する剛体 ・・・・・・・・・・・・・・ 253

9.3　素早く回転するには？——慣性モーメント ・・・・・・・・・ 257

9.4　滑る，転がる，どちらが速い？——剛体の平面運動 ・・・・・・・ 268

9.5　コマの首振り運動 ・・・・・・・・・・・・・・・・・・・・・ 275

9 の演習問題 ・・・・・・・・・・・・・・・・・・・・・・・・・・・ 278

コラム：オイラー ・・・・・・・・・・・・・・・・・・・・・・・ 282

索　引　289

◆装幀　岡 孝治

一日，生きることは，一歩，進むことでありたい．
湯川秀樹

Chap.00

はじめに

この章では，力学に限らず大学で学ぶ物理学について概観
するとともに，高校の物理と大学の物理の関係について学
びます．また，物理学と工学の関係について歴史を振り返
り，双方が刺激し合いながら人類の歴史をつくってきたこ
とを学びます．

0.1 大学で学ぶ物理学

高校で学ぶ理科は，物理，化学，生物，地学の4科目が基本となっています．このうち物理と生物には，なぜか「学」という字がついていません．けれども大学では，物理学や生物学という言葉が使われ，少し偉くなったような印象を受けます．

高校の物理は，力と運動，運動とエネルギー，波，電気と磁気，物質と原子，原子と原子核といった内容から構成されています．大学ではこれら一つひとつが，独立した内容になります．少し強引ですが，高校の物理と大学の物理学を対応付けると，

> 力と運動，運動とエネルギー $\longrightarrow$ 力学
>
> 波 $\longrightarrow$ 振動・波動
>
> 電気と磁気 $\longrightarrow$ 電磁気学
>
> 物質と原子 $\longrightarrow$ 熱・統計力学，物性物理学
>
> 原子と原子核 $\longrightarrow$ 量子力学，原子核物理学，素粒子物理学

のようになります．大学の物理学では，このような対応付けができない分野も入ってきます．たとえば，流体力学，相対論，宇宙物理学などがあります．

これらは，大学の物理学科の学生が学ぶ内容であるため，理工系の学生がこれらすべてを学ぶわけではありません．しかし，専門課程の学年が上がるにつれて，それまでに学んだことを改めて振り返ってみると，大学の物理学の多くの分野に触れていることに気が付きます．

高校で学ぶ物理では，数学との関係について述べられることはあまりありません．そのため，数学と物理は別ものとして学んできた学生も多いと思います．しかし大学の物理学では，微分積分や線形代数にとどまらず，数学基礎論から現代数学にいたるまで，数学と物理学の関係が強いものになっていきます．最先端の研究を見てみると，数学者が物理学の学術誌に論文を書いていたり，その逆のパターンも多く見られます．数学と物理学にとどまらず，大学の理工系のどの分野でも，数学を縦横無尽に使う点が，高校と大学の違いです．

では，なぜ数学を使って考える必要があるのでしょうか？　その答えは，いつでも誰でも，同じ条件で，同じ方法を使えば同じ結果が得られるという，再現性を保証するためです．数式や因果関係の論理的な検証をいっさいしないで，言葉

だけで議論することの危険性は，たとえば，テレビの討論番組や政治家の発言を見ていればわかると思います．

0.2 物理学と工学

「物理学が先か工学が先か」といった疑問に答えることは，「卵が先か鶏が先か」という疑問に答えるのと同じくらい難しい問題です．これまでの歴史をひもといてみると，原理はわからないけれども物を作る方法が開発されて，製品として使われるようになった場合がありますし，その逆の場合もあります．

たとえば，本書では力学について学びますが，力学が扱う基本的な運動の中に放物運動があります．これは，地表付近で投げられた物体の運動を明らかにするものです．この議論によって，どの角度で，どの速さで物を投げると，どの高さまで上がり，どこまで到達するのかがわかります．しかし，人類はそのような理論を知らなくても，投擲具（とうてきぐ）を自由に使い，太古の厳しい時代を生き抜いてきました．

また熱力学は，蒸気機関が発展した後に誕生した学問です．蒸気機関は18世紀から19世紀にかけて発明・改良されたもので，1712年にニューコメン (Thomas Newcomen) によって鉱山の排水用として製作されました．その後，1769年にワット (James Watt) によって改良が加えられ，1750年から1850年の産業革命へとつながりました．一方，熱力学は，1820年頃のカルノー (Nicolas Léonard Sadi Carnot) による研究に始まり，1850年頃にトムソン (William Thomson, ケルヴィン卿) によって熱力学の第1法則と第2法則が定式化されました．そのため，産業革命が終わる頃になってようやく，熱力学の基礎が築かれたことになります．

産業革命の後に，製鉄などの重工業が盛んになりました．よい鉄を作るには，溶鉱炉の温度を正しく計る必要があります．しかし当時は，溶鉱炉の温度を正確に計る温度計がなかったため，溶鉱炉から発せられる熱や光といった輻射（ふくしゃ）を調べて，温度を知る必要がありました．そして，その研究過程で，1900年にプランク (Max Karl Ernst Ludwig Planck) によって提案された量子仮説（輻射のエネルギーが離散的な値をもつこと）が，量子力学へとつながっていきます．ここでも，物理学が工学の後を追うという形で，発展していきました．

しかし逆に，物理学が先行し，工学が後追いしたケースもあります．その例が，

電磁気学と電気工学です．電気と磁気は 17 世紀頃から本格的に研究され始め，マクスウェル (James Clerk Maxwell) によって 1864 年に導かれたマクスウェル方程式によって，電磁気学が完成しました．しかしその時点では，それらの研究が実用化されることはなく，ベル (Alexander Graham Bell) が電話の実験に成功したのが 1876 年，エジソン (Thomas Alva Edison) が白熱電球を発明したのが 1879 年です．マクスウェルが予言した電磁波は，1888 年にヘルツ (Heinrich Rudolf Hertz) によって実証され，1901 年にマルコーニ (Guglielmo Marconi) によって大西洋横断無線通信という形で具体的に実現されました．タイタニック号の遭難信号をいち早く伝えたのが，この無線通信システムでした．

　また，現代物理学の成果が実用化されたものとしては，アインシュタイン (Albert Einstein) によって 1905 年に発表された特殊相対性理論と，1915 年から 1916 年にかけて発表された一般相対性理論があります．これらの理論があるからこそ，カーナビやスマートフォンの地図で使われている GPS（Global Positioning System; グローバル・ポジショニング・システム（全地球測位システム））が機能しています．そのため，もしも相対性理論がなかったら，たとえ人工衛星を打ち上げて衛星通信をする技術があったとしても，今のような世の中になっていなかったことでしょう．

　このように，物理学と工学は互いに絡み合いながら，ときに偶然と思える出来事をつないで，社会を支え，発展させてきました．物理学は，世の中に不連続なジャンプをもたらす力を秘めています．かつて経済学者のシュンペーター (Joseph Alois Schumpeter) は，「駅馬車をどんなに大量生産しても鉄道はできない」という言葉で，イノベーション (innovation) を表現しました．駅馬車から鉄道に至るには，連続的な変化ではなく，偶然とセレンディピティ (serendipity) を含んだ，不連続な変化が必要なのです．そして，そのようなことを起こす能力を，物理学はもっているのです．

取り返しのつかない大きな失敗をしたくないなら，早い段階での失敗を
恐れてはならない．
湯川秀樹

Chap.01
物体の運動を記述しよう

力学の目的は，物体の運動を明らかにすることです．で
は，物体とは何でしょうか？ 運動とは何でしょうか？ この
ような疑問に答えるのがこの章の目的です．始めに答えを
言ってしまうと，本書で考える物体は，質点，質点系，剛
体の3種類です．また，運動を記述するものは，位置，速
度，加速度の3種類です．そしてこの章では，これらを議
論するために必要な数学として，ベクトルと微分について
学びます．

1.1 力学で扱う物体を定義しよう

　本章の扉でも述べましたが，力学の目的は，物体の運動を明らかにすることです．本書で扱う物体は，**質点** (point mass)，**質点系** (point mass system)，**剛体** (rigid body) です.

1.1.1 質点と質点近似

　質点とは，質量のみをもつ点です．私たちの身の回りを見渡すと，どこにもそのようなものがないので，架空のものだと思われるかもしれません．けれども，現代物理学では，**素粒子** (elementary particle) は大きさがなく，質量のみをもったものだと考えられています（24 ページのコラムを参照してください）.

　また，考えている物体の大きさが，考えている物理系の大きさに比べて充分に小さい場合があります．このようなときは，物体を質点として扱うことが，よい近似になっていることがあります．このような考えを，**質点近似** (point mass approximation) と呼びます．たとえば，太陽の周りをまわっている地球の運動を考える場合，考えている物体は地球で，考えている物理系のサイズは地球の公転軌道になります．地球の赤道面での直径は $1.2756274 \times 10^7 \mathrm{m}$ で，平均公転半径は $1.49597870700 \times 10^{11} \mathrm{m}$ ですから，その大きさの比は，

$$\frac{1.2756274 \times 10^7 \mathrm{m}}{2 \times 1.4959787 \times 10^{11} \mathrm{m}} = 4.2635212454264 \times 10^{-5}, \tag{1.1.1}$$

となります．このように小さな値になるため，地球の大きさを無視して，質点として近似できることがわかります.

1.1.2 質点系

　質点系は，2 個以上の質点から形成される系です．そのため，物体と呼ぶよりは状態と呼んだほうがしっくりくるかもしれません．2 つの質点が互いに重力を及ぼし合う系を議論する問題は，**2 体問題** (two-body problem) と呼ばれます．太陽の周りをまわる地球の運動や，ほぼ同じ大きさの星が互いの周りをまわる連星の運動は，2 体問題の典型例です．また，物体の**衝突** (collision) も 2 体問題として考えられます．本書でも 7 章で学ぶように，2 体問題は数式を使った議論で解が得られます．このような場合，物理学では「手で解ける」とか「解析的に解ける」といいます.

3個の質点が互いに重力を及ぼし合う系を議論する問題は，**3体問題** (three-body problem) と呼ばれます．たとえば，太陽，地球，月の運動を考える問題は3体問題です．3体問題は，ニュートン (Sir Isaac Newton) によって最初に議論され，その後，1つの質点の質量が他の2つの質点の質量に比べて小さい場合には，解析的に解けることがオイラー (Leonhard Euler) によって示されました．この問題は，制限3体問題と呼ばれます．しかし，$n(\geq 3)$ 体の**多体問題** (many body problem) は，求積法と呼ばれる方法では解析的に解けないことが，ポアンカレ (Jules-Henri Poincaré) によって示されています．

現在では，銀河の衝突のような多体問題は，一つひとつの星に対して運動方程式を立てて，それを連立した連立微分方程式をコンピュータで数値的に解くことによって，研究が進められています．また身近にある物体は，原子や分子などの粒子の集合体なので，質点系です．そのため，すべての質点の運動がわかれば，集団としての物質の運動がわかることになります．しかし，身近な物質の運動を知ると言っても，たった1モルの水 (18g) の場合でも 6.02×10^{23} 個の質点（粒子）の運動方程式を解かなければなりません．そのため，先人は個々の質点のミクロな運動をすべて解くのではなく，質点の集団をマクロな**連続体** (continuous body) として表現する考え方を発展させてきました．

物体は，原子や分子から構成されます．原子は，原子核と電子から構成されます．原子の大きさに比べて原子核も電子も非常に小さいため，原子自体はスカスカの状態です．そのため物体は，ミクロな視点ではスカスカの状態です．しかしそこをスカスカと考えずに，連続的に広がったものとして考えます．これも，物理学で用いる近似の1つで，**連続体近似** (continuum assumption) と呼ばれます．

1.1.3 連続体

連続体と言っても，さまざまなタイプがあります．共通点として言えるのは，質量があることと大きさがあることです．連続体としての運動を決めるのは，粒子間の相互作用です．連続体のうち，一切，変形しないものを剛体と呼びます．変形しないということは，剛体中の質点間の相対位置が全く変化しないということです．私たちの身の回りにある物は，どんなに固い物体でも力を加えると変形します．そのため，剛体も近似的に正しい概念だといえます．9章で学ぶように，剛体の運動はその重心の運動と，重心の周りの回転運動で記述できます．

剛体以外の連続体は変形しますが，変形の仕方は多様です．水のように流れ

るものは**流体** (fluid) と呼ばれます．一方，バネのように加えられた力に応じて変形しますが，その力が取り除かれると元の状態に戻るものは，**弾性体** (elastic body) と呼ばれます．加えられた力の大きさが小さい場合は，多くの固体が弾性体として振る舞います．しかし，固体に加えられた力の大きさが大きくなると，物体の変形が大きくなり過ぎてしまい，力が取り除かれても元の状態には戻れません．このような限界を**弾性限界** (elastic limit) や，**降伏点** (yield point) と呼びます．また，物体が元の形に戻れない性質を**塑性** (plasticity) といいます．剛体以外の連続体の運動については，本書で力学を学んだ後に，連続体の力学，材料力学，構造力学などのような，専門課程の教科で勉強していきましょう．

1.2 運動の変化を記述しよう

本書で運動といった場合，物体の位置の変化と，物体の回転を意味します．ただし，質点には大きさはありませんから，質点自身の回転について議論することは意味がありません．したがって，剛体に対してのみ，物体自身の回転について議論します．物体の位置の変化を議論するには，まず始めに物体の位置を指定する必要があります．そのために便利な方法は，**座標系** (coordinate system) の導入です．

1.2.1 座標系

私たちが暮らしている空間は，縦，横，高さのある**3次元空間** (three dimensional space) ですが，まず始めに，**1次元空間** (one dimensional space) から考えることにします．1次元ですから，たとえば，ひもの上の位置を指定すればよいのです．これは簡単です．ひもの上のどこかに**原点** (origin) をとって，そこからの長さで位置を指定すればよいのです．たとえば，時刻 t に物体が位置していた点 P が，原点 O からの長さ $x(t)$ のところにあれば，その値で物体の位置を指定すればよいのです．ここでは，物体の位置が時間によって変わることを明記するために (t) を付けました．しかし，物体の位置は時々刻々変わることはあたりまえなので，あえて t を書くのをやめて，単に x と記すことにします．本書では，特別に時刻を指定する必要がある場合を除いて，(t) は書かないことにします．そうすると，物体の位置は

$$\mathrm{P}(x)\,, \tag{1.2.1}$$

8

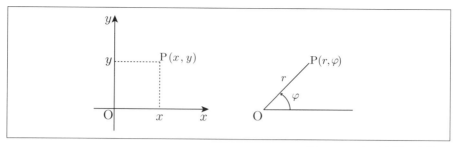

図 1.1 2次元空間の座標系

と書くことができます.

次に平面, つまり **2次元空間** (two dimensional space) を考えることにします. 2次元空間で物体の位置を指定するために, 図1.1（左）に示すように, 直交する2本の有向線分を引くことにします. これらは, **座標軸** (coordinate axis) と呼ばれます. また, 座標軸が交わる点が原点Oです. 今, これらの座標軸をそれぞれ, x軸とy軸と名付けることにします. このような座標系は, 2次元**デカルト座標系** (Cartesian coordinate system) や 2次元**直交座標系** (orthogonal coordinate system) と呼ばれます. 本書では, デカルト座標系の名称を使います.

今, 図1.1（左）に示すように, 時刻tに物体が位置していた点Pから, それぞれの座標軸に垂線を下ろします. そして, それらが座標軸と交わる点をxやyと書くことにします. ここでも, 物体の位置は時々刻々変わることを前提にするためtを陽に書くことを省略しています. そうすると, 点Pの位置は

$$\mathrm{P}(x, y), \tag{1.2.2}$$

と書くことができます.

2次元空間で物体の位置を指定する方法は他にもあります. それは, 図1.1（右）に示すように, 円周上の点として表す方法です. この方法では, 原点から点Pまで引いた線分OPの長さ$r(t)$と, その線分と基準となる軸がなす角を反時計回りに測った角度$\varphi(t)$で位置を表します. ここでも, tを陽に書くことを省略すると, 点Pの位置は

$$\mathrm{P}(r, \varphi), \tag{1.2.3}$$

と書くことができます. このような座標系は2次元**極座標系** (polar coordinate

system) と呼ばれます．また，r を **動径** (radius) と呼び，φ を **方位角** (azimuthal angle) と呼びます．方位角の範囲は $0 \leq \varphi < 2\pi$ です．このように，2 次元空間では，物体の位置を指定するために，2 つの変数が必要です．デカルト座標と極座標で指定された座標の間には，以下の関係があります．

$$x = r\cos\varphi, \qquad y = r\sin\varphi. \qquad (1.2.4)$$

次に，3 次元空間の場合を考えることにしましょう．ここでも 2 次元のときと同様に，図 1.2（左）に示すように，直交する 3 本の有向線分を引き，それぞれの座標軸を，x 軸，y 軸，z 軸と名付けることにします．これを，3 次元デカルト座標と呼びます．本書では，**右手系** (right-handed system)（x 軸，y 軸，z 軸が右手の親指，人差し指，中指の順）を用います．図 1.2（左）に示すように，時刻 t で物体が位置していた点 P から，それぞれの座標軸に下ろした垂線と交わる点の値をそれぞれ x, y, z とすると，点 P の位置を次のように表すことができます．

$$\mathrm{P}(x, y, z). \qquad (1.2.5)$$

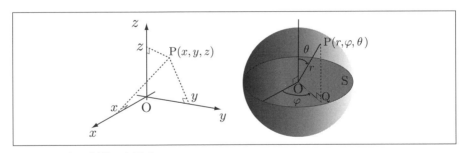

図 1.2 3 次元空間の座標系

2 次元の場合と同様に，3 次元の場合も位置の表現方法は一つではありません．図 1.2（右）に示すように，球面上の点として表す方法です．地球上の点を，地球の中心からの距離，緯度，経度で指定することに似ています．球の中心を原点 O とし，原点 O から点 P まで引いた線分を動径 r とします．大円を含む平面 S に垂直な軸を原点 O から引き，その軸と動径のなす角を，軸から離れる方向を正として測った角が **天頂角** (polar angle) です．天頂角の範囲は $0 \leq \theta \leq \pi$ です．動径

を平面Sに射影した線分OQが平面S内の基準となる軸となす角を，反時計回りに測った角が方位角φです．方位角の範囲は$0 \leq \varphi < 2\pi$です．このような座標系は，3次元極座標系と呼ばれますが，この座標系は球面上の位置を表すのに便利なため，**球座標系** (spherical coordinate system) とも呼ばれます．この座標系では，点Pの位置を以下で与えることができます．

$$\mathrm{P}(r, \varphi, \theta) . \tag{1.2.6}$$

デカルト座標と極座標で示された座標の間には，以下の関係があります．

$$x = r \sin\theta \cos\varphi , \qquad y = r \sin\theta \sin\varphi , \qquad z = r \cos\theta . \tag{1.2.7}$$

3次元空間の場合，9.2.2項で学ぶ**円筒座標系** (cylindrical coordinate system) もあります．

例題 1.1	デカルト座標と極座標	レベル：イージー

3次元極座標 (球座標) の (r, φ, θ) を3次元デカルト座標の (x, y, z) で表そう．

答え

(r, φ, θ) は (x, y, z) を使って以下のように表されます．

$$r = \sqrt{x^2 + y^2 + z^2} . \tag{1.2.8}$$

$$\tan\varphi = \frac{y}{x} . \quad \therefore \varphi = \tan^{-1}\left(\frac{y}{x}\right) . \tag{1.2.9}$$

$$\cos\theta = \frac{z}{r} = \frac{z}{\sqrt{x^2 + y^2 + z^2}} . \quad \therefore \theta = \cos^{-1}\left(\frac{z}{\sqrt{x^2 + y^2 + z^2}}\right) . \tag{1.2.10}$$

1.2.2 位置ベクトル

1.2.1項で学んだように，座標系を導入することによって，物体の位置が指定できることがわかりました．しかし，空間の次元や座標系を，いつも指定しなければならないのは不便です．そのため，次元や座標系にとらわれずに，物体の位置を指定する方法があれば便利です．そして，それを可能にするのが，**位置ベクトル** (position vector) $\boldsymbol{r}$ です．図1.3に示すように，位置ベクトルは，原点Oから物体が位置する点Pへ引いた有向線分（矢印）で表されます．つまり

$$\boldsymbol{r} = \overrightarrow{\mathrm{OP}} . \tag{1.2.11}$$

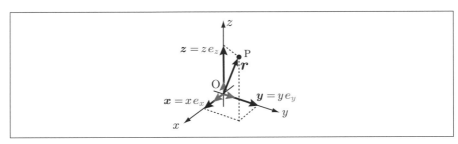

図 1.3 位置ベクトル

(ベクトルの性質については，14ページの数学ノート1.1を参照してください).

図1.3は，動いている物体をある時刻で写真に撮ったものだと思って下さい．そのため違う時刻で写真を撮ると，位置ベクトルは図1.3とは違う場所を指しているはずです．このように，位置ベクトルは時間に依存しているため，本当なら $r(t)$ と書くべきですが，ここでは (t) は省略して単に r と書いています．

また，図1.3に示すように，3次元デカルト座標で，点 P から各軸に下ろした垂線と交わる点をそれぞれ x, y, z とします．そして原点からそれらの点まで引いた有向線分を，ベクトル $\boldsymbol{x}, \boldsymbol{y}, \boldsymbol{z}$ と書くことにします．そうすると位置ベクトルの**成分表示**は

$$\boldsymbol{r} = (x, y, z), \tag{1.2.12}$$

となります．また，位置ベクトルは

$$\boldsymbol{r} = \boldsymbol{x} + \boldsymbol{y} + \boldsymbol{z}, \tag{1.2.13}$$

と書くこともできます．

ここで，$\boldsymbol{x}, \boldsymbol{y}, \boldsymbol{z}$ のそれぞれは基本ベクトルを用いて

$$\boldsymbol{x} = x\boldsymbol{e}_x, \quad \boldsymbol{y} = y\boldsymbol{e}_y, \quad \boldsymbol{z} = z\boldsymbol{e}_z, \tag{1.2.14}$$

と与えられるので，位置ベクトルの**基本ベクトル表示**は

$$\boldsymbol{r} = x\boldsymbol{e}_x + y\boldsymbol{e}_y + z\boldsymbol{e}_z, \tag{1.2.15}$$

となります．ここでも，時間 t への依存性を陽に書くことを省略しています．位置ベクトルの大きさは，ピュタゴラスの定理より

$$r = |\boldsymbol{r}| = \sqrt{x^2 + y^2 + z^2}, \tag{1.2.16}$$

で与えられます.

また，位置ベクトルの方向の**単位ベクトル** (unit vector) は

$$e_r = \frac{r}{|r|} , \tag{1.2.17}$$

で与えることができます．したがって，位置ベクトルは

$$r = r\,e_r , \tag{1.2.18}$$

と書くこともできます．この表式は153ページの数学ノート5.1で再登場します.

1.2.3 変位ベクトル

図1.4（左）に示すように，時刻 t で $r(t)$ にあった物体が，時刻 $t+\Delta t$ で $r(t+\Delta t)$ に移動した場合を考えます．図中の破線は，物体が移動した軌跡です．このとき，物体の位置の変化を表す**変位ベクトル** (displacement vector) は

$$\Delta r = r(t + \Delta t) - r(t) , \tag{1.2.19}$$

で与えられます．今，3次元デカルト座標を用いた場合に，時刻 t と $t + \Delta t$ の位置ベクトルがそれぞれ

$$r(t) = x(t)\,e_x + y(t)\,e_y + z(t)\,e_z , \tag{1.2.20}$$

$$r(t+\Delta t) = x(t+\Delta t)\,e_x + y(t+\Delta t)\,e_y + z(t+\Delta t)\,e_z , \tag{1.2.21}$$

で与えられた場合を考えます．ここで，デカルト座標の基本ベクトル e_x, e_y, e_z は，時間が経過しても変化しないことにしている点は大事です．変位ベクトルの成分表示は

$$\Delta r = \Big(x(t+\Delta t) - x(t), y(t+\Delta t) - y(t), z(t+\Delta t) - z(t)\Big) , \tag{1.2.22}$$

となります．また，基本ベクトル表示は

$$\Delta r = \Big[x(t+\Delta t) - x(t)\Big]e_x + \Big[y(t+\Delta t) - y(t)\Big]e_y + \Big[z(t+\Delta t) - z(t)\Big]e_z , \tag{1.2.23}$$

となります.

| 例題 | 1.2 | 変位ベクトルの計算 | レベル：イージー |

時刻 t と $t + \Delta t$ の位置ベクトルがそれぞれ

$$\boldsymbol{r}(t) = 2\,\boldsymbol{e}_x + 3\,\boldsymbol{e}_y\,, \qquad \boldsymbol{r}(t+\Delta t) = 4\,\boldsymbol{e}_x + 7\,\boldsymbol{e}_y\,, \tag{1.2.24}$$

で与えられたとき，変位ベクトル $\Delta \boldsymbol{r}$ を求めよう．

答え

変位ベクトルの定義式 (1.2.19) に代入して

$$\begin{aligned}\Delta \boldsymbol{r} &= (4\,\boldsymbol{e}_x + 7\,\boldsymbol{e}_y) - (2\,\boldsymbol{e}_x + 3\,\boldsymbol{e}_y)\\ &= (4-2)\,\boldsymbol{e}_x + (7-3)\,\boldsymbol{e}_y = 2\,\boldsymbol{e}_x + 4\,\boldsymbol{e}_y\,.\end{aligned} \tag{1.2.25}$$

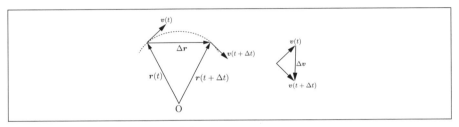

図 1.4　変位ベクトル，速度，加速度

数学ノート 1.1：ベクトル

スカラー (scalar) は大きさだけをもつ量です．たとえば，質量，距離，時間，エネルギー，温度などがスカラー量です．スカラーは，$A, B, C, \ldots, a, b, c, \ldots$ のように，普通の文字で表されます．**ベクトル** (vector) は大きさと方向をもつ量で，位置ベクトル，速度，加速度，力などです．高校の数学では，$\vec{A}, \vec{B}, \vec{C}, \ldots, \vec{a}, \vec{b}, \vec{c}, \ldots$ のように文字の上に矢印を付けて表されましたが，本書では，$\boldsymbol{A}, \boldsymbol{B}, \boldsymbol{C}, \ldots, \boldsymbol{a}, \boldsymbol{b}, \boldsymbol{c}, \ldots$ のように太字で表します．

ベクトルは，平面上や空間内の矢印（有向線分）として幾何学的にイメージされ，ベクトルの方向は矢印の向きで，ベクトルの大きさは線分の長さ $A = |\boldsymbol{A}|$ で表されます．ベクトルは，作図上，自由に平行移動できます．大きさがないベクトルは，**ゼロベクトル** (zero vector) と呼ばれ，$\boldsymbol{0}$ と書かれます．しかし，ゼロベクトルはスカラーと区別されることはなく，単に 0 と書かれることもあります．**単位ベクトル** (unit vector) は，大きさが 1 のベクトルです．今，$\boldsymbol{A}$ と同じ向きの単位ベクトル $\boldsymbol{e}_A$ は

$$e_A = \frac{\boldsymbol{A}}{|\boldsymbol{A}|} = \frac{\boldsymbol{A}}{A} , \qquad (1.2.26)$$

で与えられます．したがって，$\boldsymbol{A} = A\boldsymbol{e}_A$ と書くことができます．また，$-\boldsymbol{A}$ は $\boldsymbol{A}$ と向きが逆で大きさが同じベクトルで，**逆ベクトル** (inverse vector) と呼ばれます．2 つのベクトル $\boldsymbol{A}$ と $\boldsymbol{B}$ がともに等しい大きさと向きをもつとき，2 つのベクトルは相等であるといいます．

ベクトルの実数倍（スカラー倍）は，k や l を実数としたとき以下の性質を持ちます．

$$k(\boldsymbol{A} + \boldsymbol{B}) = k\boldsymbol{A} + k\boldsymbol{B} . \qquad (1.2.27)$$

$$(k + l)\boldsymbol{A} = k\boldsymbol{A} + l\boldsymbol{A} . \qquad (1.2.28)$$

$$k(l\boldsymbol{A}) = (kl)\boldsymbol{A} . \qquad (1.2.29)$$

$$1\boldsymbol{A} = \boldsymbol{A} . \qquad (1.2.30)$$

また，ベクトルの和と差には，以下の性質があります．

$$\boldsymbol{A} + \boldsymbol{B} = \boldsymbol{B} + \boldsymbol{A} \quad \text{（交換則）．} \qquad (1.2.31)$$

$$(\boldsymbol{A} + \boldsymbol{B}) + \boldsymbol{C} = \boldsymbol{A} + (\boldsymbol{B} + \boldsymbol{C}) \quad \text{（結合則）．} \qquad (1.2.32)$$

$$\boldsymbol{0} + \boldsymbol{A} = \boldsymbol{A} + \boldsymbol{0} \quad \text{（ゼロベクトルとの和）．} \qquad (1.2.33)$$

$$\boldsymbol{A} + (-\boldsymbol{A}) = (-\boldsymbol{A}) + \boldsymbol{A} = \boldsymbol{0} \quad \text{（逆ベクトルとの和）．} \qquad (1.2.34)$$

2 個以上のベクトルの和を作り，1 つのベクトルを求める操作を，**ベクトルの合成**と呼びます．ベクトルの合成には，ベクトルの終点と始点を次々につなげていく**継ぎ足し型**の計算方法と，平行四辺形の法則を使って，ベクトルの始点をそろえて作られる平行四辺形の対角線として計算していく**合わせ型**の計算方法があります．1 個のベクトルを 2 個以上のベクトルに分解することは，**ベクトルの分解**と呼ばれますが，分解の仕方は無数にあります．

3 次元デカルト座標を用いた場合，任意のベクトル $\boldsymbol{A}$ の成分表示は

$$\boldsymbol{A} = (A_x, A_y, A_z) , \qquad (1.2.35)$$

となります．3 次元デカルト座標の基本ベクトルを成分表示で表すと

$$\boldsymbol{e}_x = (1, 0, 0) , \quad \boldsymbol{e}_y = (0, 1, 0) , \quad \boldsymbol{e}_z = (0, 0, 1) , \qquad (1.2.36)$$

となります．これらの基本ベクトルの間には

$$|\boldsymbol{e}_x| = |\boldsymbol{e}_y| = |\boldsymbol{e}_z| = 1 , \quad \boldsymbol{e}_x \perp \boldsymbol{e}_y , \boldsymbol{e}_y \perp \boldsymbol{e}_z , \boldsymbol{e}_z \perp \boldsymbol{e}_x , \qquad (1.2.37)$$

の関係があります．基本ベクトルは $\hat{e}_x, \hat{e}_y, \hat{e}_z$ や $\boldsymbol{i}, \boldsymbol{j}, \boldsymbol{k}$ と書かれることもあります．

また，3次元デカルト座標を用いた場合，任意のベクトル $\boldsymbol{A}$ の基本ベクトル表示は

$$\boldsymbol{A} = A_x \boldsymbol{e}_x + A_y \boldsymbol{e}_y + A_z \boldsymbol{e}_z , \tag{1.2.38}$$

となります．ベクトルの大きさは

$$A = |\boldsymbol{A}| = \sqrt{A_x^2 + A_y^2 + A_z^2} , \tag{1.2.39}$$

で与えられます．

2つのベクトル $\boldsymbol{A}$ と $\boldsymbol{B}$ のスカラー積 (scalar product) は

$$\boldsymbol{A} \cdot \boldsymbol{B} = |\boldsymbol{A}||\boldsymbol{B}| \cos\theta = AB \cos\theta , \tag{1.2.40}$$

で定義されます．ここで，θ は2つのベクトルのなす角です．高校までは，角度を表すのに，30°，60度などのように**度数法** (degree) を用いていたと思います．しかし，大学以降では**弧度法** (rad) をよく用います．扇形の中心角の大きさ θ は，半径の長さが r，弧の長さが S のとき，

$$\theta = \frac{S}{r} \tag{1.2.41}$$

で定義されます．360度は 2π ラジアンで，1ラジアンは約 57.29578 度になります．

スカラー積は，たとえば $\boldsymbol{A} \cdot \boldsymbol{B} = A(B \cos\theta)$ と考えると，$\boldsymbol{A}$ の大きさ A と，$\boldsymbol{B}$ の $\boldsymbol{A}$ 方向への成分（正射影の大きさ）$B \cos\theta$ の積と解釈できます．逆に，$\boldsymbol{A} \cdot \boldsymbol{B} = B(A \cos\theta)$ と考えると，$\boldsymbol{B}$ の大きさ B と，$\boldsymbol{A}$ の $\boldsymbol{B}$ 方向への成分（正射影の大きさ）$A \cos\theta$ の積とも解釈できます．また，式 (1.2.40) は

$$\frac{\boldsymbol{A} \cdot \boldsymbol{B}}{|\boldsymbol{A}||\boldsymbol{B}|} = \frac{\boldsymbol{A}}{|\boldsymbol{A}|} \cdot \frac{\boldsymbol{B}}{|\boldsymbol{B}|} = \boldsymbol{e}_A \cdot \boldsymbol{e}_B = \cos\theta \tag{1.2.42}$$

となるので，2つのベクトルの類似度を表しているとも解釈できます．

3次元デカルト座標の基本ベクトル表示を用いると，スカラー積は

$$\boldsymbol{A} \cdot \boldsymbol{B} = (A_x \boldsymbol{e}_x + A_y \boldsymbol{e}_y + A_z \boldsymbol{e}_z) \cdot (B_x \boldsymbol{e}_x + B_y \boldsymbol{e}_y + B_z \boldsymbol{e}_z) \tag{1.2.43}$$

$$= A_x B_x \boldsymbol{e}_x \cdot \boldsymbol{e}_x + A_x B_y \boldsymbol{e}_x \cdot \boldsymbol{e}_y + A_x B_z \boldsymbol{e}_x \cdot \boldsymbol{e}_z \tag{1.2.44}$$

$$+ A_y B_x \boldsymbol{e}_y \cdot \boldsymbol{e}_x + A_y B_y \boldsymbol{e}_y \cdot \boldsymbol{e}_y + A_y B_z \boldsymbol{e}_y \cdot \boldsymbol{e}_z \tag{1.2.45}$$

$$+ A_z B_x \boldsymbol{e}_z \cdot \boldsymbol{e}_x + A_z B_y \boldsymbol{e}_z \cdot \boldsymbol{e}_y + A_z B_z \boldsymbol{e}_z \cdot \boldsymbol{e}_z \tag{1.2.46}$$

$$= A_x B_x + A_y B_y + A_z B_z , \tag{1.2.47}$$

となります．つまり，各ベクトルの同じ成分の積の足し上げです．

スカラー積には，以下の性質があります．

$$B \cdot A = A \cdot B \qquad (\text{交換則}). \tag{1.2.48}$$

$$A \cdot A = A^2 = A^2 \ \Rightarrow \ A = |A| = \sqrt{A \cdot A} \qquad (\text{ベクトルの大きさ}). \tag{1.2.49}$$

$$A \cdot (B \pm C) = A \cdot B \pm A \cdot C \qquad (\text{複合同順}) \qquad (\text{分配則}). \tag{1.2.50}$$

$$A \cdot B = 0 \ \Leftrightarrow \ \theta = \frac{\pi}{2} \ \text{つまり} \ A \perp B \qquad (\text{ベクトルの直交}). \tag{1.2.51}$$

$$(kA) \cdot B = A \cdot (kB) = k(A \cdot B) \qquad (\text{スカラー倍}). \tag{1.2.52}$$

特に，ベクトルの大きさやベクトルの直交の性質を使う機会が多いです．

1.2.4 速度

変位ベクトルを時間差 Δt で割ったものは，**平均の速度** (average velocity) と呼ばれ

$$\overline{v} = \frac{\Delta r}{\Delta t} , \tag{1.2.53}$$

で与えられます．しかし，図 1.4（左）を見ればわかるように，物体は破線に沿って移動したわけですから，式 (1.2.53) のように与えられた量では，物体の運動を正確に議論するには不満足です．

そこで，時間差 Δt を小さくしていくと，Δr も実際の軌跡に近くなり，正確な議論ができると考えられます．**速度** (velocity) は，平均の速度に対して $\Delta t \to 0$ として定義されます．つまり

$$v = \lim_{\Delta t \to 0} \frac{\Delta r}{\Delta t} = \lim_{\Delta t \to 0} \frac{r(t + \Delta t) - r(t)}{\Delta t} . \tag{1.2.54}$$

これが，時刻 t での速度です．速度はベクトルですから，正確には速度ベクトルと呼ぶべきですが，本書では簡潔に速度と呼ぶことにします．式 (1.2.54) はベクトルの微分の定義そのもので，以下のように書くことができます．

$$v = \frac{dr}{dt} . \tag{1.2.55}$$

式 (1.2.54) の 3 次元デカルト座標での基本ベクトル表示は

$$v = \left[\lim_{\Delta t \to 0} \frac{x(t + \Delta t) - x(t)}{\Delta t} \right] e_x + \left[\lim_{\Delta t \to 0} \frac{y(t + \Delta t) - y(t)}{\Delta t} \right] e_y$$
$$+ \left[\lim_{\Delta t \to 0} \frac{z(t + \Delta t) - z(t)}{\Delta t} \right] e_z , \tag{1.2.56}$$

となります．ここで，各成分はスカラー関数の微分の定義そのものなので

$$v = \frac{dx}{dt} e_x + \frac{dy}{dt} e_y + \frac{dz}{dt} e_z \tag{1.2.57}$$

$$= \dot{x}\,\boldsymbol{e}_x + \dot{y}\,\boldsymbol{e}_y + \dot{z}\,\boldsymbol{e}_z \,, \tag{1.2.58}$$

と書くことができます（スカラー関数とベクトル関数の微分については，数学ノート 1.2 を参照してください）.

また，速度の大きさ

$$v = |\boldsymbol{v}| \,, \tag{1.2.59}$$

は，**速さ** (speed) と呼ばれます．速度はベクトルなので，速さと方向をもった量です．日常生活の中で私たちは，「速さ」のことを「速度」と呼んでいる場合が多いのですが，力学ではこれらを正確に区別します.

| 例題 | 1.3 | 速度と速さ | レベル：イージー |

位置ベクトルが $\boldsymbol{r} = b\,t^2\,\boldsymbol{e}_x$ と与えられたとき（ここで，b は定数），速度と速さを求めよう.

答え

速度と速さの定義より

$$\boldsymbol{v} = \dot{\boldsymbol{r}} = \frac{d}{dt}\left(b\,t^2\,\boldsymbol{e}_x\right) = 2\,b\,t\,\boldsymbol{e}_x \,, \tag{1.2.60}$$

$$v = |\boldsymbol{v}| = 2\,b\,t\,|\boldsymbol{e}_x| = 2\,b\,t \,, \tag{1.2.61}$$

を得ることができます.

$\alpha\beta^\gamma$ **数学ノート 1.2：微分**

スカラー関数 $f(x)$ があるとき

$$\frac{df(x)}{dx} = f'(x) = \lim_{\Delta x \to 0}\frac{\Delta f(x)}{\Delta x} = \lim_{\Delta x \to 0}\frac{f(x+\Delta x)-f(x)}{\Delta x} \,, \tag{1.2.62}$$

で定義される関数を $f(x)$ の**導関数** (derivative) と呼びます．$f(x)$ から導関数を求める操作を**微分** (differentiation) と呼びます．また，関数 $f(x)$ の $x=a$ での微分は

$$\left.\frac{df(x)}{dx}\right|_{x=a} \,, \quad \frac{d}{dx}f(a) \,, \quad \frac{df}{dx}(a) \,, \quad \left.\frac{df}{dx}\right|_{x=a} \,, \quad f'(x=a), \quad f'(a) \,, \tag{1.2.63}$$

などと書かれ，その点における**微係数** (differential coefficient) と呼ばれます.

また，1 階，2 階，3 階，$\cdots$，n 階微分は

$$f'(x), \quad f''(x), \quad f^{(3)}(x), \dots, f^{(n)}(x), \tag{1.2.64}$$

などと書かれます。関数 $f(t)$ が時間の関数の場合は

$$\dot{f} = \frac{df(t)}{dt}, \qquad \ddot{f} = \frac{d^2 f(t)}{dt^2}, \tag{1.2.65}$$

と書かれます。ここで，$\cdot$（ドット, dot）は**ニュートンの記号** (Newton's notation) と呼ばれます。ニュートンの記号が使えるのは，t に関する2階微分までです。

| 例題 | 1.4 | 導関数の計算 | レベル：イージー |

関数 $f(x) = x$ と $g(x) = x^2$ の導関数を，定義に従って求めよう。

答え

導関数の定義に従うと，以下のように求めることができます。

$$
\begin{aligned}
f'(x) &= \lim_{\Delta x \to 0} \frac{f(x + \Delta x) - f(x)}{\Delta x} = \lim_{\Delta x \to 0} \frac{(x + \Delta x) - x}{\Delta x} \\
&= \lim_{\Delta x \to 0} \frac{\Delta x}{\Delta x} = 1.
\end{aligned} \tag{1.2.66}
$$

$$
\begin{aligned}
g'(x) &= \lim_{\Delta x \to 0} \frac{g(x + \Delta x) - g(x)}{\Delta x} = \lim_{\Delta x \to 0} \frac{(x + \Delta x)^2 - x^2}{\Delta x} \\
&= \lim_{\Delta x \to 0} \frac{2x\Delta x + (\Delta x)^2}{\Delta x} = \lim_{\Delta x \to 0} (2x + \Delta x) = 2x.
\end{aligned} \tag{1.2.67}
$$

| 例題 | 1.5 | 合成関数の微分 | レベル：イージー |

関数 $f(t) = \cos(\omega t)$, $g(t) = \log(\alpha t)$, $h(t) = e^{-\gamma t}$ の導関数を求めよう。ここで，ω, α, γ は定数とします。

答え

これら合成関数の微分は，以下のように計算することができます。

$$\dot{f} = -\omega \sin(\omega t), \qquad \dot{g} = \frac{1}{t}, \qquad \dot{h} = -\gamma e^{-\gamma t}. \tag{1.2.68}$$

ベクトル関数 $\boldsymbol{A}(t)$ の t に関する微分の定義は

$$\frac{d\boldsymbol{A}(t)}{dt} = \dot{\boldsymbol{A}}(t) = \lim_{\Delta t \to 0} \frac{\Delta \boldsymbol{A}(t)}{\Delta t} = \lim_{\Delta t \to 0} \frac{\boldsymbol{A}(t + \Delta t) - \boldsymbol{A}(t)}{\Delta t}. \tag{1.2.69}$$

3次元デカルト座標を用いた場合，基本ベクトル表示と成分表示では

$$\frac{d\boldsymbol{A}(t)}{dt} = \frac{dA_x(t)}{dt}\,\boldsymbol{e}_x + \frac{dA_y(t)}{dt}\,\boldsymbol{e}_y + \frac{dA_z(t)}{dt}\,\boldsymbol{e}_z \tag{1.2.70}$$

$$= \left(\frac{dA_x(t)}{dt}, \frac{dA_y(t)}{dt}, \frac{dA_z(t)}{dt}\right)\ . \tag{1.2.71}$$

スカラー積の微分は

$$\frac{d}{dt}\left(\boldsymbol{A}\cdot\boldsymbol{B}\right) = \frac{d\boldsymbol{A}}{dt}\cdot\boldsymbol{B} + \boldsymbol{A}\cdot\frac{d\boldsymbol{B}}{dt}\ . \tag{1.2.72}$$

特に，$\boldsymbol{A} = \boldsymbol{B}$ の場合は

$$\frac{d}{dt}A^2 = \frac{d}{dt}\left(\boldsymbol{A}\cdot\boldsymbol{A}\right) = 2\boldsymbol{A}\cdot\frac{d\boldsymbol{A}}{dt} = 2\boldsymbol{A}\cdot\dot{\boldsymbol{A}}\ . \tag{1.2.73}$$

1.2.5　加速度

図 1.4（左）に示すように，時刻 t の速度 $\boldsymbol{v}(t)$ と，時刻 $t + \Delta t$ の速度 $\boldsymbol{v}(t + \Delta t)$ を用いると，速度の変化ベクトルは

$$\Delta\boldsymbol{v} = \boldsymbol{v}(t + \Delta t) - \boldsymbol{v}(t)\ . \tag{1.2.74}$$

ベクトルは空間内を自由に平行移動できるので，$\boldsymbol{v}(t)$ と $\boldsymbol{v}(t + \Delta t)$ の始点が一致するように平行移動したものが，図 1.4（右）です．

　変位ベクトルを用いて速度を定義したのと同様に速度の変化ベクトルを使うと，**加速度** (acceleration) は

$$\boldsymbol{a} = \lim_{\Delta t \to 0}\frac{\Delta\boldsymbol{v}}{\Delta t} = \lim_{\Delta t \to 0}\frac{\boldsymbol{v}(t + \Delta t) - \boldsymbol{v}(t)}{\Delta t} = \frac{d\boldsymbol{v}}{dt} = \dot{\boldsymbol{v}}\ , \tag{1.2.75}$$

で定義されます．加速度もベクトルなので正確には加速度ベクトルと呼ぶべきですが，本書では簡潔に加速度と呼びます．速度の定義を用いると

$$\boldsymbol{a} = \frac{d}{dt}\left(\frac{d\boldsymbol{r}}{dt}\right) = \frac{d^2\boldsymbol{r}}{dt^2} = \ddot{\boldsymbol{r}}\ . \tag{1.2.76}$$

| 例題 | 1.6 | 加速度 | レベル：イージー |

位置ベクトルが $\boldsymbol{r} = b\,t^2\,\boldsymbol{e}_x$ のとき（ここで，b は定数），加速度を求めよう．

答え

定義に従って計算すると，以下のように求めることができます．

$$\boldsymbol{a} = \ddot{\boldsymbol{r}} = \frac{d^2}{dt^2}\left(b\,t^2\,\boldsymbol{e}_x\right) = 2\,b\,\boldsymbol{e}_x . \tag{1.2.77}$$

| 例題 | 1.7 | 円運動と等速円運動 | レベル：イージー |

物体が一定の半径 r の円周上を回転している場合に，2 次元デカルト座標の基本ベクトル表示を用いて，位置ベクトル $\boldsymbol{r}$，速度 $\boldsymbol{v}$，加速度 $\boldsymbol{a}$ を求めよう．また，等速円運動の場合の加速度も求めよう．ただし，回転角（方位角）を φ と書くことにします．

答え

位置ベクトルは

$$\boldsymbol{r} = r\cos\varphi\,\boldsymbol{e}_x + r\sin\varphi\,\boldsymbol{e}_y . \tag{1.2.78}$$

速度は（$r =$ 一定 であることに注意して）

$$\boldsymbol{v} = \dot{\boldsymbol{r}} = -r\dot{\varphi}\sin\varphi\,\boldsymbol{e}_x + r\dot{\varphi}\cos\varphi\,\boldsymbol{e}_y . \tag{1.2.79}$$

ここで，$\boldsymbol{r}\cdot\boldsymbol{v} = 0$ となるので，位置ベクトルと速度が直交することがわかります．加速度は（$r =$ 一定 であることに注意して）

$$\begin{aligned}
\boldsymbol{a} = \dot{\boldsymbol{v}} &= \left(-r\ddot{\varphi}\sin\varphi - r\dot{\varphi}^2\cos\varphi\right)\boldsymbol{e}_x \\
&\quad + \left(r\ddot{\varphi}\cos\varphi - r\dot{\varphi}^2\sin\varphi\right)\boldsymbol{e}_y .
\end{aligned} \tag{1.2.80}$$

等速円運動の場合は，回転速度が一定，つまり $\dot{\varphi} =$ 一定 $(\ddot{\varphi} = 0)$ なので

$$\boldsymbol{a} = -r\dot{\varphi}^2\cos\varphi\,\boldsymbol{e}_x - r\dot{\varphi}^2\sin\varphi\,\boldsymbol{e}_y \tag{1.2.81}$$

$$= -\dot{\varphi}^2\left(r\cos\varphi\,\boldsymbol{e}_x + r\sin\varphi\,\boldsymbol{e}_y\right) \tag{1.2.82}$$

$$= -\dot{\varphi}^2\,\boldsymbol{r} , \tag{1.2.83}$$

となり，加速度は位置ベクトルの逆ベクトルの $\dot{\varphi}^2$ 倍になっていることがわかります．また，等速円運動の場合は，$\boldsymbol{v}\cdot\boldsymbol{a} = 0$ となるので，速度と加速度が直交することがわかります．

1 の演習問題

（解答は 283 ページ.）

1.1 ［レベル：イージー］　3次元デカルト座標における基本ベクトル e_x, e_y, e_z が以下の関係式を満たすことを，スカラー積の定義を使って示そう.

$$e_x \cdot e_x = e_y \cdot e_y = e_z \cdot e_z = 1 \,,$$

$$e_x \cdot e_y = e_y \cdot e_z = e_z \cdot e_x = 0 \,.$$

1.2 ［レベル：イージー］　3次元デカルト座標において，基本ベクトル表示された2つのベクトル

$$A = 2\,e_x + e_y + 3\,e_z \,, \qquad B = 3\,e_x - 2\,e_y + e_z \,,$$

に対して，以下の (1) から (8) を計算しよう. ただし，計算の過程では基本ベクトル表示を用いることとします.

(1)　ベクトル A の大きさ　(2)　ベクトル B の大きさ

(3)　$A \cdot B$　　　　　　(4)　A と B のなす角 θ

(5)　$A + B$　　　　　　(6)　$A - B$

(7)　$(A + B) \cdot (A - B)$　(8)　2つのベクトル $A + B$ と $A - B$ のなす角 φ

1.3 ［レベル：ミディアム］　ベクトル A, B, C の間に次の関係が成り立つとき，A と B はどのような関係にあるか答えよう. ただし「$B = 0$ で A は任意のベクトル」や「$A = B = 0$」という自明な場合は除くことにします.

(1) $A + B = C$　　かつ　　$A + B = C$

(2) $A + B = C$　　かつ　　$A^2 + B^2 = C^2$

(3) $|A + B| = |A - B|$

1.4 ［レベル：ミディアム］　3次元デカルト座標で，位置ベクトル r の大きさが $r = |r| = 4$，位置ベクトルと基本ベクトル e_x, e_y, e_z のなす角がそれぞれ $\dfrac{\pi}{3}, \dfrac{\pi}{3}, \dfrac{\pi}{4}$ であったとします. このとき，r を基本ベクトル表示で表そう.

1.5［レベル：イージー］　時刻 t_1 から t_2 の間で，質点の位置ベクトルが，$\boldsymbol{r}(t_1) = 2\,\boldsymbol{e}_x + 2\,\boldsymbol{e}_y$ から $\boldsymbol{r}(t_2) = 2\,\boldsymbol{e}_x - 2\,\boldsymbol{e}_y + 3\,\boldsymbol{e}_z$ に変わったとします．このとき，変位ベクトル $\Delta\boldsymbol{r} = \boldsymbol{r}(t_2) - \boldsymbol{r}(t_1)$ を基本ベクトル表示で求め，その大きさも計算しよう．

1.6［レベル：イージー］　時刻 t における質点の位置ベクトルが

$$\boldsymbol{r}(t) = \frac{b\,t^2}{2}\,\boldsymbol{e}_x + c\,t\,\boldsymbol{e}_y\ ,$$

であったとします．ここで，b と c は定数です．このとき，速度 $\boldsymbol{v}$ と加速度 $\boldsymbol{a}$ を求めよう．また，時刻 $t = 2\,\mathrm{s}$ のときの速さと加速度の大きさも求めよう．

1.7［レベル：ミディアム］　導関数の定義に従って，以下の関数 $f(x)$ を微分しよう．ただし，計算の途中では，$\Delta x \to 0$ の極限で，どの項がどのような値になるのか，できるだけ詳しく説明しよう．

(1) $f(x) = x + a$　　　(2) $f(x) = \sin(x)$　　　(3) $f(x) = \dfrac{1}{x}$　　　(4) $f(x) = e^x$

(5) $f(x) = \cos(x)$　　　(6) $f(x) = a^x$　　　(7) $f(x) = \log x$

ここで，a は定数，e^x は指数関数，$\log$ は自然対数です．計算の途中では，次の定義式や公式は用いてよいことにします．

$$\lim_{h \to 0} \frac{e^h - 1}{h} = 1\ , \qquad e = \lim_{h \to 0} (1 + h)^{\frac{1}{h}}\ , \qquad \lim_{h \to 0} \frac{\sin(h)}{h} = 1\ ,$$

$$\sin\alpha - \sin\beta = 2\cos\left(\frac{\alpha + \beta}{2}\right)\sin\left(\frac{\alpha - \beta}{2}\right)\ ,$$

$$\cos\alpha - \cos\beta = -2\sin\left(\frac{\alpha + \beta}{2}\right)\sin\left(\frac{\alpha - \beta}{2}\right)\ .$$

1.8［レベル：ミディアム］　ベクトル $\boldsymbol{A}(t)$ は時間とともに変化するベクトルですが，その大きさ $A = |\boldsymbol{A}(t)|$ は，常に一定（$\dot{A} = 0$）とします．このとき，$\boldsymbol{A}(t)$ と $\dot{\boldsymbol{A}}(t)$ が直交することを示そう．

コラム

☕ 素粒子の標準模型

物質を構成する最小の要素は何か? という疑問に対する答えは,古代ギリシャの時代から考えられてきました.その答えの中でも現代まで残っている概念として,デモクリトス (Dēmokritos) が提唱した原子論 (atomism) があります.これは「物質を構成する最小要素は,それ以上分割不可能な原子 (atom) である」という仮説です.

現代物理学では,今のところ,自然界を構成する最小の要素は素粒子 (elementary particle) だと考えています.素粒子は大きく 2 つに分けられます.フェルミ粒子 (fermion) とボーズ粒子 (boson) です.フェルミ粒子は物質を構成する粒子で,ボーズ粒子は力を媒介する粒子です.

自然界には 4 種類の力が存在します.それらは,電磁気力,弱い力,強い力,重力です.相対論を完成させたアインシュタインは晩年に,電磁気力と重力を統一する理論を研究しましたが,実を結びませんでした.4 種類の力のうち,電磁気力と弱い力を統一する理論が,1960 年にグラショウ (Sheldon Lee Glashow) によって完成され,電弱理論 (electro-weak theory) と呼ばれるようになりました.その後,強い力も含むとともに,質量の起源を与えるヒッグス機構 (Higgs mechanism) も含んだ理論が,1967 年にワインバーグ (Steven Weinberg) とサラム (Abdus Salam) によって完成され,標準模型 (standard model) と呼ばれるようになりました.

標準模型には,以下の 17 種類の粒子が含まれています.

フェルミ粒子:
　　レプトン (e, ν_e, μ, ν_μ, τ, ν_τ)
　　クォーク (u, d, s, c, b, t)
　　ヒッグス粒子 (Φ)
ボーズ粒子:
　　光子 (γ),ウィークボゾン ($W^\pm$, Z),グルーオン (g)

これらの粒子のうち,質量の起源となるヒッグス粒子はなかなか見つかりませんでしたが,2012 年 7 月 4 日,CERN の実験グループが,エネルギー換算の質量で約 126.5 GeV のまわりに 99.99998% の確率で存在すると発表しました.

このように標準模型の正しさが証明されたのですが,それと同時に,17 種類の粒子を含んだ理論が究極の理論だと思えないこと,重力を含んでいないこと,宇宙の大部分を占めるダークマターやダークエネルギーを説明できないことなどの問題点があります.このような問題を克服する理論を構築するために,多くの物理学者が研究を進めています.量子場の理論 (quantum field theory) の枠内で説明されるのか,超弦理論 (super string theory) によって説明されるのか,全く違う理論で説明されるのか,今後も目を離せません.

(W.S.)

ともかく，点の運動からはじめよう．
Richard P. Feynman

Chap.02
ニュートンの偉業

ニュートンの偉業は，運動法則の確立と万有引力の発見です．この章では，これらについて学びます．運動法則は，運動の3法則と呼ばれることもあり，慣性の法則，運動法則，作用・反作用の法則の3つを意味します．これらはどの教科書でも必ず説明されているものですが，その記述は現代風にアレンジされたものです．この章では，運動の3法則と万有引力の法則の両方を，ニュートンのオリジナルな考え方から説き起こしていきます．

2.1 最重要！運動の3法則

　ニュートンの偉業は，**運動の3法則** (the three laws of motion) を確立したことと，**万有引力** (universal gravitation) を発見したことです．どちらも，1687年に出版された『自然哲学の数学的諸原理 (Philosophiæ Naturalis Principia Mathematica)』の中で述べられています．この本は，『プリンキピア (Principia)』という略称でよく知られ，ラテン語で書かれたものです．この節では運動の3法則について学び，万有引力の法則については2.4節で学びます．

　運動の3法則は，ニュートンのオリジナルではなく，デカルト (René Descartes) やガリレオ (Galileo Galilei) が独立に発見した法則を，ニュートンが運動の第1法則，第2法則，第3法則として定式化したものです．ここで大事なことは，運動の3法則は実験で正しさが確認されているもので，数学のように証明できるものではないということです．力学ではさまざまな法則を学びます．その都度，なぜそのような法則が成り立つのか？　という疑問がわいてきます．この疑問に対して力学では，「なぜか？」という疑問に答えるのではなく，「確かに成り立っているのだから，その結果を積極的に使おう」という立場をとります．この「なぜか？」という疑問に答えるには，さらに高度な研究をする必要があります．

2.1.1 第1法則

ラテン語原文

　　Corpus omne perseverare in statu suo quiescendi vel movendi uniformiter in derectum, nisi quátenus a viribus impressis cogitur statum illum mutare.

英語翻訳

　　Every body perseveres in a state of being at rest or moving uniformly straight forward, except insofar as it is compelled to change its state by forces impressed.

日本語翻訳

　　すべての物体は，加えられた力によってその状態が変化させられない限り，静止あるいは等速直線運動の状態を続ける．

　第1法則は，デカルトやガリレオによって提唱されたものです．現在では，**慣性の法則** (law of inertia) と呼ばれています．第1法則が慣性の法則と呼ばれる

理由については，2.2 節で詳しく学びます．**慣性** (inertia) とは，物体が運動の状態を続けようとする性質のことです．そのため，物体がもつ性質としての慣性と，第 1 法則の間には微妙な違いがあります．物体がもつ慣性という性質については，2.1.2 項で学びます．

2.1.2 第 2 法則

ラテン語原文

　　Mutationem motus proportionalem esse vi motrici impressæ, et fieri secundùm lineam rectam quá vis illa imprimitur.

英語翻訳

　　A change in motion is proportional to the motive force impressed and takes place along the straight line in which that force is impressed.

日本語翻訳

　　運動の変化は，加えられた駆動力に比例し，その力の方向を向く．

　第 2 法則は，ガリレオとニュートンによって提唱されたものです．現在では，第 2 法則を運動の法則と呼ぶことがあります．第 2 法則の中に出てくる運動の変化とは，現在，**運動量** (momentum) と呼ばれているものの変化だと解釈されています．運動量を p と書くことにすると，これは，**慣性質量** (inertial mass) m（慣性質量については後の注 2 で説明します）と速度 v を用いて

$$p = mv \,, \tag{2.1.1}$$

で定義されます．したがって，運動の変化は，ある時刻 t_1 での運動量 $p(t_1)$ と，ある時刻 t_2 での運動量 $p(t_2)$ の差

$$\Delta p = p(t_2) - p(t_1) \,, \tag{2.1.2}$$

を意味します．このように，運動量の変化をもたらすものが，加えられた駆動力です．ここでも，加えられた駆動力とは，単なる力 F だけではなく，力と力を加えた時間 $(\Delta t = t_2 - t_1)$ を掛けたものだと解釈されています．このように考えると，第 2 法則は

$$\Delta p = F\Delta t \,, \tag{2.1.3}$$

と書くことができます．

式 (2.1.3) では，力は Δt の間で一定だったと考えています．しかし，力も時間とともに変化しますから，式 (2.1.3) の右辺は，力を時間で積分したものとして一般化したほうが良さそうです．力を時間で積分したものは，**力積** (impulse) と呼ばれます．今，力積を $\boldsymbol{I}$ と書くことにすると

$$\boldsymbol{I} = \int_{t_1}^{t_2} \boldsymbol{F}\, dt \ , \tag{2.1.4}$$

で定義されます．したがって，第 2 法則は

$$\Delta \boldsymbol{p} = \boldsymbol{p}(t_2) - \boldsymbol{p}(t_1) = \boldsymbol{I} = \int_{t_1}^{t_2} \boldsymbol{F}\, dt \ , \tag{2.1.5}$$

と書いたほうが一般的です．つまり，運動量の変化 ($\Delta \boldsymbol{p}$) は力積 ($\boldsymbol{I}$) に等しいということです．

また，歴史の中で式 (2.1.3) は，運動の変化ではなく，運動量の変化率との解釈が与えられました．このように考えると，式 (2.1.3) は

$$\frac{\Delta \boldsymbol{p}}{\Delta t} = \boldsymbol{F} \ , \tag{2.1.6}$$

と書くことができます．ここで，$\Delta t \to 0$ の極限を考えると

$$\frac{d\boldsymbol{p}}{dt} = \boldsymbol{F} \ . \tag{2.1.7}$$

この式は，運動量の定義式 (2.1.1) を思い出し，慣性質量 m は時間に対して不変だと仮定すると

$$\frac{d\boldsymbol{p}}{dt} = m\frac{d\boldsymbol{v}}{dt} = m\frac{d^2\boldsymbol{r}}{dt^2} = \boldsymbol{F} \ , \tag{2.1.8}$$

と書くことができます．この式の最後の表式

$$m\frac{d\boldsymbol{v}}{dt} = \boldsymbol{F} \quad \text{や} \quad m\frac{d^2\boldsymbol{r}}{dt^2} = \boldsymbol{F} \ , \tag{2.1.9}$$

が，現在，**運動方程式** (equation of motion) と呼ばれているものです．そのため，第 2 法則を運動方程式と呼ぶこともあります．そして，さまざまな経緯により，現在では，第 2 法則は運動方程式 (2.1.9) のことである，と説明されることが一般的になっています．本書でもこのような立場をとります．

運動方程式を理解するには，以下のようにいくつか注意すべきことがあります．

注 1 高校の物理では

$$\boldsymbol{F} = m\boldsymbol{a} , \qquad (2.1.10)$$

のように力を左辺に書いていました．しかし，大学以降の物理学では，式 (2.1.9) のように書くため，高校物理の表記方法と比べて，右辺と左辺が逆になっています．このように書く理由の 1 つは，第 2 法則で述べていることを忠実に再現すると式 (2.1.9) の形になるということです．また，もう 1 つの理由は，運動方程式を微分方程式として位置付けるからです．数学で扱う微分方程式では，左辺に変数とその微分を書き，右辺に定数も含めて変数以外の項を書く習慣があります．

注 2 運動方程式 (2.1.9) を

$$\frac{d^2\boldsymbol{r}}{dt^2} = \frac{\boldsymbol{F}}{m} , \qquad (2.1.11)$$

と書けばわかるように，同じ力 $\boldsymbol{F}$ を与えても，m が大きいほど加速度が小さいことがわかります．つまり，運動が変化しにくいのです．このように，物体が運動の状態を続けようとする性質を慣性と呼ぶことから，m に慣性質量という名前が付けられています．

例題 2.1 慣性質量　　　　　　　　　　　　　　　　　　**レベル：イージー**

　慣性質量が $2\,\mathrm{kg}$ の物体 A に，大きさが $F\,[\mathrm{N}]$ の力を加えたところ，$2\,\mathrm{m/s^2}$ の加速度で動きました．また，同じ大きさの力を物体 B に加えたところ，$4\,\mathrm{m/s^2}$ の加速度で動きました．物体 B の慣性質量はいくらか．

答え

　運動方程式を使って考えることにします．物体 A の慣性質量を m_A，加速度を a_A とします．同様に，物体 B の慣性質量を m_B，加速度を a_B とします．2 つの物体には同じ力 F が加わっているので，運動方程式はそれぞれ

$$m_\mathrm{A}a_\mathrm{A} = F , \qquad m_\mathrm{B}a_\mathrm{B} = F , \qquad (2.1.12)$$

となります．したがって

$$m_\mathrm{A}a_\mathrm{A} = m_\mathrm{B}a_\mathrm{B} . \qquad (2.1.13)$$

これを慣性質量 m_B について解くと

$$m_\mathrm{B} = \frac{a_\mathrm{A}}{a_\mathrm{B}}m_\mathrm{A} = \frac{2\,\mathrm{m/s^2}}{4\,\mathrm{m/s^2}} \cdot 2\,\mathrm{kg} = 1\,\mathrm{kg} . \qquad (2.1.14)$$

注意 1. 数値を書くときに，$2\,[\mathrm{m/s^2}]$ などと，角括弧 [ ] を付けて書く人をよく見かけます．数値は単位まで含めて 1 つの値なので，数値を書くときは角括弧 [ ] を付けないで，$2\,\mathrm{m/s^2}$ とするのが正しい書き方です．

注意 2. 数値計算をするときに，数字だけを先に計算し，最後に単位を付ける人をよ

29

く見かけます．けれども，数値を代入して計算をするときには，単位も付けて計算するのが正しいやり方です．そのため，式にはじめから数値を代入して計算するのではなく，ある程度式を整理してから，最後に数値を代入して計算することが大事です．

注3 運動方程式の右辺に書かれる力 $\boldsymbol{F}$ は，**合力** (sum of all forces) です．たとえば，質点に n 種類の力が加わっている場合は

$$\boldsymbol{F} = \sum_{i=1}^{n} \boldsymbol{F}_i , \qquad (2.1.15)$$

と書かれます．力はベクトルなので，ベクトルの合成や分解と同じ性質をもちます．力の場合は特別に**力の合成**や**力の分解**と呼ばれます．

例題 2.2　力の合成（ラミの定理）　　　　　レベル：イージー

2力のつり合いは簡単ですが，ここでは3力のつり合いを，力の合成として考えてみます．今，質点に作用する3つの力 $\boldsymbol{F}_1, \boldsymbol{F}_2, \boldsymbol{F}_3$ がつり合っているとき，それぞれ力の大きさは，他の2力がはさむ角の正弦に比例する，つまり

$$\frac{|\boldsymbol{F}_1|}{\sin\alpha} = \frac{|\boldsymbol{F}_2|}{\sin\beta} = \frac{|\boldsymbol{F}_3|}{\sin\gamma} , \qquad (2.1.16)$$

が成り立つこと（ラミ (Lami) の定理）を示そう．また，このときの運動方程式を求めよう．ただし，質点の慣性質量を m とし，位置ベクトルを $\boldsymbol{r}$ とします．

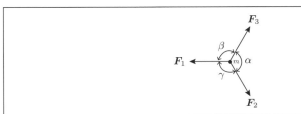

図 **2.1**　3力のつり合い

答え

$\boldsymbol{F}_1$ の**作用線** (line of action) に垂直な方向では，力のつり合いは

$$|\boldsymbol{F}_2|\sin(\pi - \gamma) = |\boldsymbol{F}_3|\sin(\pi - \beta) , \qquad (2.1.17)$$

と書くことができます．したがって

$$\frac{|\boldsymbol{F}_2|}{\sin\beta} = \frac{|\boldsymbol{F}_3|}{\sin\gamma} . \tag{2.1.18}$$

一方，$\boldsymbol{F}_2$ の作用線に垂直な方向では，力のつり合いは

$$|\boldsymbol{F}_1|\sin(\pi - \gamma) = |\boldsymbol{F}_3|\sin(\pi - \alpha) , \tag{2.1.19}$$

と書くことができます．したがって

$$\frac{|\boldsymbol{F}_1|}{\sin\alpha} = \frac{|\boldsymbol{F}_3|}{\sin\gamma} . \tag{2.1.20}$$

以上，式 (2.1.18) と式 (2.1.20) より

$$\frac{|\boldsymbol{F}_1|}{\sin\alpha} = \frac{|\boldsymbol{F}_2|}{\sin\beta} = \frac{|\boldsymbol{F}_3|}{\sin\gamma} . \tag{2.1.21}$$

また，この場合の運動方程式は

$$m\frac{d^2\boldsymbol{r}}{dt^2} = 0 . \tag{2.1.22}$$

2.1.3 第3法則：作用・反作用の法則

ラテン語原文

Actioni contrariam semper et æqualem esse reactionem: sive corporum duorum actiones in se mutuo semper esse æquales et in partes contrarias dirigi.

英語翻訳

To any action there is always an opposite and equal reaction; in other words, the actions of two bodies upon each other are always equal and always opposite in direction.

日本語翻訳

すべての作用に対して，それと大きさが等しく反対向きの反作用が存在する．すなわち，2つの物体の間で互いに働き合う相互作用は常に大きさが等しく，反対方向を向く．

第3法則は，現在では，**作用・反作用の法則** (action-reaction law) と呼ばれています．第3法則も経験則で，素粒子の間に働くような自然界の基本的な力をはじめ，この宇宙が誕生してから今まで一度たりとも破れたことがないほど強い法

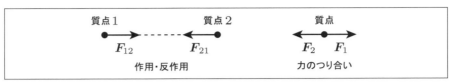

図 2.2 作用・反作用の法則と力のつり合いの違い

則です．

作用・反作用の法則と力のつり合いは，混同しやすいので注意が必要です．作用・反作用の法則は，質点 i が質点 j から受ける力 $\boldsymbol{F}_{ij}$ と質点 j が質点 i から受ける力 $\boldsymbol{F}_{ji}$ の間に

$$\boldsymbol{F}_{ij} = -\boldsymbol{F}_{ji} , \qquad (2.1.23)$$

という関係があるということです．たとえば，図 2.2（左）に示すように質点が 2 個ある場合には，$\boldsymbol{F}_{12} = -\boldsymbol{F}_{21}$ の関係があります．

一方，ある質点 i の加速度 $\boldsymbol{a}_i$ が $\boldsymbol{a}_i = \boldsymbol{0}$ の場合，運動方程式は

$$\boldsymbol{0} = \sum_{j \neq i}^{n} \boldsymbol{F}_{ij} , \qquad (2.1.24)$$

となります．このとき，質点 i に作用する複数の力 $\boldsymbol{F}_{ij}$ は，つり合いの状態にあると言います．ここで，式 (2.1.24) の j についての和は，$j = i$ を除いて $j = 1$ から $j = n$ まで足し上げることを表します．すべての力は作用・反作用の関係にありますが，議論の対象とする物理系の外から働く力を外力と呼び，単に $\boldsymbol{F}_j$ と書きます．そのため，力のつり合いは

$$\sum_{j=1}^{n} \boldsymbol{F}_j = \boldsymbol{0} , \qquad (2.1.25)$$

と書くことがあります．たとえば，図 2.2（右）に示すように，1 個の質点に働く 2 つの外力 $\boldsymbol{F}_1$ と $\boldsymbol{F}_2$ がつり合いの状態にあるときは，$\boldsymbol{F}_1 + \boldsymbol{F}_2 = \boldsymbol{0}$ となります．

具体例を考えてみましょう．たとえば，リンゴ (apple) が落ちるとき，リンゴが地球 (Earth) から受ける力 $\boldsymbol{F}_{\mathrm{aE}}$ と，地球がリンゴから受ける力 $\boldsymbol{F}_{\mathrm{Ea}}$ は作用・反作用の関係 $\boldsymbol{F}_{\mathrm{aE}} = -\boldsymbol{F}_{\mathrm{Ea}}$ にあります．このように，2 つの物体が離れた状態で働く力は遠隔力と呼ばれます．

一方，リンゴが机 (desk) の上で静止しているとき，リンゴが机から受ける力 $\boldsymbol{F}_{\mathrm{ad}}$ と，机がリンゴから受ける力 $\boldsymbol{F}_{\mathrm{da}}$ が新たに生じ，これら2つの力は作用・反作用の関係 $\boldsymbol{F}_{\mathrm{ad}} = -\boldsymbol{F}_{\mathrm{da}}$ にあります．2つの物体が接した状態で働く力は接触力と呼ばれます．リンゴには，$\boldsymbol{F}_{\mathrm{aE}}$ と $\boldsymbol{F}_{\mathrm{ad}}$ が作用し，静止しているため加速度はゼロであるから，運動方程式は $0 = \boldsymbol{F}_{\mathrm{aE}} + \boldsymbol{F}_{\mathrm{ad}}$ であり，力はつり合っているのです．

　今，議論の対象とする物理系をリンゴのみとした場合，リンゴが地球から受ける力とリンゴが机から受ける力は外力であり，それぞれ重力 $m\boldsymbol{g}$ や垂直抗力 $\boldsymbol{N}$ です．これらの力については，この後の2.4節や3章で学びます．また，内力や外力については7章で詳しく学びます．

2.2　第1法則は第2法則に含まれない！

慣性質量 m の質点に作用する合力がゼロ $(\boldsymbol{F} = 0)$ の場合，運動方程式は

$$m\frac{d\boldsymbol{v}}{dt} = \boldsymbol{F} = 0 \, , \tag{2.2.1}$$

となります．したがって，加速度がゼロですから，速度 $\boldsymbol{v} =$ 一定，つまり等速直線運動を意味します．これは，第1法則「静止している質点は，力を加えられない限り静止を続け，動いている質点は，力を加えられない限り同じ速さで直線運動を続ける」と同じことを表しています．したがって，第1法則は第2法則に含まれる，または第2法則の特別な場合だけを切り出してきたものが第1法則である，と考えてしまいます．しかし，ニュートンが本当にこのように冗長なことを考えたのかどうか疑問です．第1法則については，これまでにもいろいろな解釈がなされてきましたが，まだ論争が続いています．しかし，現在では，第1法則は**慣性系** (inertial frame of reference) の存在を主張しているとの見方が有力です．この節では，慣性系について学びます．

2.2.1　2つの座標系

　今，図2.3に示すように，3次元デカルト座標を用いて，2つの座標系を考えることにします．一方をS系と呼び，原点 O と x, y, z 軸から構成される O-xyz 系です．また，もう一方をS′系と呼び，原点 O′ と x', y', z' 軸から構成される O′-$x'y'z'$ 系です．今，S′系はS系に対して，**並進運動** (translational motion) のみをしている場合を考えます．つまり，S系とS′系では，対応する座標軸が平

行,すなわち $x//x', y//y', z//z'$ のまま,原点 O′ が移動している場合です.

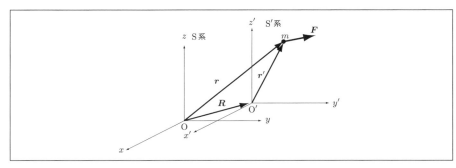

図 2.3 慣性系と非慣性系

このとき,空間内に質量 m の質点があり,その質点に力 F が作用しているとします.今,S 系では質点の位置ベクトルを r と書き,S′ 系ではそれを r' と書くことにします.また,S 系の原点 O から見た S′ 系の原点 O′ の位置ベクトルを,R と書くことにします.そうすると,図 2.3 からわかるように

$$r = R + r', \tag{2.2.2}$$

の関係があります.これを用いると,速度については

$$\frac{dr}{dt} = \frac{dR}{dt} + \frac{dr'}{dt}, \tag{2.2.3}$$

となり,加速度については

$$\frac{d^2r}{dt^2} = \frac{d^2R}{dt^2} + \frac{d^2r'}{dt^2}, \tag{2.2.4}$$

となります.したがって,運動方程式には以下の関係があります.

$$m\frac{d^2r}{dt^2} = m\frac{d^2R}{dt^2} + m\frac{d^2r'}{dt^2} = F. \tag{2.2.5}$$

2.2.2 S 系に対して S′ 系が等速直線運動をしている場合

S 系に対して S′ 系が,等速直線運動をしている場合を考えます.このとき

$$\frac{d^2R}{dt^2} = 0, \tag{2.2.6}$$

ですから，式 (2.2.5) は

$$\text{S系} \quad m\frac{d^2\boldsymbol{r}}{dt^2} = \boldsymbol{F} , \tag{2.2.7}$$

$$\text{S}'\text{系} \quad m\frac{d^2\boldsymbol{r}'}{dt^2} = \boldsymbol{F} . \tag{2.2.8}$$

したがって，S 系でも S′ 系でも，同様に運動を記述することができます．

2.2.3 S 系に対して S′ 系が加速度運動をしている場合

S 系に対して S′ 系が，加速度運動をしている場合を考えます．このとき

$$\frac{d^2\boldsymbol{R}}{dt^2} \neq 0 , \tag{2.2.9}$$

ですから，式 (2.2.5) は

$$\text{S系} \quad m\frac{d^2\boldsymbol{r}}{dt^2} = \boldsymbol{F} , \tag{2.2.10}$$

$$\text{S}'\text{系} \quad m\frac{d^2\boldsymbol{r}'}{dt^2} = \boldsymbol{F} - m\frac{d^2\boldsymbol{R}}{dt^2} . \tag{2.2.11}$$

これらの運動方程式を比較すると，式 (2.2.11) で与えられる S′ 系の運動方程式では，右辺に力 $\boldsymbol{F}$ 以外の余分な項が付け加わっていることがわかります．そのため，S 系と S′ 系では異なる現象が現れます．

このことを確認するために，力が働かない場合，つまり $\boldsymbol{F} = 0$ の場合を考えてみます．このとき

$$\text{S系} \quad m\frac{d^2\boldsymbol{r}}{dt^2} = 0 , \tag{2.2.12}$$

$$\text{S}'\text{系} \quad m\frac{d^2\boldsymbol{r}'}{dt^2} = -m\frac{d^2\boldsymbol{R}}{dt^2} , \tag{2.2.13}$$

となりますから，S 系では当然，等速直線運動が観測されます．物体が静止していれば静止し続けるのです．一方，S′ 系では，加速度運動が観測されます．たとえば，観測し始めたときに物体が静止していても，観測を続けていくと，何も力を加えていないのに勝手に物体が動き始めて加速度運動をします．これは，ニュートンの第 1 法則に矛盾します．したがって，ニュートンの第 1 法則はあたりまえのことではないのです．このような現象の元になった力

$$-m\frac{d^2\boldsymbol{R}}{dt^2} , \tag{2.2.14}$$

は，**慣性力** (inertial force) や**見かけの力** (fictitious force) と呼ばれます．慣性力は，S′系の加速度の反対方向に働いていることに注意する必要があります．

このイメージを理解するために，みなさんが車に乗っていて，車が急発進した場合を考えてみましょう．図2.4（左）に示すように，進行方向を正の方向とすると，急発進を引き起こす車の加速度は正の方向となります．このとき，もしも車の中に人が立っていて，床との摩擦がなければ，人は取り残されて車だけ前に進むこととなります．一方，図2.4（右）に示すように，急発進する車を基準とした座標系（S′系）で見ると，人は急に進行方向とは逆に動いていくことになります．そのため，この運動を引き起こす原因として，運動方程式の中で慣性力を考慮する必要が出てきます．このような感覚は，急発進する車の中などで，日常的に体験していることと思います．また，車が急ブレーキを踏んだ場合も同様に考えられます．この場合は，車が静止座標系（S系）に対して負の加速度をもつので，急ブレーキをかけた車の中では，正の方向の慣性力を感じ，前のめりになります．

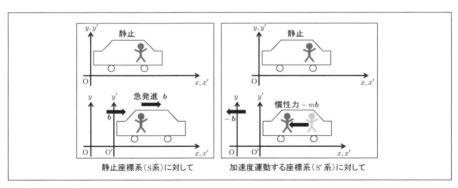

図 2.4　慣性力

2.2.4　慣性系と非慣性系

これまで考えてきたS系のように，ニュートンの第1法則がどんなときでも成り立っている座標系を，**慣性系**と呼びます．また，S系に対して加速度運動をしているS′系のように，ニュートンの第1法則が成り立たない座標系を，**非慣性系** (non-inertial reference frame) と呼びます．

また，次のように言い替えることもできます．本当の（リアルな）力 $\boldsymbol{F}$ に対してニュートンの第2法則が成り立っている座標系が慣性系です．一方，本当の（リアルな）力 $\boldsymbol{F}$ に加えて，慣性力（見かけの力）を加えて定義された力

$$\boldsymbol{F}' = \boldsymbol{F} - m\frac{d^2\boldsymbol{R}}{dt^2}, \qquad (2.2.15)$$

に対して，ニュートンの第2法則が成り立っている座標系が非慣性系です．慣性系と非慣性系で同じ物理を記述するには，非慣性系の運動方程式を

$$m\frac{d^2\boldsymbol{r}'}{dt^2} = \boldsymbol{F}', \qquad (2.2.16)$$

と書き替える必要があるのです．

以上のように，ニュートンの第1法則は，「慣性の法則」と呼ぶよりは，「慣性系の存在に関する法則」と呼んだほうが，本質を言い当てているのです．

例題 2.3　慣性系と非慣性系　　　　　　　　　　レベル：イージー

鉛直方向（z 方向）に動くエレベータの中に，質量 m の物体 m（質点として扱う）が置かれているとします（図 2.5）．鉛直上向きを $+z$ 方向とし，重力加速度を鉛直下向きで大きさ g とした場合に，以下の問いに答えよう．ただし，この運動は1次元の運動なので，以下ではスカラーのみで記述してよいことにします．

(1) エレベータが上向きに大きさ a の加速度で動いている運動を，慣性系（地上に固定された座標系）で記述するとき，物体 m に働いている力をすべて図示しよう．
(2) (1) の解答をもとにして，物体 m の運動方程式を書き，それを使って，物体 m がエレベータの床に及ぼす力を求めよう．
(3) この運動を非慣性系（エレベータに固定された座標系）で記述するとき，物体 m に働いている力をすべて図示しよう．
(4) (3) の解答をもとにして，物体 m の運動方程式を書き，それを使って，物体 m がエレベータの床に及ぼす力を求めよう．

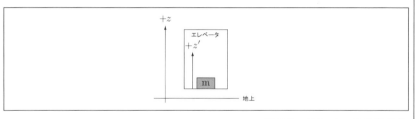

図 **2.5**　エレベータの中と外

答え

以下の図では，力の大きさのみを書くことにします．N は垂直抗力を表します．

図 2.6　問題 (1) と問題 (3) の解答

ここで，(3) では慣性力（見かけの力）ma が鉛直方向下向きに働きます．

(2) (1) の解答をもとにして考えると，慣性系では，物体 m は加速度 a で上昇しているように観測されるので，物体 m に対する運動方程式は

$$ma = N - mg.$$

したがって，物体 m が床に及ぼす力の大きさは

$$N = m(g+a).$$

(4) (3) の解答をもとにして考えると，エレベータの中に置かれた座標系（非慣性系）では，物体 m の加速度はゼロなので，運動方程式は

$$m \cdot 0 = N - mg - ma.$$

したがって，物体 m が床に及ぼす力の大きさは

$$N = m(g+a).$$

<u>注意</u> エレベータの中で体重計に人が乗っている場合，体重計は，ここで求めた $N = m(g+a)$ の値を示します．したがって，エレベータが一定の速度で上昇・下降しているときは $a = 0$ なので，体重計は $N = mg$ の値を示します．これは地上で体重を計った場合と同じ値です．しかし，エレベータが加速しながら上昇している場合，体重計は $N = m(g+a)$ の値を示し，地上で計った値よりも大きくなります．逆に，エレベータが減速しながら上昇している場合，体重計は $N = m(g-a)$ の値を指し示し，地上で計った値よりも小さくなります．

2.3 次元と単位

本書を通じて最も重要な式は，運動方程式

$$m\frac{d^2\boldsymbol{r}}{dt^2} = \boldsymbol{F} , \tag{2.3.1}$$

です．運動方程式には，（慣性）質量 m，位置ベクトル $\boldsymbol{r}$，時間 t，力 $\boldsymbol{F}$ という 4 つの量が含まれ，これらが 1 本の式で関係付けられています．そのため，3 つの量を基本量として，残りの 1 つはそれらによって定義されると考えられます．そこで，力学における 3 つの独立な基本量として，長さ，質量，時間を選びます．

一般に，物理量 A からその大きさを除いた概念を，A の**次元** (dimension) と呼び，$[A]$ で表します．そして，基本量の次元として，長さの次元を L，質量の次元を M，時間の次元を T と書くことにします．つまり

$$[\boldsymbol{r}] = L , \qquad [m] = M , \qquad [t] = T . \tag{2.3.2}$$

そうすると，たとえば，速度，加速度，力，運動量，力積の次元は

$$[\boldsymbol{v}] = \left[\frac{d\boldsymbol{r}}{dt}\right] = \frac{[d\boldsymbol{r}]}{[dt]} = \frac{L}{T} = LT^{-1} , \tag{2.3.3}$$

$$[\boldsymbol{a}] = \left[\frac{d^2\boldsymbol{r}}{dt^2}\right] = \frac{[d^2\boldsymbol{r}]}{[dt^2]} = \frac{L}{T^2} = LT^{-2}$$

$$= \left[\frac{d\boldsymbol{v}}{dt}\right] = \frac{[d\boldsymbol{v}]}{[dt]} = \frac{LT^{-1}}{T} = LT^{-2} , \tag{2.3.4}$$

$$[\boldsymbol{F}] = \left[m\frac{d^2\boldsymbol{r}}{dt^2}\right] = \frac{[m][d^2\boldsymbol{r}]}{[dt^2]} = \frac{ML}{T^2} = MLT^{-2} , \tag{2.3.5}$$

$$[\boldsymbol{p}] = [m]\left[\frac{d\boldsymbol{r}}{dt}\right] = MLT^{-1} , \tag{2.3.6}$$

$$[\boldsymbol{I}] = [\Delta\boldsymbol{p}] = MLT^{-1} , \tag{2.3.7}$$

となります．ここで一般に，以下が成り立ちます．

$$\left[\frac{d^n f(x)}{dx^n}\right] = [f][x]^{-n} . \tag{2.3.8}$$

どうして，次元なんていう面倒なことを考えるのか疑問をもつことと思います．たとえば，とても長い計算をして答えが得られたとしましょう．そのとき，

39

その答えが正しいかどうか，まずはじめに確認すべきものは，その答えの次元です．もしも，答えとして速度を求めたかったのに，求めた答えの次元が長さだったら，どこかで計算を間違えたことがわかります．このように，得られた答えの値ではなく，次元だけを計算することを，**次元解析** (dimensional analysis) と呼びます．

　次元は，物理量から大きさの概念を取り除いたものですが，大きさの概念を表すものが単位です．単位については国際的な取り決めがあります．**SI 単位系**（仏: Le Système International d'Unités, 英: The International System of Units, 略称：SI）です．基本となるものは，時間：s（秒），長さ：m（メートル），質量：kg（キログラム），電流：A（アンペア），熱力学的温度：K（ケルビン），物質量：mol（モル），光度：cd（カンデラ）です．その他の物理量の単位は，これらを組み合わせて作られるので，**SI 組立単位** (SI derived unit) と呼ばれます．

例題	2.4	次元と SI 組立単位	レベル：イージー

　以下の (1)〜(4) に書かれた物理量の次元と SI 単位を求めよう．ただし，m, g はそれぞれ質量と重力加速度を表します．また，x, h, ξ の次元は，$[x] = [h] = [\xi] = L$ とします．

(1) 面積 S，体積 V，密度 ρ．

(2) 速度 $\boldsymbol{v}$，加速度 $\boldsymbol{a}$，力 $\boldsymbol{F}$，運動量 $\boldsymbol{p} = m\boldsymbol{v}$．

(3) 運動エネルギー $K = \dfrac{1}{2}mv^2$，ポテンシャル・エネルギー $U = mgh$
　仕事 $W = \int \boldsymbol{F} \cdot d\boldsymbol{r}$，慣性モーメント $I = \int \xi^2 \rho \, dV$．

(4) 1 次元の力が $F = a\sin(\omega t) + be^{-\alpha x} + c\log(\beta t)$ で与えられている場合の $a, b, c, \omega, \alpha, \beta$．

答え

(1) $[S] = L^2 : \mathrm{m}^2$, 　　$[V] = L^3 : \mathrm{m}^3$, 　　$[\rho] = ML^{-3} : \mathrm{kg/m^3}$.

(2) $[\boldsymbol{v}] = LT^{-1} : \mathrm{m/s}$, 　　$[\boldsymbol{a}] = LT^{-2} : \mathrm{m/s^2}$,
　$[\boldsymbol{F}] = MLT^{-2} : \mathrm{kg \cdot m/s^2} = \mathrm{N}$（ニュートン），
　$[\boldsymbol{p}] = [m][\boldsymbol{v}] = MLT^{-1} : \mathrm{kg \cdot m/s} = \mathrm{N \cdot s}$.

(3) $[K] = [m][v]^2 = ML^2T^{-2} : \mathrm{kg \cdot m^2/s^2} = \mathrm{N \cdot m} = \mathrm{J}$（ジュール），
　$[U] = [m][g][h] = MLT^{-2}L = ML^2T^{-2} : \mathrm{kg \cdot m^2/s^2} = \mathrm{N \cdot m}$,
　$[W] = [\boldsymbol{F}][d\boldsymbol{r}] = MLT^{-2}L = ML^2T^{-2} : \mathrm{kg \cdot m^2/s^2} = \mathrm{N \cdot m}$.
　$[I] = [\xi^2][\rho][dV] = L^2ML^{-3}L^3 = ML^2 : \mathrm{kg \cdot m^2}$.

(4) 三角関数の中身や指数関数の肩は無次元で，（自然）対数の中身は無次元にでき

ることに注意.
$$[a] = [b] = [c] = MLT^{-2} : \mathrm{kg} \cdot \mathrm{m/s^2} = \mathrm{N} , \qquad [\omega] = T^{-1} : \mathrm{rad/s} ,$$
$$[\alpha] = L^{-1} : 1/\mathrm{m} , \qquad [\beta] = T^{-1} : 1/\mathrm{s} .$$

2.4 万有引力と重力

　ニュートンは「リンゴが落ちる様子を見て万有引力を発見した」という逸話はあまりにも有名です．しかし，晩年に「どのようにして万有引力の発見にたどり着いたのか」という質問を受けたニュートンは「絶えず考えることによって」と答えています．万有引力の法則を最初に考えたのはフック (Robert Hooke) であるとする説もありますし，万有引力の法則が発見されたいきさつについては，多くの歴史家がさまざまな見解を述べています．しかし，人類が到達した最高の思考である万有引力の法則は，今のところ不変だといえます．ニュートンは『プリンキピア』の中で，以下のように2つに分けて万有引力の法則を述べています．

ラテン語原文

　Gravitatem in corpora universa fieri, eamque proportionalem esse quantitati materiæ in singulis.

英語翻訳

　Gravity on all bodies to be made, it is proportional to the quantity matter in each.

日本語翻訳

　すべての物体には，それらの物体が含みそれぞれの物質量に比例する重力がある．

ラテン語原文

　Si Globorum duorum in se mutuò gravitantium materia undique, in regionibus quæ à centris æqualiter distant, bomogenea sit: erit pondus Globialterutrius in alterum reciprocè ut quadratum distantiæ inter centra.

英語翻訳

　If two globes gravitate toward each other, and their matter is homogeneous on all sides in regions that are equally distant from their center, then the weight of either globe toward the other will be inversely as the square of the distance between the centers.

日本語翻訳

　互いに重力を及ぼし合う 2 つの球体では，球体内の質量分布が球対称ならば，その 2 つの球体の間に働く重力はそれぞれの球の中心間の距離の 2 乗に反比例する．

現在ではこれらをまとめて，万有引力の法則は，「質量をもつ物体の間には，その質量の積に比例し，物体間の距離の 2 乗に反比例する引力が働く」と表現されます．

　ここで，質量という言葉を用いましたが，もう少し厳密に考える必要があります．2.1 節で定義された慣性質量は，その物体の慣性の大きさを表しました．しかし，万有引力の法則で現れる質量は，物体の慣性とは別物で，質量があるものどうしの間に働く力であり，重力を発生させる源としての質量のため，**重力質量** (gravitational mass) と呼ばれます．

　万有引力の法則をもう少し厳密に言うと，図 2.7（左）に示すように，重力質量 M_1（ここでは，慣性質量と区別するために大文字で書いています）の質点 1 の位置ベクトルが r_1，重力質量 M_2 の質点 2 の位置ベクトルが r_2 のときに，2 つの質点の間に働く引力の大きさは，2 つの質点の重力質量の積に比例し，2 つの質点の距離の 2 乗に反比例します．つまり

$$F = |\boldsymbol{F}_{21}| = |\boldsymbol{F}_{12}| = G\,\frac{M_1 M_2}{|\boldsymbol{r}_2 - \boldsymbol{r}_1|^2}\,. \tag{2.4.1}$$

ここで G は，**万有引力定数** (gravitational constant) と呼ばれ

$$G = 6.672 \times 10^{-11}\,\mathrm{N \cdot m^2/kg^2}, \tag{2.4.2}$$

で与えられます．ニュートンの運動の法則と同様に，万有引力の法則も観測によって確かめられている経験則で，数学のように証明できるものではないことには注意が必要です．

　力はベクトルなので，式 (2.4.1) で与えられる万有引力の大きさは，ベクトルの形に書き直すことが必要です．そのためには，図 2.7（右）に示すように，質点 2 が質点 1 から受けている万有引力 $\boldsymbol{F}_{21}$ は，r_2 から r_1 に向かう単位ベクトル

$$\boldsymbol{e}_{21} = -\boldsymbol{e}_{12} = -\frac{\boldsymbol{r}_2 - \boldsymbol{r}_1}{|\boldsymbol{r}_2 - \boldsymbol{r}_1|}, \tag{2.4.3}$$

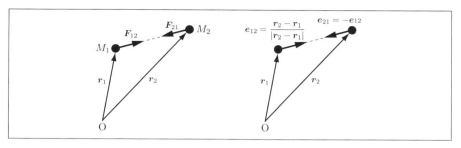

図 **2.7** 万有引力とそのベクトル表示

を用いて
$$\boldsymbol{F}_{21} = F\boldsymbol{e}_{21} = -G\frac{M_1 M_2(\boldsymbol{r}_2 - \boldsymbol{r}_1)}{|\boldsymbol{r}_2 - \boldsymbol{r}_1|^3}, \tag{2.4.4}$$
とすれば，万有引力をベクトルで表すことができます．

2.4.1 形がある物体の万有引力

地球のように形のある物体と質点の間に働く万有引力を考える場合は，地球を細かい小片に分割して，それらの小片と質点の間に働く万有引力を足し上げて考えます．たとえば，野球のボールと地球の間に働く引力を考えてみることにしましょう．野球のボールの半径は約 3.8×10^{-2} m で，地球の半径は約 $R = 6.38 \times 10^6$ m ですから，体積の比率を計算すると，地球は野球のボールに換算すると，約 4.73272×10^{24} 個のボールから構成されていると考えられます．なぜなら，体積の比ですから，$(6.38/3.8 \times 10^8)^3 = 4.73272 \times 10^{24}$ と計算できるからです．したがって，このように膨大な数の野球のボール一つひとつと，地上に置かれた野球のボールの間に働く万有引力をすべて足し上げればよいことになります．

今，野球のボールの例から離れて一般的に考えます．図 2.8 に示すように，地上に置かれた質点の重力質量を M と書き，地球の重力質量を M_E と書くことにします．そして，地球を n 個の小片に分割したとき，i 番目の小片の重力質量を m_i と書くことにします．当然，地球の全質量は
$$M_\mathrm{E} = \sum_{i=1}^{n} m_i , \tag{2.4.5}$$
で与えられます．ここで，質点が i 番目の小片から受けている万有引力は

$$F_i = -G\frac{Mm_i(\bm{r}-\bm{r}_i)}{|\bm{r}-\bm{r}_i|^3}, \qquad (2.4.6)$$

ですから，その合力は

$$\bm{F} = \sum_{i=1}^{n}\bm{F}_i = -GM\sum_{i=1}^{n}\frac{m_i(\bm{r}-\bm{r}_i)}{|\bm{r}-\bm{r}_i|^3}, \qquad (2.4.7)$$

で与えられます．このように，万有引力は重ね合わせることができます．このような性質は，**重ね合わせの原理** (superposition) と呼ばれます．

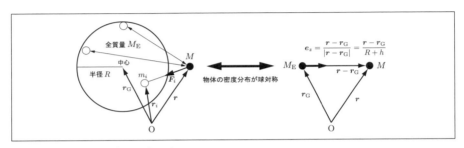

図 **2.8** 形がある物体の万有引力

地球は近似的に，球対称な密度分布をもつ物体と考えられます．このような場合，地球は，その中心に全質量 M_E が集中した質点として考えることができます．したがって，重力質量 M の質点と地球の間の万有引力は，重力質量 M の質点と重力質量 M_E の質点の間の引力として考えることができます．そのため，地球の中心の位置ベクトルを $\bm{r}_G$ とすると，万有引力は次の式で与えられます．

$$\bm{F} = -GM\sum_{i=1}^{n}\frac{m_i(\bm{r}-\bm{r}_i)}{|\bm{r}-\bm{r}_i|^3} = -G\frac{M_E M(\bm{r}-\bm{r}_G)}{|\bm{r}-\bm{r}_G|^3}. \qquad (2.4.8)$$

2.4.2 地表付近の重力と万有引力

今，3次元デカルト座標を用いて，地表から鉛直上方を $+z$ 方向と考えると，その基本ベクトル $\bm{e}_z$ は

$$\bm{e}_z = \frac{\bm{r}-\bm{r}_G}{|\bm{r}-\bm{r}_G|}, \qquad (2.4.9)$$

で与えられます．そこで，**重力加速度** (gravitational acceleration) の大きさを

$$g = G\frac{M_E}{|\bm{r}-\bm{r}_G|^2}, \qquad (2.4.10)$$

と書き，**重力加速度ベクトル** (gravitational acceleration vector) を

$$\boldsymbol{g} = -g\,\boldsymbol{e}_z\ , \tag{2.4.11}$$

と書くと，式 (2.4.8) で与えられる**重力** (gravity) は次のようになります．

$$\boldsymbol{F} = -M\,g\,\boldsymbol{e}_z = M\,\boldsymbol{g}\ . \tag{2.4.12}$$

ここでは，万有引力と重力は同じです．しかし，日常的に重力と呼んでいる力は，地表付近の物体に働く力を指します．この力は，5.3.4 項で詳しく学ぶように，万有引力と遠心力の合力です．

今，地球の半径を R とし，地表からの高さを h とすると

$$|\boldsymbol{r} - \boldsymbol{r}_{\mathrm{G}}| = R + h\ , \tag{2.4.13}$$

となるので，重力加速度の大きさは

$$g = G\,\frac{M_{\mathrm{E}}}{(R+h)^2}\ , \tag{2.4.14}$$

で与えられます．これはまた

$$g = G\,\frac{M_{\mathrm{E}}}{R^2}\left(1 + \frac{h}{R}\right)^{-2}\ , \tag{2.4.15}$$

と書くことができます．ここで，地球の半径の長さに比べて，地表からの高さが充分に小さい場合，つまり $h \ll R$ の場合は，$h/R \ll 1$ なので，式 (2.4.15) を**マクローリン展開** (Maclaurin expansion) することができて（マクローリン展開については 48 ページの数学ノート 2.1 を参照して下さい）

$$g = G\,\frac{M_{\mathrm{E}}}{R^2}\left\{1 - 2\frac{h}{R} + 3\left(\frac{h}{R}\right)^2 - \cdots\right\}\ . \tag{2.4.16}$$

当然，地表 ($h = 0$) の場合は

$$g = G\,\frac{M_{\mathrm{E}}}{R^2}\ . \tag{2.4.17}$$

地球の質量は，$M_{\mathrm{E}} = 5.98 \times 10^{24}\,\mathrm{kg}$, 地球の半径は，$R = 6.38 \times 10^6\,\mathrm{m}$ ですから，地表での重力加速度は

$$g = \frac{6.672 \times 10^{-11}\,\mathrm{N \cdot m^2/kg^2} \times 5.98 \times 10^{24}\,\mathrm{kg}}{(6.38 \times 10^6\,\mathrm{m})^2} = 9.80\,\mathrm{m/s^2}\ . \tag{2.4.18}$$

地球上で最も高い場所であるエベレスト山の山頂は，$h = 8848\,\mathrm{m}$ なので

$$\frac{h}{R} = \frac{8848\,\mathrm{m}}{6.38 \times 10^6\,\mathrm{m}} = 1.37 \times 10^{-3} . \tag{2.4.19}$$

これより，式 (2.4.16) を用いると，エベレスト山の山頂の重力加速度は，地表の重力加速度に対して約 0.3% 小さいことがわかります．

| 例題 | 2.5 | 重力加速度とマクローリン展開 | レベル：ミディアム |

国際宇宙ステーション (International Space Station; ISS) やスペースシャトルは，地表からの高度約 400 km を周回しています．ISS やスペースシャトルが受ける重力加速度の大きさを，以下の 2 通りの方法で求めよう．ただし，万有引力定数を $G = 6.672 \times 10^{-11}\,\mathrm{N \cdot m^2/kg^2}$，地球の質量を $M_\mathrm{E} = 5.98 \times 10^{24}\,\mathrm{kg}$ とし，地球の半径を $R = 6.38 \times 10^6\,\mathrm{m}$ とします．

(1) 式 (2.4.14) に値を代入して，重力加速度の大きさを求めよう．

(2) 式 (2.4.16) で h/R の 1 次の項まで展開した結果を用いて，重力加速度の大きさを求めよう．ただし，$GM/R^2 = 9.80\,\mathrm{m/s^2}$ を用いてよいことにします．

答え

(1) 数値を直接代入して計算すると

$$g = \frac{GM}{(R+h)^2} = \frac{6.672 \times 10^{-11}\,\mathrm{N \cdot m^2/kg^2} \times 5.98 \times 10^{24}\,\mathrm{kg}}{(6.38 \times 10^6\,\mathrm{m} + 4 \times 10^5\,\mathrm{m})^2}$$
$$= 8.68\,\mathrm{m/s^2} . \tag{2.4.20}$$

(2) ここでは

$$x = \frac{h}{R} = \frac{4 \times 10^5\,\mathrm{m}}{6.38 \times 10^6\,\mathrm{m}} = \frac{4}{6.38} \times 10^{-1} = 6.27 \times 10^{-2} \ll 1 , \tag{2.4.21}$$

となっているので，マクローリン展開が使えます．したがって

$$g \approx G\,\frac{M}{R^2}\,(1 - 2x) = 9.80 \times \left(1 - 2 \times 6.27 \times 10^{-2}\right)\,\mathrm{m/s^2}$$
$$= 8.57\,\mathrm{m/s^2} . \tag{2.4.22}$$

重力加速度 g のマクローリン展開は，さらに x の高次の項まで含めれば改善されます．その様子は，表 2.1 のようになります．

表 2.1 高度約 400 km での重力加速度 g の値とマクローリン展開

展開次数	x	x^2	x^3	x^4	x^5
$g\,[\mathrm{m/s^2}]$	8.573	8.689	8.679	8.680	8.680

2.4.3 重力質量と慣性質量の等価性

これまで，重力質量と慣性質量を区別するために，重力質量を M，慣性質量を m と書いてきました．この書き分けを用いると，重力だけを受けて運動している質点の運動方程式は

$$m\frac{d^2\boldsymbol{r}}{dt^2} = -Mg\,\boldsymbol{e}_z\,, \qquad (2.4.23)$$

となります．これは，次のように書き直すことができます．

$$\frac{d^2\boldsymbol{r}}{dt^2} = -\frac{M}{m}\,g\,\boldsymbol{e}_z\,. \qquad (2.4.24)$$

弱い等価原理 (weak equivalence principle) は，ガリレオやニュートンによって発見され，その後の精密な実験によって確かめられているもので，「物体は真空中であれば種類や重さによらず，同じ加速度 g で落下する」ということです．つまり，どんな物体の落下運動も以下の式で記述できます．

$$\frac{d^2\boldsymbol{r}}{dt^2} = -g\,\boldsymbol{e}_z\,. \qquad (2.4.25)$$

したがって，式 (2.4.24) と式 (2.4.25) より，どんな物体でも慣性質量と重力質量は等しく

$$m = M\,, \qquad (2.4.26)$$

であることがわかります．これは，慣性質量と重力質量の**等価性** (equivalency) と呼ばれます．この等価性は実験でも確かめられていて，今のところ

$$\frac{|M-m|}{M} < 10^{-12}\,, \qquad (2.4.27)$$

という制限が得られています．以下では，慣性質量と重力質量は同じだと考え，単に**質量**と呼び，m と書くことにします．

47

2.4.4 質量と重さの違い

　質量 1kg の物体が受ける重力の大きさを 1 キログラム重といい，1kg 重，1kgw，1kgf などと表します．重力加速度 $g = 9.80665\,\mathrm{m/s^2}$（北緯 45° のヨーロッパ）を用いると

$$1\,\mathrm{kgw} = 1\,\mathrm{kg} \times g = 9.80665\,\mathrm{N}\ . \tag{2.4.28}$$

これが，日常的に我々が**重さ** (weight) と呼んでいるものです．したがって重さは力であって，単位は N（ニュートン）です．一方，質量の単位は kg です．無重力状態では，重力加速度 $g = 0\,\mathrm{m/s^2}$ なので重さはゼロとなります．しかし，無重力状態でも質量はゼロではない点には，注意する必要があります．

$\alpha\beta\gamma$ 数学ノート 2.1：テイラー展開，マクローリン展開

　理工系で扱う多くの現象では，複雑な関数 $f(x)$ をそのまま扱うのではなく，ある点（展開点）a のまわりの振る舞いだけが知りたいことがあります．そのようなときは，$f(x)$ を $(x - a) \ll 1$ のべき級数

$$f(x) = a_0 + a_1(x - a) + a_2(x - a)^2 + \cdots , \tag{2.4.29}$$

で表すと便利です．このときの展開係数 $a_0, a_1, \ldots$ は，以下の手順で決定されます．

1. 式 (2.4.29) で $x = a$ とすると，$a_0 = f(a)$ と決まります．
2. 式 (2.4.29) を x で 1 回微分すると

$$f'(x) = a_1 + 2a_2(x - a) + 3a_3(x - a)^2 + 4a_4(x - a)^3 + \cdots , \tag{2.4.30}$$

　　となり，$x = a$ とすると $a_1 = f'(a)$ ．
3. 式 (2.4.29) を x で 2 回微分すると

$$f''(x) = 2a_2 + 3 \cdot 2a_3(x-a) + 4 \cdot 3a_4(x-a)^2 + 5 \cdot 4a_4(x-a)^3 + \cdots , \tag{2.4.31}$$

　　となり，$x = a$ とすると $a_2 = f''(a)/2!$ ．
4. 式 (2.4.29) を x で 3 回微分すると

$$f^{(3)}(x) = 3 \cdot 2a_3 + 4 \cdot 3 \cdot 2a_4(x - a) + 5 \cdot 4 \cdot 3a_4(x - a)^2 + \cdots , \tag{2.4.32}$$

　　となり，$x = a$ とすると $a_3 = f^{(3)}(a)/3!$ ．
5. 同様な計算をくり返して，**テイラー展開** (Taylor expansion)

$$f(x) = f(a) + f'(a)(x-a) + \frac{1}{2!}f''(a)(x-a)^2 + \cdots$$
$$+ \frac{1}{n!}f^{(n)}(a)(x-a)^n + \cdots , \tag{2.4.33}$$

を得ることができます.

展開点が $a = 0$ の場合はマクローリン展開と呼ばれ，以下の式で与えられます.

$$f(x) = f(0) + f'(0)x + \frac{1}{2!}f''(0)x^2 + \cdots + \frac{1}{n!}f^{(n)}(0)x^n + \cdots . \tag{2.4.34}$$

| 例題 | 2.6 | マクローリン展開の計算 | レベル：ミディアム |

$f(x) = \tan x$ のマクローリン展開を求めよう.

答え

上で説明した手順を繰り返していくと

$$f(0) = \tan 0 = 0 , \tag{2.4.35}$$
$$f'(0) = \sec^2(0) = 1 , \tag{2.4.36}$$
$$f''(0) = 2\sec^2(0)\tan(0) = 0 , \tag{2.4.37}$$
$$f^{(3)}(0) = 2\sec^4(0) + 4\sec^2(0)\tan^2(0) = 2 , \tag{2.4.38}$$
$$f^{(4)}(0) = 16\sec^4(0)\tan(0) + 8\sec^2(0)\tan^3(0) = 0 , \tag{2.4.39}$$
$$f^{(5)}(0) = 16\sec^6(0) + 88\sec^4(0)\tan^2(0) + 16\sec^2(0)\tan^4(0) = 16 , \tag{2.4.40}$$
$$\vdots$$

となります. したがって

$$\tan x = 0 + 1 \cdot x + \frac{1}{2!} \cdot 0 \cdot x^2 + \frac{1}{3!} \cdot 2 \cdot x^3 + \frac{1}{4!} \cdot 0 \cdot x^4 + \frac{1}{5!} \cdot 16 \cdot x^5 + \cdots$$
$$= x + \frac{1}{3}x^3 + \frac{2}{15}x^5 + \frac{17}{315}x^7 + \frac{62}{2835}x^9 + \cdots . \tag{2.4.41}$$

2 の演習問題

(解答は 284 ページ.)

2.1 [レベル：イージー] 図 2.9 のように，質量がそれぞれ m_1, m_2, m_3 の 3 つのブロック 1, 2, 3 に，水平方向の力 F が働き，摩擦のない床の上を互いに離れることなく動いています（正確には，力は $\boldsymbol{F} = F\boldsymbol{e}_x$ と書くべきですが，1 つの方向（水平方向）のみの運動なので，ベクトル表記は省略しました．今後も 1 次元の運動については，ベクトル表記を省くことがあるので注意してください）．このとき，以下の問に答えよう．ただし，ブロック 2 がブロック 1 から受ける力を F_{21}，ブロック 3 がブロック 2 から受ける力を F_{32} と書くことにします．ブロックには大きさがありますが，質点として扱ってよいことにします．

(1) ブロック 1 に水平方向に働く力をすべて図示しよう．
(2) ブロック 2 に水平方向に働く力をすべて図示しよう．
(3) ブロック 3 に水平方向に働く力をすべて図示しよう．
(4) ブロック 1, 2, 3 の位置をそれぞれ x_1, x_2, x_3 と書いて，各ブロックの水平方向の運動方程式を立てよう．
(5) 力 F, F_{21}, F_{32} を大きい順に並べよう．
(6) 加速度 $\ddot{x}_1, \ddot{x}_2, \ddot{x}_3$ の関係を説明しよう．
(7) 力 F, F_{21}, F_{32} のそれぞれによって，右向きに加速される合計の質量を答えよう．

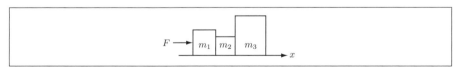

図 2.9 ブロックに働く力と運動方程式

2.2 [レベル：イージー] 図 2.10 のように，床の上に質量 M の物体 M があり，その上に質量 m の物体 m が載っていて，それぞれ静止しています．鉛直上向きを $+z$ 方向とし，重力加速度を鉛直下向きで大きさ g とした場合に，以下の問いに答えよう．ブロックには大きさがありますが，質点として扱ってよいことにし

ます．

(1) 物体 m に働く力をすべて図示しよう．
(2) 物体 M に働く力をすべて図示しよう．
(3) 物体 m の位置を z_m と書いて，運動方程式を立てよう．
(4) 物体 M の位置を z_M と書いて，運動方程式を立てよう．
(5) (1) と (2) で図に書込んだすべての力を m, M, g で表そう．

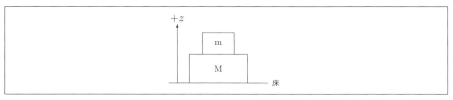

図 2.10 ブロックに働く力と運動方程式

2.3 ［レベル：イージー］ 次の関数のマクローリン展開を求めよう．ただし，a は実数で i は虚数単位で $i^2 = -1$ です．

(1) $f(x) = (1+x)^a$ 　　(2) $f(x) = \sin(x)$ 　　(3) $f(x) = \cos(x)$

(4) $f(x) = e^x$ 　　(5) $f(x) = \log(1+x)$ 　　(6) $f(x) = e^{ix}$

また，(6) の結果は，(2) や (3) の結果を用いて

$$e^{ix} = \cos(x) + i\sin(x) , \tag{2.4.42}$$

と表されることを確認しよう．ここで，式 (2.4.42) は**オイラーの公式** (Euler's formula) と呼ばれます．また，ファインマン (Richard Phillips Feynman) は，$e^{i\pi} = -1$ を**人類の至宝**と讃えています．

2.4 ［レベル：ミディアム］ 通信衛星や放送衛星は，赤道上の高度約 35786 km の円軌道を周回しています．通信衛星や放送衛星が受ける重力加速度 $g\,[\mathrm{m/s^2}]$ を，数値を直接代入して計算する方法と，マクローリン展開を用いる方法で求めよう．参考: 通信衛星や放送衛星に使われる軌道は静止軌道と呼ばれ，軌道周期は 23 時間 56 分 4 秒で，地球の自転に同期しています．

コラム

☕ ニュートン力学（古典力学）の限界

　本書で学ぶ力学は，**ニュートン力学** (Newton's mechanics) や**古典力学** (classical mechanics) と呼ばれます．ニュートンによって確立された分野であるから，このような名前が付いていることは容易に想像できると思います．また，ニュートンが生きた17世紀から18世紀は昔だから，古典という名前が付いているのだと思うかもしれません．

　ニュートン力学（古典力学）と呼ばれるようになった理由は，20世紀以降，ニュートン力学では説明できない現象が発見されるとともに，ニュートン力学の限界が明らかになったからです．また，新しい現象を説明するために確立された理論が，ニュートン力学を包括しています．

　ニュートン力学は，3つの局面で限界を迎えました．1つ目は，原子や分子や，それよりもミクロな世界の現象です．ミクロな世界の現象を説明する理論は，1920年代に確立された量子力学です．量子力学では，量子（エネルギーが離散的な値をもつこと），粒子と波動の二重性（すべての物質は粒子とも波とも考えられること），不確定性原理（たとえば，粒子の位置と速度を同時に定められない）など，ニュートン力学では説明できない奇妙なことが起こります．

　2つ目は，物体の速度が光速に近いときです．この場合を説明する理論が，アインシュタインの**特殊相対性理論** (special theory of relativity) です．この理論は，光速度不変の原理（真空中を進む光の速度は，どんな速さで動いている座標系でも一定）と，特殊相対性原理（どんな速さで動いている座標系でも，物理法則は同じ）という2つの原理に基づいて議論が展開されます．このうち，光速度不変の原理は，ニュートン力学ではあたりまえだった速度の合成則が，光速については成り立たないことを表しています．

　特殊相対性理論の帰結として，時間の遅れ（時間の進み方が，座標系の速さに依存する），ローレンツ収縮（物体の長さが，座標系の速さに依存する）などがあります．これらは，ニュートン力学で暗黙に仮定していたことが，近似的に正しいことを表しています．また，物体の静止エネルギー E と質量 m の間には，光速 $c = 2.99792458 \times 10^8$ m/s を介して，$E = mc^2$ の関係にあることは有名です．これは，$m = E/c^2$ と書けばよりわかりやすくなるように，エネルギーが質量に変換されるのです．つまり，ニュートン力学で物体の質量は不変だとしていましたが，これも近似的に成り立っていたにすぎないのです．

　3つ目は，重力が強い場合です．たとえば，ニュートン力学で計算された水星の軌道は観測結果と合いません．しかし，アインシュタインの**一般相対性理論** (general theory of relativity) を使うと観測結果を説明できます．つまり，太陽の近くのように重力が非常に大きな場合には，一般相対性理論が必要なのです．一般相対性理論は，一般座標変換不変性と等価原理を基にしています．

（W.S.）

式と遊ぶんですよ.
Paul A. M. Dirac

Chap.03
運動方程式を理解しよう

前章では,ニュートンの運動の法則について学びました.
この章では,それについてさらに深く理解するために,具
体的な運動を議論します.地球上で長い時間を過ごしてき
た人類は,その誕生より,地球による重力の影響を受けて
きましたし,物体の運動として人類が興味をもったものの
多くは,重力が作用する運動でした.したがってこの章で
は,重力が作用する運動から説き起こし,さまざまな運動
へと進んで行くことにします.

3.1 地表付近の物体の運動

　力学が扱う現象の中で最も基本となるものが，地表付近の放物運動です．今，質量 m の物体を，仰角（地表となす角）θ $(0 < \theta < \pi/2)$，速さ v_0 で放り投げた場合を考えることにします．これは，斜方投射の問題とも呼ばれます．物体の運動を議論する場合，4つのステップを踏みます．

　　ステップ1：
　　　物体の運動（スナップショット）を絵で描く．座標軸，物体に働いている力，初期条件などを記入する．
　　ステップ2：
　　　運動方程式を立てる．左辺はいつも 質量 × 加速度．右辺は合力．
　　ステップ3：
　　　運動方程式の解を求める．
　　ステップ4：
　　　解を吟味する．つまり，解をグラフに描いて物体の運動を議論する．

以下では，各ステップについて詳しく学びます．

ステップ1：物体の運動を絵で描く

　物体の運動を考えるには，運動の様子を絵に描いてみることが重要です．絵を描いて想像力を膨らませることによって，物体の運動のおおよその様子がつかめます．それができたら，物体の運動をより厳密に議論するために，原点の選択や座標系について考えます．座標系のとり方次第で議論の見通しがよくなったり，面倒な計算を無駄にすることになったりするので，注意が必要です．図3.1に示すように，ここでは，3次元デカルト座標を用います．地表を xy 平面，地表から鉛直上向きを $+z$ 方向にとることにします．空気による抵抗力が働いていないので，空中にある物体に作用する力は重力 $m\boldsymbol{g}$ だけです．ここで，$\boldsymbol{g}$ は式 (2.4.11) で説明した重力加速度ベクトルです．

ステップ2：運動方程式を立てる

　運動方程式では，左辺は質量と加速度の積で，右辺は物体に作用する力の和，つまり合力です．したがって，運動方程式は

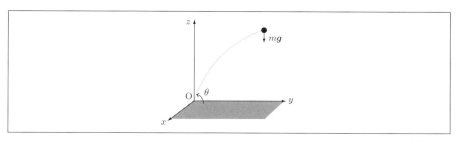

図 **3.1** 放物運動

$$m\frac{d\bm{v}}{dt} = m\bm{g}. \quad \text{または,} \quad m\frac{d^2\bm{r}}{dt^2} = m\bm{g}, \tag{3.1.1}$$

で与えられます．この節で学ぶように，発見法，不定積分，定積分の方法で運動方程式を解く場合は，式 (3.1.1) の始めの式を出発点として議論を進めます．また，後で学ぶように，微分方程式の解法にしたがって運動方程式を解く場合は，式 (3.1.1) の後の式を出発点として議論を進めます．

運動方程式はこれで完成なのですが，実際に運動方程式の解を求める場合は，ベクトル表示のままではなく，成分に分けて考えます．今，地表が xy 平面，地表から鉛直上向きを $+z$ 方向としているから，重力加速度ベクトル $\bm{g}$ は式 (2.4.11) と同じです．また 3 次元デカルト座標で位置ベクトルと速度は

$$\bm{r} = x\bm{e}_x + y\bm{e}_y + z\bm{e}_z, \tag{3.1.2}$$
$$\bm{v} = v_x\bm{e}_x + v_y\bm{e}_y + v_z\bm{e}_z, \tag{3.1.3}$$

と与えられます．ここで

$$v_x = \frac{dx}{dt}, \qquad v_y = \frac{dy}{dt}, \qquad v_z = \frac{dz}{dt}. \tag{3.1.4}$$

これらを用いると，式 (3.1.1) は，以下の運動方程式に分解できます．

$$x \text{ 成分} \quad : \quad \frac{dv_x}{dt} = 0. \quad \text{または,} \quad \frac{d^2x}{dt^2} = 0. \tag{3.1.5}$$

$$y \text{ 成分} \quad : \quad \frac{dv_y}{dt} = 0. \quad \text{または,} \quad \frac{d^2y}{dt^2} = 0. \tag{3.1.6}$$

$$z \text{ 成分} \quad : \quad \frac{dv_z}{dt} = -g. \quad \text{または,} \quad \frac{d^2z}{dt^2} = -g. \tag{3.1.7}$$

これらは加速度が一定（加速度がゼロも含めて）なので，等加速度運動です．

ステップ 3：運動方程式の解を求める

式 (3.1.5)〜(3.1.7) のように，微分係数（導関数）を含む方程式は**微分方程式** (differential equation) と呼ばれます．ここでは，v_x, v_y, v_z については 1 階の導関数を含んでいるため，v_x, v_y, v_z についての **1 階微分方程式** (first-order differential equation) と呼ばれます．また，x, y, z については時間 t による 2 階の導関数を含んでいるため，x, y, z についての **2 階微分方程式** (second-order differential equation) と呼ばれます．このように，微分方程式を分類するとき，その方程式が含んでいる導関数の階数は重要な情報になります（微分方程式に関する詳しい解説は，103 ページの数学ノート 3.3 で学びます）．

微分方程式を満たす関数，ここでは，x, y, z や v_x, v_y, v_z を求める操作は 「微分方程式の解を求める」，「微分方程式を解く」，「微分方程式を積分する」などと呼ばれます．微分方程式を解く高度な方法は 3.4 節で学ぶことにして，ここでは初等的な 3 つの方法を学びます．

発見法

微分方程式を解くと言われると，とても難しい印象を受けますが，どんな方法を使っても構わないので，とにかく微分方程式を満たす関数を見付ければよいのです．そこで，たとえば式 (3.1.7) をじっと見ると

$$v_z は t で 1 回微分して -g になる関数,$$

ということがわかります．したがって，v_z は t の 1 次関数で，係数が $-g$ であればよいと予想できます．しかし，ここで注意しなければならないのは，任意定数を t で微分すればゼロになるということです．したがって，A_z を任意定数とした場合，v_z は

$$v_z = -g\,t + A_z , \qquad (3.1.8)$$

であればよいことがわかります．実際にこの結果を式 (3.1.7) に代入すると，正しいことがわかります．次に，式 (3.1.8) と v_z の定義式 (3.1.4) を用いると

$$\frac{dz}{dt} = -g\,t + A_z , \qquad (3.1.9)$$

であることがわかります．この式をじっと見ると，z は t で微分して t の 1 次関数になるのですから，t の 2 次関数だと予想できます．したがって，B_z を任意定数

とし，t^2 の微分や係数に気を付けると

$$z = -\frac{g}{2}t^2 + A_z\,t + B_z\,, \qquad (3.1.10)$$

であることがわかります．実際に式 (3.1.10) を式 (3.1.7) に代入すると，正しいことがわかります．

式 (3.1.5) や式 (3.1.6) についても同様に考えると，解は，A_x, A_y, B_x, B_y を任意定数として以下のように与えられることがわかります．

$$v_x = A_x\,, \qquad (3.1.11)$$

$$v_y = A_y\,, \qquad (3.1.12)$$

$$x = A_x\,t + B_x\,, \qquad (3.1.13)$$

$$y = A_y\,t + B_y\,. \qquad (3.1.14)$$

ここで求めた解のように，任意定数を含んだ解を**一般解** (general solution) と呼びます．任意定数 $A_x, A_y, A_z, B_x, B_y, B_z$ のそれぞれは，$-\infty$ から $+\infty$ までの値をとることができます．そのため，一般解は無限個あることになります．このように，ここで求めた解は，任意定数のとり得る値だけ無限個あるという意味で，一般的な解を表しているのです．

また，v_x, v_y, v_z については 1 階微分方程式で，x, y, z については 2 階微分方程式であったことを思い出すと，1 階微分方程式の一般解は 1 個の任意定数（ここではそれぞれ，A_x, A_y, A_z）を含み，2 階微分方程式の一般解は 2 個の任意定数（ここではそれぞれ，$A_x, B_x, A_y, B_y, A_z, B_z$）を含むことがわかります．

不定積分

ここまで読んできた中で，要するに，運動方程式の**不定積分** (indefinite integral; antiderivative) を計算しているのだと気付きます（不定積分については 64 ページの数学ノート 3.1 を参照してください）．以下では，z 方向の運動のみを考えますが，x 方向と y 方向の運動についても同様に考えることができます．z 方向の運動方程式

$$\frac{dv_z}{dt} = -g\,, \qquad (3.1.15)$$

を見ると，v_z は $-g$ の**原始関数** (indefinite integral; antiderivative) であることに気が付きます．原始関数は不定積分により

$$v_z = \int (-g)\, dt = -g\, t + A_z \,, \qquad (3.1.16)$$

と得られます．ここで A_z は**積分定数**です（不定積分の計算で出てくる任意定数を積分定数と呼びます）．式 (3.1.16) は v_z の定義式 (3.1.4) より

$$\frac{dz}{dt} = -g\, t + A_z \,, \qquad (3.1.17)$$

ですから，ふたたび不定積分により

$$z = \int (-g\, t + A_z)\, dt = -\frac{g}{2}\, t^2 + A_z\, t + B_z \,, \qquad (3.1.18)$$

が得られます．ここで B_z も積分定数です．このように，発見法で求めたときと同じ一般解が得られます．

一般解と特殊解

　一般解に含まれている任意定数は，初期条件を考慮するとその値が確定します．ここで初期条件は

$$\boldsymbol{r}(0) = \boldsymbol{0} \,, \qquad (3.1.19)$$

$$\boldsymbol{v}(0) = \boldsymbol{v}_0 \,, \qquad (3.1.20)$$

です．運動方程式を成分に分けたように，ここでも初期条件を成分で表す必要があります．位置ベクトルについては

$$\boldsymbol{r}(0) = (0, 0, 0) \,, \qquad (3.1.21)$$

とすぐにわかりますが，速度については注意が必要です．

　ここで考えている放物運動では，空気による抵抗や横風の影響を考えていません．そのため，物体の軌道は 2 次元平面内に描かれることになります．ここで，z 方向は外せませんから，残りの 2 成分のうち x 方向を選び，xz 平面内の運動として考えることにします．そうすると，図 3.1 に示すように，地表に対する仰角を θ としているので，速度の初期条件を成分で表すと

$$\boldsymbol{v}(0) = (v_0 \cos\theta,\ 0,\ v_0 \sin\theta) \,, \qquad (3.1.22)$$

とわかります．これらの条件を一般解に代入すると

$$v_x(0) = v_0 \cos\theta = A_x \,, \qquad (3.1.23)$$

$$v_y(0) = 0 = A_y \ , \tag{3.1.24}$$

$$v_z(0) = v_0 \sin\theta = -g \cdot 0 + A_z = A_z \ , \tag{3.1.25}$$

$$x(0) = 0 = A_x \cdot 0 + B_x = B_x \ , \tag{3.1.26}$$

$$y(0) = 0 = A_y \cdot 0 + B_y = B_y \ , \tag{3.1.27}$$

$$z(0) = 0 = -\frac{1}{2}\,g \cdot 0^2 + A_z \cdot 0 + B_z = B_z \ , \tag{3.1.28}$$

となり，すべての任意係数が決定され

$$v_x = v_0 \cos\theta \ , \tag{3.1.29}$$

$$v_y = 0 \ , \tag{3.1.30}$$

$$v_z = -\,g\,t + v_0 \sin\theta \ , \tag{3.1.31}$$

$$x = v_0\,t\,\cos\theta \ , \tag{3.1.32}$$

$$y = 0 \ , \tag{3.1.33}$$

$$z = -\frac{g}{2}\,t^2 + v_0\,t\,\sin\theta \ , \tag{3.1.34}$$

のように唯一の解が求まります．つまり，無限にある一般解に対して，初期条件というフィルターを通して，1つの解を選び出してきたのです．このような意味において，ここで得られた解を**特殊解** (particular solution)，または**特解**と呼びます．

定積分

不定積分で解が得られるならば，**定積分** (definite integral) でも得られると考えるのは理にかなっています（定積分については 64 ページの数学ノート 3.1 を参照してください）．ここでも，z 方向の運動のみを議論し，x 方向と y 方向の運動に関する説明は割愛します．z 方向の運動方程式

$$\frac{dv_z}{dt} = -\,g \ , \tag{3.1.35}$$

に対して，積分範囲の上限と積分変数を区別するために，前者を t と書き，後者を t' と書くことにして，式 (3.1.35) の両辺を，$t' = 0 \sim t$ の範囲で定積分します．つまり

$$\int_0^t \frac{dv_z}{dt'}\,dt' = -g \int_0^t dt' \ , \tag{3.1.36}$$

を計算します．ここで t は，任意の時刻を表します．詳しくは数学ノート 3.1 で説明しますが，**微分積分学の基本定理**（数学的な厳密性にこだわらないで）より

$$左辺 = v_z(t) - v_z(0) = v_z(t) - v_0 \sin\theta , \qquad (3.1.37)$$

$$右辺 = -g\,[t']_0^t = -g\,t , \qquad (3.1.38)$$

となるので，$v_z(t)$ を単に v_z と書くと

$$v_z = -g\,t + v_0 \sin\theta , \qquad (3.1.39)$$

となります．これは，式 (3.1.31) と一致します．また，v_z の定義式 (3.1.4) より

$$\frac{dz}{dt} = -g\,t + v_0 \sin\theta , \qquad (3.1.40)$$

と書くことができます．次に，この両辺を $t' = 0 \sim t$ の範囲で定積分することを考えます．つまり，

$$\int_0^t \frac{dz}{dt'}\,dt' = \int_0^t (-g\,t + v_0 \sin\theta)\,dt' , \qquad (3.1.41)$$

を計算すると，微分積分学の基本定理より

$$左辺 = z(t) - z(0) = z(t) , \qquad (3.1.42)$$

$$右辺 = \left[-\frac{g}{2}\,t'^2 + (v_0 \sin\theta)\,t'\right]_0^t = -\frac{g}{2}\,t^2 + v_0\,t\,\sin\theta , \qquad (3.1.43)$$

となるので，$z(t)$ を単に z と書いて

$$z = -\frac{g}{2}\,t^2 + v_0\,t\,\sin\theta , \qquad (3.1.44)$$

を得ることができ，式 (3.1.34) と一致します．このように，定積分の方法では，一般解を経由しないで特殊解を得ることができます．x 成分についても定積分の方法を適用し，特殊解として式 (3.1.29), (3.1.32) を求めることができます．

ステップ 4：解を吟味する

運動方程式の特殊解を求めたらそれで終わりではなく，その解がどのような運動を記述しているのか吟味し，本当に正しい解が得られているのか考えることが必要です．すでに式 (3.1.29) から式 (3.1.34) で特殊解が得られているので，

それらについて考えていきます．得られた特殊解の中で，特に式 (3.1.30) と式 (3.1.33) より，y 方向には何も運動しないことがわかるため，x 方向と z 方向の運動だけを考えればよいことになります．

物体の運動を吟味する場合，得られた特殊解をグラフに描いてみることが大事です．そのとき，いくつかの特徴的な値を押さえる必要があります．

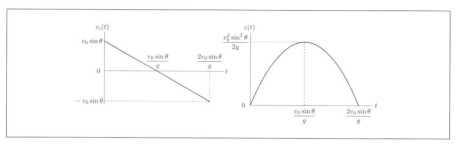

図 3.2 放物運動での z 方向の運動

たとえば，z 方向の運動では，式 (3.1.31) を見ると，$t = 0$ で $v_z(0) = v_0 \sin\theta$ となることがわかりますし，$v_z = 0$ となるのは

$$t = \frac{v_0 \sin\theta}{g} \ , \tag{3.1.45}$$

のときであることがわかるので，これらの値を押えておく必要があります．また式 (3.1.34) は

$$z = t\left(-\frac{g}{2}t + v_0 \sin\theta\right) \ , \tag{3.1.46}$$

と書けることから

$$t = 0 \ , \quad t = \frac{2v_0 \sin\theta}{g} \ , \tag{3.1.47}$$

のときに $z = 0$ となることがわかります．そして，$t = v_0 \sin\theta / g$ のときには最高到達点

$$z = \frac{v_0^2 \sin^2\theta}{2g} \ , \tag{3.1.48}$$

に到達するので，この値も図に書込む必要があります．以上の特徴的な値を書き込むと，図 3.2 を得ることができます．

また，x, y, z 方向のそれぞれの運動を時間 t の関数としてとらえるのではなく，図 3.1 のように，x, y, z 空間に描かれる**軌道** (trajectory) としてとらえることが

できます．今，式 (3.1.32) を時間 t について解くと

$$t = \frac{x}{v_0 \cos\theta}, \qquad (3.1.49)$$

が得られるので，これを，式 (3.1.34) に代入して整理すると，軌道の式は

$$z = (\tan\theta)\, x - \frac{g}{2v_0^2 \cos^2\theta} x^2, \qquad (3.1.50)$$

となります．この式の右辺を x でくくると

$$z = x\left(\tan\theta - \frac{g}{2v_0^2 \cos^2\theta} x\right), \qquad (3.1.51)$$

となります．ここで，$z=0$ のとき質点が地上にあるので，その場所は

$$x = 0, \qquad x = \frac{2v_0^2 \sin\theta \cos\theta}{g}, \qquad (3.1.52)$$

であることがわかります．また，式 (3.1.50) を平方完成すると

$$z = -\frac{g}{2v_0^2 \cos^2\theta}\left(x - \frac{v_0^2 \sin\theta \cos\theta}{g}\right)^2 + \frac{v_0^2 \sin^2\theta}{2g}, \qquad (3.1.53)$$

となり，上に凸な関数で

$$x = \frac{v_0^2 \sin\theta \cos\theta}{g}, \qquad (3.1.54)$$

の所で最高到達点

$$z_{\text{max.}} = \frac{v_0^2 \sin^2\theta}{2g}, \qquad (3.1.55)$$

に達することがわかります．これらの特徴的な値を書き込むと，図 3.3 が得られます．

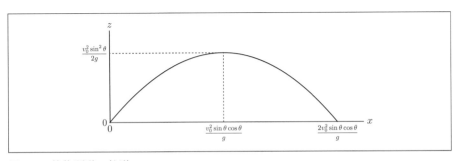

図 **3.3**　放物運動の軌道

| 例題 | 3.1 | 重力と逆方向に一定の力が働く場合の運動 | レベル：イージー |

質量 m の質点を地表から高さ z_0 の所まで持っていき，そっと手を離した場合を考えます．質点には重力（重力加速度を g とする）の他に，重力とは逆方向に一定の力 R が働いていたとします．このとき，以下の問に答えよう．
(1) 運動の様子を絵で描こう．
(2) 運動方程式を立てよう．
(3) 運動方程式の解を求めよう．
(4) 得られた解を吟味しよう．

答え

(1) 図 3.4 のように描くことができます．ここでは力の大きさを記入しています．

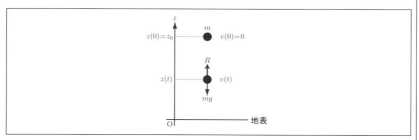

図 **3.4** 重力と逆方向に一定の力 R が働く場合の運動

(2) 図 3.4 が正しく描けていれば，$v = \dot{z}$ と定義した場合の運動方程式は，以下のように与えられます．
$$m\frac{dv}{dt} = R - mg \ . \tag{3.1.56}$$

(3) 運動方程式を
$$\frac{dv}{dt} = \frac{R}{m} - g \ , \tag{3.1.57}$$
と書いて，時刻 $t' = 0 \sim t$ の定積分
$$\int_0^t \frac{dv}{dt'} dt' = \int_0^t \left(\frac{R}{m} - g\right) dt' \ , \tag{3.1.58}$$
を考えることにします．ここで，$v(0) = 0$ であることを考慮すると
$$\text{左辺} = v(t) - v(0) = v(t) \ , \tag{3.1.59}$$

$$\text{右辺} = \left(\frac{R}{m} - g\right)[t']_0^t = \left(\frac{R}{m} - g\right)t , \tag{3.1.60}$$

となるので，$v(t)$ を単に v と書いて

$$v = \left(\frac{R}{m} - g\right)t , \tag{3.1.61}$$

を得ることができます．これは，v の定義 $v = \dot{z}$ より

$$\frac{dz}{dt} = \left(\frac{R}{m} - g\right)t , \tag{3.1.62}$$

と書くことができるので，今度はこの式の時刻 $t' = 0 \sim t$ の定積分

$$\int_0^t \frac{dz}{dt'} \, dt' = \left(\frac{R}{m} - g\right)\int_0^t t' \, dt' , \tag{3.1.63}$$

を考えます．ここで，$z(0) = z_0$ であることを考慮すると

$$\text{左辺} = z(t) - z(0) = z(t) - z_0 , \tag{3.1.64}$$

$$\text{右辺} = \left(\frac{R}{m} - g\right)\left[\frac{t'^2}{2}\right]_0^t = \frac{1}{2}\left(\frac{R}{m} - g\right)t^2 , \tag{3.1.65}$$

となるので，$z(t)$ を単に z と書いて

$$z = \frac{1}{2}\left(\frac{R}{m} - g\right)t^2 + z_0 . \tag{3.1.66}$$

(4) 式 (3.1.61) や式 (3.1.66) からわかるように，R/m と g の大きさによって3つのパターンを考えることができます．つまり，$R/m > g$ の場合は上昇し，$R/m = g$ の場合は一定の高さ z_0 に留まり，$R/m < g$ の場合は落下します．

$\boxed{\alpha\beta\gamma}$ **数学ノート 3.1：不定積分と定積分**

不定積分：関数 $f(x)$ に対して

$$\frac{dF(x)}{dx} = f(x) , \tag{3.1.67}$$

となる関数 $F(x)$ を $f(x)$ の原始関数といいます．$f(x)$ の任意の原始関数 $F(x) + C$（C：任意定数）を

$$\int f(x) \, dx = F(x) + C , \tag{3.1.68}$$

と書き，$f(x)$ の不定積分といいます．

定積分：閉区間 $[a, b]$ 上で関数 $f(x)$ を考え，x 軸と $f(x)$ によって囲まれる面積 S を求めることを考えます．そのために，図 3.5（左）に示すように x の範囲を

$$a = x_0 < x_1 < \cdots < x_{i-1} < x_i < \cdots < x_n = b , \tag{3.1.69}$$

と分割します．そして面積 S を，図 3.5（左）のような細長い図形の面積 S_i の総和として考えます．つまり

$$S = \sum_{i=1}^{n} S_i , \tag{3.1.70}$$

と考えます．また，図 3.5（右）のように $x_{i-1} \leq t_i < x_i$ の点 t_i をとり，S_i を，底辺の長さが $x_i - x_{i-1}$ で，高さが $f(t_i)$ の長方形の面積で近似する（記号は $\approx$）と

$$S_i \approx f(t_i)(x_i - x_{i-1}) , \tag{3.1.71}$$

となります．したがって，面積 S は

$$S = \sum_{i=1}^{n} S_i \approx \sum_{i=1}^{n} f(t_i)(x_i - x_{i-1}) , \tag{3.1.72}$$

で与えられます．この右辺はリーマン和 (Riemann sum) と呼ばれます．分割を無限に細かく ($n \to \infty$) したときに，リーマン和が各 t_i の選び方に関係なく一定の値に限りなく近づくならば，$f(x)$ は $[a, b]$ で定積分可能と言われます．そのとき定積分は

$$\int_a^b f(x)\,dx = \lim_{n \to \infty} \sum_{i=1}^{n} f(t_i)(x_i - x_{i-1}) , \tag{3.1.73}$$

で与えられます．定積分の次元は，その定義より

$$\left[\int_a^b f(x)\,dx \right] = \left[\lim_{n \to \infty} \sum_{i=1}^{n} f(t_i)(x_i - x_{i-1}) \right] = [f(x)]\,[x] , \tag{3.1.74}$$

のように $f(x)$ の次元と x の次元の積で与えられます．

定積分の値は不定積分を用いて

$$\int_a^b f(x)dx = F(b) - F(a) , \tag{3.1.75}$$

で与えられます．そして，$f(x) = \frac{dh(x)}{dx}$ の場合の定積分は，微分積分学の基本定理

$$\int_a^b f(x)\,dx = \int_a^b \frac{dh(x)}{dx}dx = h(b) - h(a) , \tag{3.1.76}$$

となることも重要です．これは，以下のように証明できます．今，定積分の定義から

$$\int_a^b \frac{dh(x)}{dx}\,dx = \lim_{n\to\infty}\sum_{i=1}^{n}\left[\lim_{\Delta x_i\to 0}\frac{h(x_i)-h(x_i-\Delta x_i)}{\Delta x_i}\right]\Delta x_i \tag{3.1.77}$$

であり，$n\to\infty$ と $\Delta x_i\to 0$ は同じ意味なので $\lim_{n\to\infty}$ のみを残すと右辺は

$$\lim_{n\to\infty}\sum_{i=1}^{n}[h(x_i)-h(x_i-\Delta x_i)] \tag{3.1.78}$$

$$=\lim_{n\to\infty}\Big[h(x_n)-h(x_n-\Delta x_n)+h(x_{n-1})-h(x_{n-1}-\Delta x_{n-1})+\cdots$$
$$\cdots+h(x_2)-h(x_2-\Delta x_2)+h(x_1)-h(x_1-\Delta x_1)\Big] \tag{3.1.79}$$

$$=\lim_{n\to\infty}\Big[h(x_n)-h(x_{n-1})+h(x_{n-1})-h(x_{n-2})+\cdots$$
$$\cdots+h(x_2)-h(x_1)+h(x_1)-h(x_0)\Big]=h(b)-h(a) \tag{3.1.80}$$

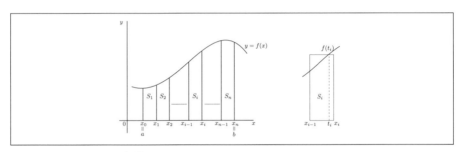

図 3.5 　リーマン和と定積分

3.2　ダ・ヴィンチの発見——摩擦のある運動

摩擦 (friction) は日常生活のあらゆる所で見られます．たとえば，字を書く，歩く，物を置く，建物を建てる，車が走る，といったことができるのは摩擦があるからです．また自然現象の中では，山火事，地震，台風（風と海面の摩擦），地滑・雪崩，砂時計[1] などがあります．このように，摩擦の存在は，人類に大きな

---
[1] 砂どうしの間の静止摩擦力が動摩擦力に変わることで起こります．崩れる寸前の傾斜の角度は**安息角**や**休止角**（どちらも angle of repose）と呼ばれます．

影響を与えてきました．ここでは，摩擦に関する研究の大まかな歴史を学びます．新たな用語が登場しますが，それらの定義や意味は3.2.1項以降で学びます．

摩擦そのものは，アリストテレス(Aristotle)の時代から知られていましたが，本格的に科学的な研究を始めたのは，ダ・ヴィンチ(Leonardo da Vinci)です．図3.6に描かれているスケッチは，ダ・ヴィンチが描いたものです[2]．このスケッチからわかるように，ダ・ヴィンチは，摩擦に関するさまざまな実験をして，その結果を，以下のようにまとめました．

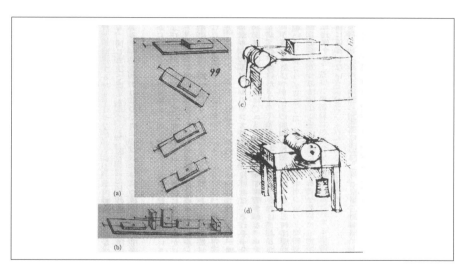

図 **3.6** ダ・ヴィンチの摩擦の研究

- 乾燥摩擦力は垂直抗力（加えられた荷重）に比例する（図3.6(a)）．
- 乾燥摩擦力は見かけの接触面積に依存しない（図3.6(b)）．

ダ・ヴィンチの研究をさらに発展させたのが，アモントン(Guillaume Amontons)とクーロン(Charles Augustin de Coulomb)です．クーロンは，2つの電荷の間に働くクーロン力の発見者でもあり，電荷の単位であるクーロンは，彼の名にちなんだものです．彼らは，以下のように，アモントン＝クーロンの法則と呼ばれるものにまとめあげました．

---

[2] D. ダウソン著『トライボロジーの歴史』，工業調査会，1997年より抜粋．

- 摩擦力は垂直抗力（加えられた荷重）に比例する.
- 摩擦力は見かけの接触面積に依存しない.
- 動摩擦力は滑り速度には無関係である.
- 最大静止摩擦力 $R_{\max}$ は動摩擦力 R より大きい. つまり,

$$R_{\max .} = \mu N > R = \mu' N ,\qquad (3.2.1)$$

ここで, N は垂直抗力, μ は静止摩擦係数, μ' は動摩擦係数です.

　ここで, 静止摩擦係数や動摩擦係数を μ や μ' で表しましたが, 摩擦係数に対してこれらの記号を最初に用いたのはオイラーです. オイラーはまた, 「角度 θ の斜面を質量 m の物体が滑降する条件は, $\tan\theta > \mu$ である」ということを最初に述べました.

　このように摩擦研究の主要な部分は, 17 世紀から 18 世紀にかけて確立されたのですが, 摩擦の研究は現在でも脈々と続いていて, 1996 年にはトライボロジー (Tribology) という研究分野が誕生しています. 車輪や車軸の回転を効率的にするには, 摩擦を小さくする必要があります. 一方, 多くのビルの免震で利用されているダンパーが効率的に働くためには, 摩擦を微妙にコントロールする必要があります. そして, 大陸プレート間の滑りによって起こる大地震の発生メカニズムを知り, いつどの場所（アスペリティー）でずれが起こるか予測するためにも, 摩擦を深く探求していく必要があます. この節では, 摩擦を理解する上で, 最も基本となる部分を学びます.

3.2.1 垂直抗力

　図 3.7 のように, 机上に置かれた質量 m の物体には, 重力 $m\boldsymbol{g}$ が作用しています. しかし, それにもかかわらず物体が机を突き抜けて落下しないのは, 机から垂直方向に力を受けているからです. このように, 接触する 2 つの物体において, 接触面をとおして互いに接触面に垂直に及ぼし合う力を**垂直抗力** (normal force) と呼び, 一般に $\boldsymbol{N}$ と書きます. 今, 物体は静止 ($\ddot{\boldsymbol{r}} = 0$) しているので, 運動方程式は

$$m\frac{d\boldsymbol{v}}{dt} = 0 = m\boldsymbol{g} + \boldsymbol{N} .\qquad (3.2.2)$$

これより

$$\boldsymbol{N} = -m\boldsymbol{g} .\qquad (3.2.3)$$

これが，力のつり合いの関係です．ここで大事なことは，物体に働いている力と物体の運動状態を考慮してはじめて，式 (3.2.3) が導かれるということです．垂直抗力はいつも重力に等しくて，これらは作用・反作用の関係にあると誤解しやすいので，注意が必要です．

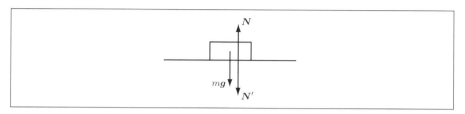

図 3.7　垂直抗力

ちなみに，机が物体に力を及ぼすのと同じように，物体も机に力を及ぼします．この力を N' と書くことにすると，これは N と同じ大きさで逆方向であるため

$$N = -N', \tag{3.2.4}$$

の関係があります．これが，今考えている現象での作用・反作用の関係です[3]．

3.2.2　摩擦力

図 3.8 に描いたように，平面に置かれた質量 m の物体に，平面と水平な方向に力 F を加える場合を考えます．日常の経験からわかるように，加えた力 F がある程度の大きさになるまで，物体が動くことはありません．したがって，物体には，加えた力と大きさが同じで，向きが反対の力が働いているのです．このように，接触する 2 つの物体において，接触面をとおして互いに接触面に平行に及ぼし合う力を**摩擦力** (frictional force) と呼びます．ここでは，摩擦力を R と書くことにします．

物体に加える力をさらに大きくしていくと，物体が静止する限界を超えて急に動き出します．物体が静止しているときの摩擦力を**静止摩擦力** (static frictional force) と呼びます．また，物体が動き出す直前に働いている摩擦力のことを**最大**

---

[3] 物体が地球から受ける力と，地球が物体から受ける力も作用・反作用の関係にありますが，ここでの説明では割愛しました．

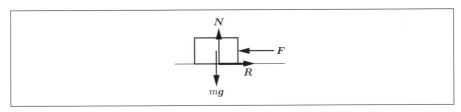

図 3.8 摩擦力

静止摩擦力 (limiting friction) と呼び，$R_{\text{max.}}$ と書くことにします．このときの摩擦係数のことを静止摩擦係数 (coefficient of static friction) と呼び，μ と書くことにすると，最大静止摩擦力の大きさは次のように表すことができます．

$$R_{\text{max.}} = \mu N . \tag{3.2.5}$$

物体がいったん動き始めると，動き始める前に加えていた力よりも小さな力で動かせることを，我々は経験的に知っています．つまり，動いている物体に働く摩擦力は，動く直前に働く摩擦力より小さいのです．このように，物体が動いているときに働く摩擦力を運動摩擦力や動摩擦力 (kinetic frictional force) と呼び，R と書くことにします．また，そのときの摩擦係数のことを運動摩擦係数や動摩擦係数 (coefficient of kinetic friction) と呼び，μ' と書くことにすると，動摩擦力の大きさは次のように表すことができます．

$$R = \mu' N . \tag{3.2.6}$$

以上の様子は，図 3.9 にまとめることができます．物体が動きだす前までは，加えた力の大きさ F と摩擦力の大きさは，常に等しい関係を保ちます．

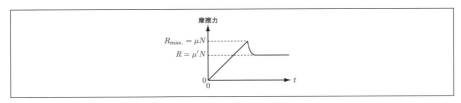

図 3.9 摩擦力

| 例題 | 3.2 | 動摩擦力の計算 | レベル：イージー |

10 人の大人が，1 人当たり 980 N の力を出して，石像を一定の速度で引張っています．動摩擦係数が $\mu' = 0.2$ のとき（摩擦係数は無単位の量です），石像の質量 m を求めよう．ただし，重力加速度は $g = 9.8\,\mathrm{m/s^2}$ とします．

答え

ここで，動摩擦力は

$$R = \mu' mg , \tag{3.2.7}$$

で与えられるので，以下のように計算できます．

$$m = \frac{R}{\mu' g} = \frac{10 \times 980\,\mathrm{N}}{0.2 \times 9.8\,\mathrm{m/s^2}} = 5000\,\mathrm{kg} . \tag{3.2.8}$$

| 例題 | 3.3 | 摩擦力が働く場合の平面運動 | レベル：ミディアム |

平面に置かれた質量 m の物体が，時刻 $t = 0$ の時に速さ v_0 で滑っていました．この物体が静止するまでに進む距離を，運動方程式を解いて求めよう．ただし，動摩擦係数を μ' と書くことにします．

答え

運動方程式を解く手順に従って考えていくことにします．運動のスナップショットは，図 3.8 で $\boldsymbol{F} = \boldsymbol{0}$ としたものに相当します．したがって，運動方程式は

$$m \frac{d\boldsymbol{v}}{dt} = m\boldsymbol{g} + \boldsymbol{N} + \boldsymbol{R} , \tag{3.2.9}$$

となります．ここで，水平方向右向きを $+x$ の方向，鉛直方向上向きを $+y$ 方向とし，それぞれの方向の速度を $v_x = \dot{x}$, $v_y = \dot{y}$ で定義すると，運動方程式は

$$m \frac{dv_x}{dt} \boldsymbol{e}_x + m \frac{dv_y}{dt} \boldsymbol{e}_y = -mg\,\boldsymbol{e}_y + N\,\boldsymbol{e}_y - R\,\boldsymbol{e}_x , \tag{3.2.10}$$

となるので，x 方向と y 方向の運動方程式はそれぞれ

$$x\,\text{方向}: \quad m \frac{dv_x}{dt} = -R , \tag{3.2.11}$$

$$y\,\text{方向}: \quad m \frac{dv_y}{dt} = 0 = -mg + N . \tag{3.2.12}$$

ここで，y 方向の運動方程式より，$N = mg$ であることがわかります．したがって，$R = \mu' N = \mu' mg$ となるので，x 方向の運動方程式

$$m\frac{dv_x}{dt} = -\mu' mg \, , \tag{3.2.13}$$

を解けばよいことがわかります. 詳しい計算は割愛しますが, $x(0) = 0$ とした場合に, 発見法, 不定積分の方法, 定積分の方法のいずれかの方法で解を求めると

$$v_x = -\mu' g \, t + v_0 \, , \tag{3.2.14}$$

$$x = -\frac{1}{2}\mu' g \, t^2 + v_0 \, t \, , \tag{3.2.15}$$

が得られます. これらの解より, 物体が静止する時刻は

$$t = \frac{v_0}{\mu' g} \, , \tag{3.2.16}$$

であり, 静止するまでに物体が進んだ距離は

$$x = \frac{v_0^2}{2\mu' g} \, , \tag{3.2.17}$$

であることがわかります.

3.2.3 摩擦のある斜面を滑降する物体の運動

物理学の世界で使う言葉の慣例として「滑らかな」と言ったときには, 摩擦がないこと ($\mu = \mu' = 0$) を意味します. 一方「滑らかではない」や「粗い」と言ったときや, より直接的に「摩擦が働く」と言ったときには, 摩擦があること ($\mu \neq 0, \mu' \neq 0$) を意味します. 今, 角度 $0 < \theta < \pi/2$ の滑らかではない斜面を, 質量 m の物体が, 回転せずに, 斜面から飛び出すことなく滑降している場合を考えます. このときの動摩擦係数を μ' とします. 物体は観測する前からすでに動いていて, 観測を始めた時刻 $t = 0$ では斜面に平行な方向の速さは $v(0) = v_0 > 0$ であったとします. このとき, この物体がどのような運動をするか, 運動方程式を解く手順に従って考えてみましょう.

ステップ1：物体の運動を絵で描く

図 3.10 に示すように, 物体には重力 $m\boldsymbol{g}$ が働きます. また, この物体には**抗力** (reaction) $\boldsymbol{F}$ が働きます. ここで物体はすでに動いていると仮定しているので, 重力と抗力がつり合う場合は等速度で, 重力が抗力よりも大きい場合は加速しながら, 重力が抗力よりも小さい場合は減速しながら滑ります.

図 3.11 に示すように, 抗力 $\boldsymbol{F}$ は, 斜面に垂直な成分である垂直抗力 $\boldsymbol{N}$ と, 斜

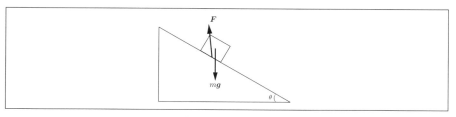

図 3.10　摩擦のある斜面を滑降する物体（重力と抗力の関係）

面に平行な成分である摩擦力 R に分解できます．ここでは図を見やすくするために，F, N, R のすべてを平行移動させて表示しています．今，斜面に垂直で上向きを $+y$ 方向とし，斜面に水平で下向きを $+x$ 方向とすると，抗力は

$$\boldsymbol{F} = -\mu' N\, \boldsymbol{e}_x + N\, \boldsymbol{e}_y, \qquad (3.2.18)$$

と分解することができます．また重力は

$$m\boldsymbol{g} = mg\sin(\theta)\, \boldsymbol{e}_x - mg\cos(\theta)\, \boldsymbol{e}_y, \qquad (3.2.19)$$

と分解されます．

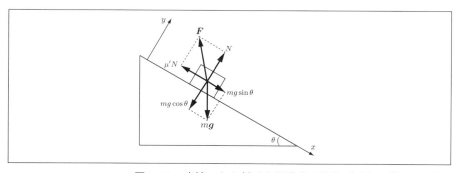

図 3.11　摩擦のある斜面を滑降する物体（重力と抗力の分解）

ステップ 2：運動方程式を立てる

物体の速度を $\boldsymbol{v}$ で表すと，運動方程式は重力と抗力を用いて

$$m\frac{d\boldsymbol{v}}{dt} = m\,\boldsymbol{g} + \boldsymbol{F}, \qquad (3.2.20)$$

と書くことができます．今，速度の x 成分と y 成分をそれぞれ v_x, v_y と書くことにして，運動方程式を成分に分解すると

$$m\frac{dv_x}{dt}\,\boldsymbol{e}_x + m\frac{dv_y}{dt}\,\boldsymbol{e}_y = mg\sin\left(\theta\right)\boldsymbol{e}_x - mg\cos\left(\theta\right)\boldsymbol{e}_y$$
$$- \mu' N\,\boldsymbol{e}_x + N\,\boldsymbol{e}_y\ , \tag{3.2.21}$$

となります．物体は斜面から飛び出すことなく斜面に束縛されていて，y 方向には運動しないため $v_y = 0$, $y = 0$ であることを考慮すると，各成分の運動方程式は

$$m\frac{dv_x}{dt} = mg\sin\left(\theta\right) - \mu' N\ , \tag{3.2.22}$$

$$m\frac{dv_y}{dt} = 0 = N - mg\cos\left(\theta\right)\ , \tag{3.2.23}$$

となります．ここで，y 方向の運動方程式 (3.2.23) からは，力のつり合いの式 $N = mg\cos\left(\theta\right)$ が導かれます．したがって，これらを式 (3.2.22) に代入すると，解くべき運動方程式は

$$m\frac{dv}{dt} = mg\cos\left(\theta\right)\left\{\tan\left(\theta\right) - \mu'\right\}\ , \tag{3.2.24}$$

となります．

ステップ 3：運動方程式の解を求める

式 (3.2.24) を整理すると，解くべき微分方程式は

$$\frac{dv_x}{dt} = g\cos\left(\theta\right)\left\{\tan\left(\theta\right) - \mu'\right\}\ , \tag{3.2.25}$$

となります．ここで，放物運動で用いた式 (3.1.7) を思い出すと

$$-g \ \longrightarrow\ g\cos\left(\theta\right)\left\{\tan\left(\theta\right) - \mu'\right\}\ , \tag{3.2.26}$$

の置き換えをすれば，ここでも同様に議論できることがわかります．

式 (3.2.25) の $t' = 0 \sim t$ での定積分は

$$\int_0^t \frac{dv_x}{dt'}dt' = g\cos\left(\theta\right)\left\{\tan\left(\theta\right) - \mu'\right\}\int_0^t dt'\ , \tag{3.2.27}$$

となるので

$$v = g\,t\,\cos\left(\theta\right)\left\{\tan\left(\theta\right) - \mu'\right\} + v_0\ , \tag{3.2.28}$$

が得られます．また，$v_x = \dot{x}$ ですから，式 (3.2.28) の $t' = 0 \sim t$ での定積分は

$$\int_0^t \frac{dx}{dt'}\, dt' = g\cos(\theta)\left\{\tan(\theta) - \mu'\right\}\int_0^t t'\, dt' + v_0\int_0^t dt'\ , \qquad (3.2.29)$$

と書くことができ

$$x = \frac{1}{2}\, g\, t^2 \cos(\theta)\left\{\tan(\theta) - \mu'\right\} + v_0\, t + x_0\ , \qquad (3.2.30)$$

が得られます．ここでは，$x(0) = x_0$ としましたが，$x(0)$ を特に指定していませんから，$x(0) = 0$ としてもかまいません．

ステップ 4：解を吟味する

式 (3.2.28) や式 (3.2.30) からもわかるように，$\tan(\theta)$ と μ' の大小によって，運動の様子が異なることがわかります．今，$\tan(\theta) > \mu'$ の場合は，v_x の値は時間とともに増加し，x も t の 2 次関数として増加していくことがわかります．つまり，速度を上げながら，斜面をどんどん滑り降りていくのです．この様子を図 3.12 に示します．一方，$\tan(\theta) < \mu'$ の場合は，v_x の値は時間とともに減少し

$$t = \frac{v_0}{g\cos(\theta)\left\{\mu' - \tan(\theta)\right\}}\ , \qquad (3.2.31)$$

で物体は止まってしまうことがわかります．そして，そのときの物体の位置は

$$x = x_0 + \frac{v_0^2}{2g\cos(\theta)\left\{\mu' - \tan(\theta)\right\}}\ , \qquad (3.2.32)$$

です．その様子を図 3.13 に示します．このように，物体の運動をグラフで説明するときには，軸との交点や運動に特徴的な値を，グラフの中に書き込むことが重要です．

最後に注意として，$\theta = \pi/2$ の場合，v_x と x はそれぞれ，

$$v_x = g\, t \cos\left(\frac{\pi}{2}\right)\left\{\tan\left(\frac{\pi}{2}\right) - \mu'\right\} + v_0\ , \qquad (3.2.33)$$

$$x = \frac{1}{2}\, g\, t^2 \cos\left(\frac{\pi}{2}\right)\left\{\tan\left(\frac{\pi}{2}\right) - \mu'\right\} + v_0\, t + x_0\ , \qquad (3.2.34)$$

となります．ここで，$\cos(\pi/2) = 0$ で $\tan(\pi/2) = +\infty$ となるので，この 2 つの項の積はどのような値になるか心配になりますが

$$\cos\left(\frac{\pi}{2}\right) \cdot \tan\left(\frac{\pi}{2}\right) = \sin\left(\frac{\pi}{2}\right) = 1\ , \qquad (3.2.35)$$

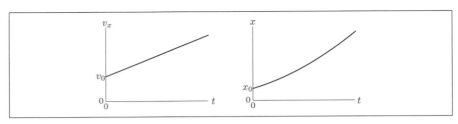

図 3.12 $\mu' < \tan\theta$ の場合

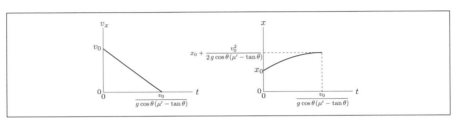

図 3.13 $\mu' > \tan\theta$ の場合

であることを思い出すと簡単に求められて

$$v = g\,t + v_0\,, \qquad x = \frac{1}{2}g\,t^2 + v_0\,t + x_0\,, \qquad (3.2.36)$$

が得られます．これは，地表から高さ x_0 の所から，地表に向かって鉛直な方向に，初速度 v_0 で投げ下ろした運動を記述しています．このように，斜面を滑降する物体の運動は，ほぼ自由落下と同じで，斜面があることによって重力加速度が少し変化したものと考えられます．物体の落下運動を本格的に研究したガリレオは，この性質を利用しました．つまり，落下運動を記録するためには，物体をそのまま落とすよりも，できるだけ摩擦を減らして斜面を滑らせたほうが，同じ高さを落ちるのに時間がかかるため，実験がしやすいのです．

3.3 雨滴の落下とスカイダイビング——粘性抵抗と慣性抵抗

前節では，運動を妨げる力として摩擦力を学びましたが，運動を妨げる力は，摩擦力も含め一般に**抵抗力** (resistance) と呼ばれます．私たちは，走ったときに空気による抵抗力を感じますし，走る速さが速くなるにつれてより強い抵抗力を

感じます．走っている車の中から外に手を出したときには，自力で走っていると
き以上に大きな抵抗力を感じた経験があると思います．プロ野球のピッチャーが
投げるストレートの速さは，平均して $140\,\mathrm{km/h} \sim 150\,\mathrm{km/h}$ ですが，ボールが受
けている抵抗力の強さを知るには，それと同じ速さで走っている車の中から手を
出してみればわかります（危険なので安全を確認してやってみてください）．ま
た水中を歩いたり泳いだりするときには，陸上を走るときよりも強い抵抗力を感
じます．水中を動き回る微生物にも抵抗力が働きますし，微生物が受ける抵抗力
と私たちが受ける抵抗力が，同じ式で表されるのかどうかにも興味があります．

空気や水などの流体による抵抗力には，**粘性抵抗力** (viscosity friction force)
と**慣性抵抗力** (inertia friction force) があります（これらについては，118 ペー
ジのコラムを参照してください）．粘性抵抗力は，物体の運動が遅いときに**層流**
(laminar flow) の影響で生じるもので

$$\boldsymbol{F} = -\alpha \boldsymbol{v} , \tag{3.3.1}$$

のように，速度の 1 乗に比例する形で与えられます．式 (3.3.1) のマイナスの符
号は，速度と反対の方向に力が働くということを表しています．水中の微生物
は，この粘性抵抗力を感じています．式 (3.3.1) にある比例係数 α の値は，たと
えば，半径 r の球が，流体に対して速度 $\boldsymbol{v}$ で動いている場合は，流体の**粘性係数**
(viscosity) を η と書くと

$$\alpha = 6\pi\eta r , \tag{3.3.2}$$

で与えられます．これは，**ストークスの法則** (Stokes' law) と呼ばれます．

また慣性抵抗力は，物体の運動が速いときに，**乱流** (turbulence) の影響で生じ
るもので

$$F = \begin{cases} -\beta v^2 & v > 0 \text{のとき} , \\ +\beta v^2 & v < 0 \text{のとき} , \end{cases} \tag{3.3.3}$$

のように，速度の 2 乗に比例する形で与えられます．式 (3.3.3) にある比例係数
β は，たとえば，物体の速度に垂直な断面積である有効断面積 (effective cross-
section) が S（物体が半径 r の球の場合は $S = \pi r^2$），流体の密度が ρ，**慣性抵抗
係数** (viscosity friction coefficient) が C の場合

$$\beta = \frac{1}{2}\rho S C , \tag{3.3.4}$$

で与えられます．

　慣性抵抗係数は別の名称で呼ばれることがあります．たとえば，図 3.14 に示すように，水平等速飛行する飛行機は，4 つの力が釣り合った状態で飛行しています．それらの力のうち，**揚力** (lift force) と**抗力** (drag force) は，慣性抵抗力と同じように，速度の 2 乗に比例します．そして，慣性抵抗係数は，揚力の場合は揚力係数と呼ばれ，抗力の場合は抗力係数と呼ばれます．

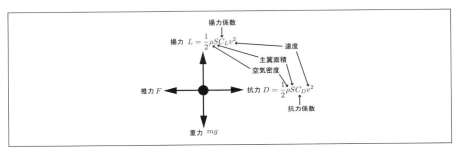

図 3.14　水平等速飛行する機体に作用する 4 つの力のつり合い

3.3.1　粘性抵抗力が働く場合の放物運動

　3.1 節では，地表付近の放物運動を考えましたが，ここでは，粘性抵抗力が働く場合の放物運動を考えます．今，質量 m の物体を，仰角 θ $(0 < \theta < \pi/2)$ で，速さ v_0 で放り投げた場合を考えることにします．ここでも，物体の運動を議論する手順に従って考えていきます．

ステップ 1：　物体の運動を絵で描く

　図 3.15（左）に示すように，物体には重力 $m\boldsymbol{g}$ と粘性抵抗力 $-\alpha \boldsymbol{v}$ が働きます．また 3.1 節で学んだように，この放物運動は 2 次元平面内の運動なので，平面内で水平方向を x 軸，鉛直方向を z 軸にとることにします．図 3.15（右）に示すように，重力と粘性抵抗力を成分に分けて書くと，

$$m\boldsymbol{g} = -mg\,\boldsymbol{e}_z , \tag{3.3.5}$$

$$-\alpha \boldsymbol{v} = -\alpha v_x \,\boldsymbol{e}_x - \alpha v_z \,\boldsymbol{e}_z , \tag{3.3.6}$$

となります．ここで，$v_x = \dot{x}, v_z = \dot{z}$ としました．また初期条件は，$x(0) = 0$,

$z(0) = 0$, $v_x(0) = v_0 \cos\theta$, $v_z(0) = v_0 \sin\theta$ です．

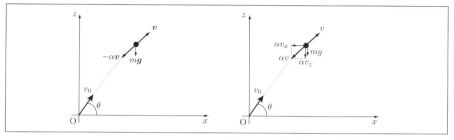

図 3.15 粘性抵抗力が働く場合の放物運動

ステップ 2：運動方程式を立てる

物体の速度を $\bm{v}$ で表すと，運動方程式は

$$m\frac{d\bm{v}}{dt} = m\bm{g} - \alpha\bm{v} \,, \tag{3.3.7}$$

で与えられます．ここでも，3.2.3 項と同様に成分に分けて書くと

$$m\frac{dv_x}{dt}\bm{e}_x + m\frac{dv_z}{dt}\bm{e}_z = -mg\,\bm{e}_z - \alpha v_x\,\bm{e}_x - \alpha v_z\,\bm{e}_z \,, \tag{3.3.8}$$

となるので

$$m\frac{dv_x}{dt} = -\alpha\,v_x \,, \tag{3.3.9}$$

$$m\frac{dv_z}{dt} = -m\,g - \alpha\,v_z \,. \tag{3.3.10}$$

ステップ 3：運動方程式の解を求める

式 (3.3.9) と式 (3.3.10) は，それぞれ v_x と v_z に着目すると，**変数分離形** (separation of variables) の微分方程式であることがわかります（詳しくは，88 ページの数学ノート 3.2 を参照してください）．つまり

$$m\frac{dv_x}{dt} = -\alpha\,v_x \quad \longrightarrow \quad \frac{dv_x}{v_x} = -\frac{\alpha}{m}dt \,, \tag{3.3.11}$$

$$m\frac{dv_z}{dt} = -m\,g - \alpha\,v_z \quad \longrightarrow \quad \frac{dv_z}{g + \dfrac{\alpha}{m}v_z} = -dt \,, \tag{3.3.12}$$

のように書くことができます.

式 (3.3.11) の時刻 $t' = 0 \sim t$ での定積分は

$$\int_{v_x(0)}^{v_x(t)} \frac{dv_x}{v_x} = -\frac{\alpha}{m} \int_0^t dt' . \tag{3.3.13}$$

ここで

$$左辺 = \Big[\log |v| \Big]_{v_x(0)}^{v_x(t)} = \log \left| \frac{v_x(t)}{v_x(0)} \right| = \log \left| \frac{v_x(t)}{v_0 \cos \theta} \right| , \tag{3.3.14}$$

$$右辺 = -\frac{\alpha}{m} \Big[t' \Big]_0^t = -\frac{\alpha}{m} t , \tag{3.3.15}$$

となるので, $v_x(t)$ を単に v_x と書いて

$$v_x = (v_0 \cos \theta) \exp \left(-\frac{\alpha}{m} t \right) . \tag{3.3.16}$$

これは, $v_x = \dot{x}$ より

$$\frac{dx}{dt} = (v_0 \cos \theta) \exp \left(-\frac{\alpha}{m} t \right) , \tag{3.3.17}$$

と書けるので, 時刻 $t' = 0 \sim t$ で定積分すると

$$x = \frac{m v_0 \cos \theta}{\alpha} \left\{ 1 - \exp \left(-\frac{\alpha}{m} t \right) \right\} . \tag{3.3.18}$$

同様にして, z 方向についても計算すると

$$z = \frac{m}{\alpha} \left(\frac{mg}{\alpha} + v_0 \sin \theta \right) \left\{ 1 - \exp \left(-\frac{\alpha}{m} t \right) \right\} - \frac{mg}{\alpha} t . \tag{3.3.19}$$

ステップ 4：解を吟味する

ここで, 式 (3.3.18) を変形すると

$$\exp \left(-\frac{\alpha}{m} t \right) = 1 - \frac{\alpha x}{m v_0 \cos \theta} , \tag{3.3.20}$$

となります. また, 両辺の対数をとった後に, t について解くと

$$t = -\frac{m}{\alpha} \log \left(1 - \frac{\alpha x}{m v_0 \cos \theta} \right) , \tag{3.3.21}$$

が得られます. これを, 式 (3.3.19) に代入して整理すると, 物体の軌道は

$$z = (\tan \theta) x + \frac{mg}{\alpha v_0 \cos \theta} x + \frac{m^2 g}{\alpha^2} \log \left(1 - \frac{\alpha x}{m v_0 \cos \theta} \right) . \tag{3.3.22}$$

80

となります．ここで
$$\frac{\alpha x}{mv_0 \cos\theta} \ll 1, \qquad (3.3.23)$$
と仮定して，式 (3.3.22) の右辺第 3 項にある自然対数をマクローリン展開して整理すると
$$z = (\tan\theta)x - \frac{g}{2v_0^2\cos^2\theta}x^2 - \frac{\alpha g}{3mv_0^3\cos^3\theta}x^3 + \cdots, \qquad (3.3.24)$$
となり，3.1 節で求めた粘性抵抗力がないときの軌道の式 (3.1.50) と比較すると，粘性抵抗力の効果が，x^3 の項から入ってくることがわかります．

軌道のおおよその形は，図 3.16 のようになります．図中の破線は，粘性抵抗力が働かない場合の軌跡で，実線は抵抗力が働く場合の軌跡です．図中に書かれた値は
$$\lim_{t\to\infty} x = \lim_{t\to\infty} \frac{mv_0\cos\theta}{a}\left\{1 - \exp\left(-\frac{a}{m}t\right)\right\} = \frac{mv_0\cos\theta}{\alpha}, \qquad (3.3.25)$$
によって求められたものです．この図では，物体が地面に到達した後の部分まで外挿して，軌跡を描いています．

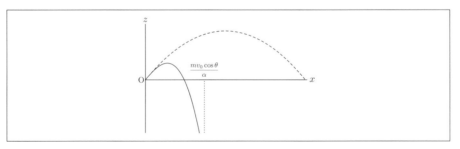

図 **3.16** 軌道の比較

| 例題 | 3.4 | 雨滴の落下：粘性抵抗力が働く落下運動 | レベル：ミディアム |

上空から落下する雨滴を質量 m の質点と見なして，その運動について考えます．ここでは横風の影響は無視して，鉛直下向きを正の方向（$+z$ 方向）とした 1 次元の運動として扱います．雨滴には，重力（重力加速度を g とする）が働くとともに，速度 $v = \dot{z}$ の 1 乗に比例した粘性抵抗力（比例係数を α とする）が働いています．また

速度と位置に関する初期条件はそれぞれ $v(0) = 0$, $z(0) = 0$ とします．このとき，以下の問に答えよう．
(1) 運動の様子を絵で描こう．
(2) 運動方程式を立てよう．
(3) 運動方程式の解を求めよう．ただし，$\frac{\alpha}{mg}v(t) < 1$ とします．
(4) 得られた解を吟味しよう（運動の様子をグラフに描こう）．特に，t が大きい場合に v や z がどのような関数に収束していくか議論し，グラフにその関数形を記入しよう．
(5) $t \to \infty$ では，重力と粘性抵抗力がつり合うため，加速度が 0 になり等速直線運動をすると考えられます．この考えに基づき，運動方程式を解かずに速度 $v_\infty = \lim_{t \to \infty} v(t)$ を求め，その後 $z_\infty = \lim_{t \to \infty} z(t)$ を導出し，(4) で描いたグラフとの対応を説明しよう．

答え

(1) 物体に働いている力は，$+z$ 方向に重力 mg，$-z$ 方向に粘性抵抗力 αv です．これらの力の大きさを記入して，運動のスナップショットを描くと，図 3.17 を得ることができます．図には力の大きさを記入しています．

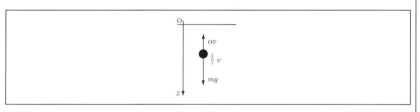

図 3.17　雨滴に働く力

(2) 雨滴の運動方程式は
$$m\frac{dv}{dt} = mg - \alpha v, \tag{3.3.26}$$
で与えられます．これは
$$\frac{dv}{dt} = g - \frac{\alpha}{m}v, \tag{3.3.27}$$
と書くことができるので，変数分離形の微分方程式であることがわかります．

(3) この微分方程式の，$t' = 0 \sim t$ の定積分は

$$\int_{v(0)=0}^{v(t)} \frac{1}{g - \frac{\alpha}{m}v} \, dv = \int_0^t dt' \, , \tag{3.3.28}$$

です．積分を計算すると

$$左辺 = \left[-\frac{m}{\alpha} \log \left| g - \frac{\alpha}{m} v \right| \right]_{v(0)=0}^{v(t)} = -\frac{m}{\alpha} \log \left| 1 - \frac{\alpha}{mg} v(t) \right| \, , \tag{3.3.29}$$

$$右辺 = [t']_0^t = t \, , \tag{3.3.30}$$

となります．ここで，$\frac{\alpha}{mg}v(t) < 1$ と考えて絶対値を外し，$v(t)$ を単に v と書いて v について解くと

$$v = \frac{mg}{\alpha} \left(1 - e^{-\frac{\alpha}{m}t} \right) = \frac{mg}{\alpha} \left\{ 1 - \exp\left(-\frac{\alpha}{m}t \right) \right\} \, , \tag{3.3.31}$$

を得ることができます．また，$v = \dot{z}$ であったことを思い出すと，式 (3.3.31) の $t' = 0 \sim t$ の定積分は

$$\int_0^t \frac{dz}{dt'} dt' = \int_0^t \frac{mg}{\alpha} \left(1 - e^{-\frac{\alpha}{m}t'} \right) dt' \, , \tag{3.3.32}$$

と書くことができます．積分を計算すると

$$左辺 = z(t) - z(0) = z(t) \, , \tag{3.3.33}$$

$$右辺 = \frac{mg}{\alpha} \left[t' + \frac{m}{\alpha} e^{-\frac{\alpha}{m}t'} \right]_0^t = \frac{mg}{\alpha} \left(t + \frac{m}{\alpha} e^{-\frac{\alpha}{m}t} - \frac{m}{\alpha} \right) \tag{3.3.34}$$

$$= \frac{m^2 g}{\alpha^2} \left(e^{-\frac{\alpha}{m}t} - 1 \right) + \frac{mg}{\alpha} t \, , \tag{3.3.35}$$

となります．したがって，$z(t)$ を単に z と書いて

$$z = \frac{m^2 g}{\alpha^2} \left(e^{-\frac{\alpha}{m}t} - 1 \right) + \frac{mg}{\alpha} t \, , \tag{3.3.36}$$

を得ることができます．

(4) 振る舞いを知りたいのは，式 (3.3.31) と式 (3.3.36) です．ここで

$$\lim_{t \to \infty} e^{-\frac{\alpha}{m}t} = 0 \, , \tag{3.3.37}$$

であることを考慮すると，t が充分に大きい場合

$$v \propto \frac{mg}{\alpha} \, , \qquad z \propto \frac{mg}{\alpha} t \, , \tag{3.3.38}$$

となることがわかります．ここでは，$t \to \infty$ とすると $z \to \infty$ となるのです

が, t が大きくなると等速直線運動をするということを表すために, 上のような形にしました. 以上のことから, 図 3.18 が得られます. 図を描くときには, 式 (3.3.38) のように, その運動に特徴的な値や関数形を記入することも大事です.

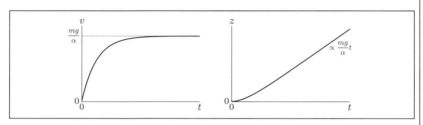

図 3.18 雨滴の運動

(5) 落下するにつれて雨滴の速度は増していきます. そのため, 粘性抵抗力も大きくなっていきますが, 重力よりも大きくなってしまうと, 雨滴は落下するのではなく上昇していくことになってしまい, おかしなことになります. したがって, 雨滴の速度には上限値があります. それは, 重力と粘性抵抗力がつり合い, 雨滴の加速度が 0 になるときです. そのときの速度を v_∞ と書くことにすると

$$m\frac{dv_\infty}{dt} = 0 = mg - \alpha v_\infty , \tag{3.3.39}$$

が成り立っているはずです. したがって

$$v_\infty = \frac{mg}{\alpha} , \tag{3.3.40}$$

を得ることができます. この速度を**終端速度** (terminal velocity) と呼びます. また, このときの運動は等速直線運動なので

$$z_\infty = \frac{mg}{\alpha}t , \tag{3.3.41}$$

のように振る舞うことがわかります. これらの結果は, (4) で得た式 (3.3.38) に一致しています.

| 例題 | 3.5 | 慣性抵抗力が働く場合の落下運動 | レベル：ハード |

流体中で運動する物体のサイズや速度が大きくなると, 速度 v の 2 乗に比例した慣性抵抗力が働きます. スカイダイビングはそのような運動の典型例です. 今, 上

空から質量 m のスカイダイバー（質点と見なす）がスカイダイビングをした場合を考えます．ここでは横風の影響は無視して，鉛直下向きを正の方向（$+z$ 方向）とした 1 次元の運動として扱うことにします．スカイダイバーには，重力（重力加速度を g とする）が働くとともに，速度 $v = \dot{z}$ の 2 乗に比例した慣性抵抗（比例係数を β とする）が働いているとします．また，速度と位置に関する初期条件はそれぞれ $v(0) = 0$, $z(0) = 0$ とします．このとき，以下の問に答えよう．

(1) 運動の様子を絵で描こう．
(2) 運動方程式を立てよう．
(3) 運動方程式の解を求めよう．
(4) 得られた解を吟味しよう（運動の様子をグラフに描こう）．特に，t が大きい場合に v や z がどのような関数に収束していくか議論し，グラフにその関数形を記入しよう．
(5) $t \to \infty$ では，重力と慣性抵抗力がつり合うため，加速度が 0 になり等速直線運動をすると考えられます．この考えに基づき，運動方程式を解かずに速度 v_∞ を求め，その後 z_∞ を導出し，(4) で描いたグラフとの対応を説明しよう．

答え

(1) スカイダイバーに働いている力は，$+z$ 方向に重力 mg, $-z$ 方向に慣性抵抗力 βv^2 です．これらの大きさを記入して運動のスナップショットを描くと，図 3.19 を得ることができます．図には力の大きさを書いています．

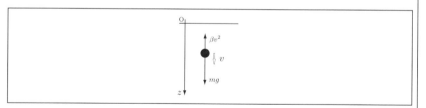

図 3.19　スカイダイバーに働く力

(2) スカイダイバーの運動方程式は，速度を $v = \dot{z}$ で定義すると

$$m\frac{dv}{dt} = mg - \beta v^2, \tag{3.3.42}$$

で与えられます．これは

$$\frac{dv}{dt} = g - \frac{\beta}{m}v^2,$$

と書けるので，変数分離形の微分方程式であることがわかります．

(3) この微分方程式の，$t' = 0 \sim t$ の定積分は

$$\int_{v(0)=0}^{v(t)} \frac{1}{g - \dfrac{\beta}{m} v^2} dv = \int_0^t dt' ,\tag{3.3.43}$$

です．積分を計算すると

$$左辺 = \int_{v(0)=0}^{v(t)} \frac{1}{\left(\sqrt{g} + \sqrt{\dfrac{\beta}{m}}\ v\right)\left(\sqrt{g} - \sqrt{\dfrac{\beta}{m}}\ v\right)} dv \tag{3.3.44}$$

$$= \int_0^{v(t)} \frac{1}{2\sqrt{g}} \left(\frac{1}{\sqrt{g} + \sqrt{\dfrac{\beta}{m}}\ v} + \frac{1}{\sqrt{g} - \sqrt{\dfrac{\beta}{m}}\ v} \right) dv \tag{3.3.45}$$

$$= \frac{1}{2}\sqrt{\frac{m}{g\beta}} \left[\log\left|\sqrt{g} + \sqrt{\frac{\beta}{m}}\ v\right| - \log\left|\sqrt{g} - \sqrt{\frac{\beta}{m}}\ v\right| \right]_0^{v(t)} \tag{3.3.46}$$

$$= \frac{1}{2}\sqrt{\frac{m}{g\beta}} \log\left| \frac{\sqrt{g} + \sqrt{\dfrac{\beta}{m}}\ v(t)}{\sqrt{g} - \sqrt{\dfrac{\beta}{m}}\ v(t)} \right| ,\tag{3.3.47}$$

$$右辺 = [t']_0^t = t ,\tag{3.3.48}$$

となります．ここで，自然対数の中が正，つまり，$\sqrt{g} > \sqrt{\dfrac{\beta}{m}}\ v(t)$ と仮定して絶対値を外し

$$\gamma = 2\sqrt{\frac{g\beta}{m}} > 0 ,\tag{3.3.49}$$

を定義して，$v(t)$ を単に v と書くことにして v について解くと

$$v = -\sqrt{\frac{mg}{\beta}} \left(\frac{1 - e^{\gamma t}}{1 + e^{\gamma t}} \right) ,\tag{3.3.50}$$

となります．このままでもよいのですが，$t \to \infty$ としたときの，解の振る舞いを見やすくするために，右辺をもう少し工夫して

$$v = \sqrt{\frac{mg}{\beta}} \left(\frac{1 - e^{-\gamma t}}{1 + e^{-\gamma t}} \right) ,\tag{3.3.51}$$

と書くことにします。ここで $v = \dot{z}$ でしたから、これはまた

$$\frac{dz}{dt} = \sqrt{\frac{mg}{\beta}} \left(\frac{1 - e^{-\gamma t}}{1 + e^{-\gamma t}} \right) , \tag{3.3.52}$$

と書くことができます。この微分方程式の、$t' = 0 \sim t$ の定積分は

$$\int_0^t \frac{dz}{dt'} dt' = \sqrt{\frac{mg}{\beta}} \int_0^t \frac{1 - e^{-\gamma t'}}{1 + e^{-\gamma t'}} \, dt' , \tag{3.3.53}$$

です。実際に積分すると、

$$左辺 = z(t) - z(0) = z(t) , \tag{3.3.54}$$

$$右辺 = \sqrt{\frac{mg}{\beta}} \int_0^t \left(1 - \frac{2e^{-\gamma t'}}{1 + e^{-\gamma t'}} \right) dt' \tag{3.3.55}$$

$$= \sqrt{\frac{mg}{\beta}} \left[t' + \frac{2}{\gamma} \log \left(1 + e^{-\gamma t'} \right) \right]_0^t \tag{3.3.56}$$

$$= \sqrt{\frac{mg}{\beta}} \left\{ t + \frac{2}{\gamma} \log \left(\frac{1 + e^{-\gamma t}}{2} \right) \right\} , \tag{3.3.57}$$

となります。ここで、$1 + e^{-\gamma t'} > 0$ を使って、絶対値を外しています。したがって、$z(t)$ を単に z と書いて

$$z = \sqrt{\frac{mg}{\beta}} \left\{ t + \frac{2}{\gamma} \log \left(\frac{1 + e^{-\gamma t}}{2} \right) \right\} , \tag{3.3.58}$$

を得ることができます。

(4) ここで、$\lim_{t \to \infty} e^{-\gamma t} = 0$ であることを考慮すると、t が充分に大きくなると式 (3.3.51) と式 (3.3.58) は

$$v \propto \sqrt{\frac{mg}{\beta}} , \qquad z \propto \sqrt{\frac{mg}{\beta}} \, t , \tag{3.3.59}$$

となります。このように、落下速度は無限に速くなるのではなく、終端速度になります。ここでも、$t \to \infty$ とすると $z \to \infty$ となるのですが、t が大きくなると等速直線運動をするということを表すために、上のような形にしました。このような様子は、図 3.20 に示されます。図を描くときには、式 (3.3.59) のような、運動に特徴的な値や関数系を記入することが大事です。

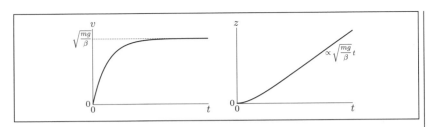

図 3.20 スカイダイバーの運動

(5) 充分に時間が経つと重力と慣性抵抗力はつり合い，スカイダイバーの加速度は 0 になります．そのときの速度を v_∞ とすると

$$m\frac{dv_\infty}{dt} = 0 = mg - \beta v_\infty^2 , \qquad (3.3.60)$$

が成り立ちます．このときの終端速度は

$$v_\infty = \sqrt{\frac{mg}{\beta}} , \qquad (3.3.61)$$

となり，等速直線運動をするので

$$z_\infty = \sqrt{\frac{mg}{\beta}}\, t , \qquad (3.3.62)$$

となります．これは，式 (3.3.59) と一致します．

このスカイダイバーの運動（慣性抵抗力が働く自由落下）は，大学 1 年生が学ぶ運動の中では，計算が大変な問題の 1 つです．後に詳しく説明しますが，この運動方程式は，**非線形微分方程式**と呼ばれるものの 1 つです．大学 1 年生では多くの運動方程式を学びますが，その多くが**線形微分方程式**です．

$\alpha\beta\gamma$ 数学ノート 3.2：変数分離形の微分方程式

$f(x)$ を x のみの関数，$g(y)$ を y のみの関数とするときに

$$\frac{dy}{dx} = f(x)g(y) , \qquad (3.3.63)$$

の形で与えられるものを変数分離形の微分方程式と呼びます．この微分方程式は

$$\frac{dy}{g(y)} = f(x)\, dx , \qquad (3.3.64)$$

のように，左辺は変数 y のみ，右辺は変数 x のみに依存する形に分離できます．解は

$$\int \frac{dy}{g(y)} = \int f(x)\,dx\,, \qquad \int_{y(x_1)}^{y(x_2)} \frac{dy}{g(y)} = \int_{x_1}^{x_2} f(x)\,dx\,, \qquad (3.3.65)$$

のように，不定積分や定積分を計算することによって得ることができます．

例題	3.6	変数分離形の微分方程式	レベル：イージー

次の微分方程式の一般解を求めよう．ただし $x > 0$ とします．

$$(1) \quad \frac{dx}{dt} = \frac{1}{x} \qquad (2) \quad \frac{dx}{dt} = x \qquad (3.3.66)$$

答え

A を任意定数として，以下のように求めることができます．

$$(1) \quad \int x\,dx = \int dt \qquad \therefore \ x = \sqrt{2t + A} \qquad (3.3.67)$$

$$(2) \quad \int \frac{1}{x}\,dx = \int dt \qquad \therefore \ x = Ae^t \qquad (3.3.68)$$

3.4 音を立てずにドアを素早く閉めるには——減衰振動

　図 3.21 はドアクローザーの写真です．誰でも見たことがあると思います．こ
れをうまく調節すると，ドアは音を立てずに素早く閉まります．調節をあやまる
と，勢いよく閉まり大きな音を立てることがありますし，逆に，なかなか閉まら
ないでイライラすることがあります．この節では，この現象の背後にある物理を
学びます．どのように調節すればよいか？　という質問の答えは，この節の最後
で述べます．

3.4.1 弾性力

　多くの物体は，外から力を加えられると変形します．加える力が小さい場合
は，力を加えることをやめると物体は元の形に戻ります．物体が元の形に戻るわ
けですから，物体の内部には，外から加えられた力と同じ大きさの力が働いてい
たと考えられます．作用・反作用の法則です．このように，物体内部に働いてい

図 **3.21** ドアクローザー

る力を**弾性力** (elastic force) と呼びます．外から物体に加える力を大きくしていくと，ある大きさ以上の力を加えると，物体は元の形に戻ることはありません．このような限界を弾性限界と呼びます．弾性限界よりも小さな力の場合，物体の変形は加えた力の大きさに比例します．今，物体に大きさ F の力を加えたとき，物体が変形した大きさが x だった場合，物体内部には

$$F = -kx , \qquad (3.4.1)$$

の大きさの復元力が働きます．これが，**フックの法則** (Hooke's law) です．ここで k を，**弾性係数** (elastic coefficient) と呼びます．ばねの場合は，**ばね定数** (spring constant) と呼びます．

3.4.2 単振動

ばねが伸び縮みせずに置かれている状態での長さを**自然長** (relaxed length) と呼びます．今，自然長が l_0 のばねがあり，片方の端が壁に固定されていて，もう片方の端には質量 m の物体がつながれていたとします．このばねの弾性限界内の力で物体を引っ張って放すと，物体はばねの自然長の位置を中心に往復運動をします．往復運動のように，一定の時間間隔で同じ位置を通過する運動は，**周期的な運動** (periodic motion) と呼ばれます．周期的な運動には，物体に作用している力によって，さまざまなパターンが現れます．そのような運動の中でも，物体に作用する力が自然長からの**変位** (displacement) に比例する力のみが加わっている運動を，**単振動** (harmonic oscillator) と呼びます．この節では，単振動に対して運動方程式を立てて，その解を議論していきます．運動方程式の解を求めるときに微分方程式の一般的な解法を用いるので，微分方程式の一般論について

説明した103ページの数学ノート3.3も参考にしてください．

ステップ1：物体の運動を絵で描く

図3.22のように，ばねの自然長の位置を原点 $x=0$ に選び，自然長からの伸びや縮みを x で表します．ばね定数 k のばねの復元力 F は

$$F = \begin{cases} -kx & x>0 \text{ のとき}, \\ -kx & x<0 \text{ のとき}, \end{cases} \tag{3.4.2}$$

となるので，物体にはこれらの力が加わっています．

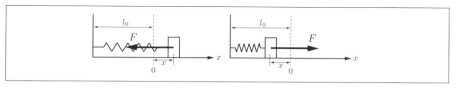

図 **3.22** 単振動

ステップ2：運動方程式を立てる

運動方程式は

$$m\frac{d^2x}{dt^2} = -kx, \tag{3.4.3}$$

で与えられます．ここでは，微分方程式の解法にしたがって議論を進めるため，運動方程式を

$$m\frac{dv}{dt} = -kx, \tag{3.4.4}$$

の形に書かなかったことには注意する必要があります．

ステップ3：運動方程式の解を求める

運動方程式を

$$\frac{d^2x}{dt^2} + \frac{k}{m}x = 0, \tag{3.4.5}$$

と変形すればわかるように，これは，2階定係数同次線形常微分方程式です．今

$$\omega = \sqrt{\frac{k}{m}}, \tag{3.4.6}$$

を定義すると，式 (3.4.5) は

$$\frac{d^2x}{dt^2} + \omega^2 x = 0 , \qquad (3.4.7)$$

となります．後で詳しく説明しますが，ω は**角振動数** (angular frequency) と呼ばれます．ここで，式 (3.4.5) や式 (3.4.7) で与えられる微分方程式は特別な名前が付いていて，**単振動の微分方程式**や**調和振動の微分方程式**と呼ばれます．

　以下で，この微分方程式を解いていきます．微分方程式の解を $x = e^{\lambda t}$ と仮定して，式 (3.4.7) に代入すると

$$(\lambda^2 + \omega^2)\, e^{\lambda t} = 0 , \qquad (3.4.8)$$

となります．この式が恒等的に成り立つのは

$$\lambda^2 + \omega^2 = 0 , \qquad (3.4.9)$$

のときです．ここで，恒等的とは「いつも」や「どんなときでも」という意味です．方程式 (3.4.9) は**特性方程式**と呼ばれます．

　式 (3.4.9) で与えられる特性方程式の解は

$$\lambda_\pm = \pm i\omega , \qquad (3.4.10)$$

です．添字の $\pm$ は右辺の $\pm$ に対応しています．したがって，式 (3.4.7) で与えられる微分方程式の**基本解** (solution basis) は

$$x_+ = e^{\lambda_+ t} = e^{i\omega t} , \qquad x_- = e^{\lambda_- t} = e^{-i\omega t} , \qquad (3.4.11)$$

の 2 つとなります．

　一般解は，基本解の重ね合わせ，つまり**線形結合** (linear combination) で与えられます．式 (3.4.7) は，2 階微分方程式でしたから，一般解は任意定数を 2 つ含む必要があります．そのためには，基本解を適当な割合で足し合わせればよいのです．今，A と B を任意定数とすると，一般解は

$$x = Ae^{i\omega t} + Be^{-i\omega t} , \qquad (3.4.12)$$

で与えられます．これが確かに微分方程式の解になっていることは，式 (3.4.7) に代入して確かめることができます．

一般解としてはこれでよいのですが，以下ではもう少し違う形に変形していきます．オイラーの公式 (2.4.42) を用いると，式 (3.4.12) は

$$x = A\left\{\cos(\omega t) + i\sin(\omega t)\right\} + B\left\{\cos(\omega t) - i\sin(\omega t)\right\} \tag{3.4.13}$$

$$= (A + B)\cos(\omega t) + i(A - B)\sin(\omega t) , \tag{3.4.14}$$

となります．ここで，任意定数 A と B を，他の任意定数 C_1 と C_2 を用いて

$$A = \frac{C_1 - iC_2}{2} , \quad B = \frac{C_1 + iC_2}{2} , \tag{3.4.15}$$

と組み替えると，一般解は

$$x = C_1 \cos(\omega t) + C_2 \sin(\omega t) , \tag{3.4.16}$$

となります．さらに，C_1 と C_2 には，図 3.23 に示すような関係があったとすると，これらは新たな任意定数 C と φ を使って

$$C_1 = C\cos(\varphi) , \qquad C_2 = -C\sin(\varphi) , \tag{3.4.17}$$

で与えられます．したがって，一般解は

$$x = C\cos(\varphi)\cos(\omega t) - C\sin(\varphi)\sin(\omega t) , \tag{3.4.18}$$

と書くことができます．これは，三角関数の加法定理を用いると

$$x = C\cos(\omega t + \varphi) , \tag{3.4.19}$$

となります．また，φ の取り方を変えると

$$x = C\sin(\omega t + \varphi) , \tag{3.4.20}$$

の形になりますが，導出は読者の皆さんへの課題とします．

ここで，C は**振幅** (amplitude)，$\omega t + \varphi$ は**位相** (phase)，φ は**初期位相** (initial phase) です．先に述べましたが，ω は角振動数で，**周期** (period) T や，**周波数** (frequency) f との間に

$$\omega = \frac{2\pi}{T} = 2\pi f , \tag{3.4.21}$$

の関係があります．この式を，周期 T について解いて，式 (3.4.6) で与えた角振動数 ω の定義式を思い出すと

$$T = 2\pi\sqrt{\frac{m}{k}} , \tag{3.4.22}$$

となります．単振動の周期は，物体の質量 m とばね定数 k で決まります．

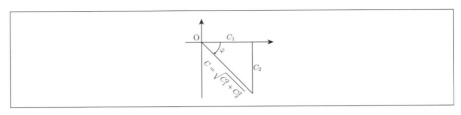

図 3.23 任意定数の関係

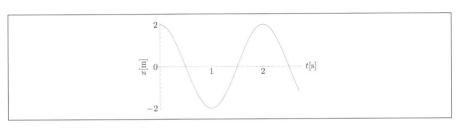

図 3.24 単振動の振動の様子

ステップ4：解を吟味する

たとえば，振幅を $C = 2\,\mathrm{m}$，周期 $T = 2\,\mathrm{s}$（角振動数 $\omega = \pi$），初期位相 $\varphi = 0$ とした場合には，図 3.24 が得られます．これはよく見慣れた形で，1 周期は，山から山，谷から谷，横軸を同じ方向（たとえば右下に向かって）に横切るまでの時間間隔です．このような振動の様子をグラフに描く場合は，振幅や周期は押さえておきたいポイントです．

例題 3.7　単振り子　　　　　　　　　　　　　　　　　レベル：ミディアム

長さ l の糸の一端が，地表と平行な天井に付けられ，もう一端に質量 m の物体が付けられているものを，**振り子**(pendulum) と呼びます．天井と地表を結ぶ鉛直線から角度 φ_0 の所まで，糸がたるまないように物体をもっていき手放すと，物体は振動を始めます．このとき，物体の手放し方によっては，糸や物体が鉛直線を含む平面内を動くように振動させることができるし，糸や重りが掃く形が円錐となるように動かすこともできます．このとき前者を**単振り子**(simple pendulum) と呼び，後者を**円錐振り子**(conical pendulum) と呼びます．ここでは，単振り子に対して，$\varphi_0 \ll 1$ の場合の運動を説明しましょう．

答え

図 3.25 のように，天井と糸がつながっている所を原点にとり，そこから地上に降ろした鉛直線を $+y$ 方向にとり，天井に平行で右向きを $+x$ 方向にとることにします．極座標を用いるともう少し簡単に解くことができますが，ここではデカルト座標を用いて議論を進めます．物体には，重力 $m\bm{g}$ と張力 $\bm{S}$ が働きます．

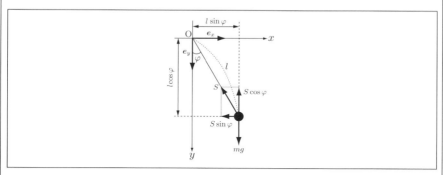

図 3.25 単振り子

運動方程式は，ベクトルを用いると

$$m\frac{d^2\bm{r}}{dt^2} = m\bm{g} + \bm{S} , \tag{3.4.23}$$

と書くことができます．2次元デカルト座標の基本ベクトル表示では

$$m\frac{d^2x}{dt^2}\bm{e}_x + m\frac{d^2y}{dt^2}\bm{e}_y = mg\,\bm{e}_y - S\cos\varphi\,\bm{e}_y - S\sin\varphi\,\bm{e}_x , \tag{3.4.24}$$

と書けるので，各成分の運動方程式は

$$m\frac{d^2x}{dt^2} = -S\sin\varphi , \tag{3.4.25}$$

$$m\frac{d^2y}{dt^2} = mg - S\cos\varphi , \tag{3.4.26}$$

となります．また，x と y は，l と φ を用いて

$$x = l\sin\varphi , \qquad y = l\cos\varphi , \tag{3.4.27}$$

と書くことができます．今，$\varphi \ll 1$ の微小振動を考えることにすると，$\sin\varphi$ や $\cos\varphi$ はマクローリン展開の1次の項でよく近似できるので

$$x = l\varphi, \qquad y = l , \qquad (3.4.28)$$

となります. これらを式 (3.4.25) や式 (3.4.26) に代入すると

$$ml\frac{d^2\varphi}{dt^2} = -S\varphi , \qquad (3.4.29)$$

$$0 = mg - S , \qquad (3.4.30)$$

を得ることができます. ここで, 式 (3.4.30) より $S = mg$ となるので, これを運動方程式 (3.4.29) に代入すると

$$ml\frac{d^2\varphi}{dt^2} = -mg\varphi , \qquad (3.4.31)$$

となるので, 物体の運動はこの運動方程式で議論できることになります. 今

$$\omega^2 = \frac{g}{l} , \qquad (3.4.32)$$

を定義して運動方程式を書き直すと

$$\frac{d^2\varphi}{dt^2} + \omega^2\varphi = 0 , \qquad (3.4.33)$$

となります. この微分方程式は, 単振動の微分方程式 (3.4.7) と同じです. したがって, 一般解やその振る舞いは, 単振動のときと同じになりますから, ここでは説明を省略します. ただし, 注意すべきことは, 周期が

$$T = \frac{2\pi}{\omega} = 2\pi\sqrt{\frac{l}{g}} , \qquad (3.4.34)$$

で与えられることです. つまり, 単振り子の周期は, 物体の重さや振幅に依存せずに, 振り子の長さ l と重力加速度 g のみに依存することです. これは, 振り子の**等時性** (isochronous) と呼ばれ, 1583 年にガリレオが 19 歳のときに発見したとされています.

3.4.3 粘性抵抗力が働く場合の振動

単振動は, 永遠に振動が続く運動を説明していますが, 日常生活で見られる多くの振動は, 時間とともに振幅が小さくなり, ついには止まってしまいます. このようなことが起こるのは, 多くの振動が抵抗力を受けながら運動しているからです. ここでは, 抵抗力として, 粘性抵抗力が働く場合の振動を考えます. たとえば, 自然長が l_0 のばねがあり, 片方の端が壁に固定されていて, もう片方の端には質量 m の物体がつながれていて, 水中に沈んでいる状況を想像してくださ

い．そして，ばねの弾性限界内の力で物体を引っ張って放した後の運動について考えていきます．

ステップ1：物体の運動を絵で描く

図 3.26 のように，ばねの自然長の位置を原点 $x=0$ に選び，自然長からの変位（伸びや縮み）を x で表すことにします．このばねの復元力 F は単振動のときと同じで，式 (3.4.2) で与えられます．一方，粘性抵抗力 F_v は，図 3.26 に示すように，$v=dx/dt$ の正負によって2つの場合が考えられますが

$$F_v = \begin{cases} -\alpha \dfrac{dx}{dt} & \dfrac{dx}{dt} > 0 \text{ のとき}, \\ -\alpha \dfrac{dx}{dt} & \dfrac{dx}{dt} < 0 \text{ のとき}, \end{cases} \tag{3.4.35}$$

のように，同じ形の式にまとめることができます．

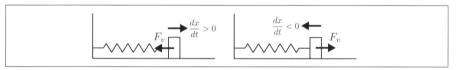

図 3.26 粘性抵抗力を受けるばねの振動

ステップ2：運動方程式を立てる

運動方程式は，以下で与えられます．

$$m\frac{d^2x}{dt^2} = -kx - \alpha \frac{dx}{dt}. \tag{3.4.36}$$

ステップ3&4：運動方程式の解を求めて吟味する

運動方程式を

$$\frac{d^2x}{dt^2} + \frac{\alpha}{m}\frac{dx}{dt} + \frac{k}{m}x = 0, \tag{3.4.37}$$

のように変形すればわかるように，これは，2階定係数同次線形常微分方程式です（微分方程式の詳しい解法については，103 ページの数学ノート 3.3 を参照してください）．

ここで，**固有角振動数** (natural angular frequency) を

$$\omega_0 = \sqrt{\frac{k}{m}} \ , \tag{3.4.38}$$

で定義します．これは，粘性抵抗力が働かない場合の単振動に固有な角振動数です．固有角振動数を用いると，**固有周期** (fundamental period) は，$T_0 = 2\pi/\omega_0 = 2\pi\sqrt{m/k}$ で与えられます．これは，粘性抵抗力が働かない場合の単振動に固有な周期です．また

$$2\gamma = \frac{\alpha}{m} \ , \tag{3.4.39}$$

を定義すると，式 (3.4.37) は

$$\frac{d^2x}{dt^2} + 2\gamma \frac{dx}{dt} + \omega_0^2 x = 0 \ , \tag{3.4.40}$$

と書くことができます．ここで，なぜ ω_0 や γ をこのように定義するかというと，このような置き換えをすることによって，これから求める解が見やすい形にまとまるからです．

微分方程式 (3.4.40) の解を $x = e^{\lambda t}$ と仮定すると，特性方程式は

$$\lambda^2 + 2\gamma\lambda + \omega_0^2 = 0 \ , \tag{3.4.41}$$

となります．この特性方程式の解は，解の公式より

$$\lambda = -\gamma \pm \sqrt{\gamma^2 - \omega_0^2} \ , \tag{3.4.42}$$

です．ここで，平方根の前の符号を反映させて

$$\lambda_+ = -\gamma + \sqrt{\gamma^2 - \omega_0^2} \ , \qquad \lambda_- = -\gamma - \sqrt{\gamma^2 - \omega_0^2} \ , \tag{3.4.43}$$

とし，これらをまとめて

$$\lambda_\pm = -\gamma \pm \sqrt{\gamma^2 - \omega_0^2} \ , \tag{3.4.44}$$

と書くことにします．

今，**減衰率** (damping ratio) を

$$\zeta = \frac{\gamma}{\omega_0} = \frac{\alpha}{2\sqrt{mk}} > 0 \ , \tag{3.4.45}$$

で定義します．これは，復元力に関係した k が分母にあり，抵抗力に関係した α が分子にあるので，大雑把に言って，復元力と抵抗力の大きさ比べを表す量です．同じばねと物体を用いた場合，固有角振動数 $\omega_0 = \sqrt{k/m}$ は一定ですから，ζ を変化させることは $\gamma = \alpha/2m$ を変化させること，つまり α（粘性抵抗力）を変化させることになります．式 (3.4.45) で定義した ζ を用いると，式 (3.4.44) は

$$\lambda_\pm = -\gamma \pm \omega_0 \sqrt{\zeta^2 - 1} , \qquad (3.4.46)$$

と書くことができ，ζ の値によって平方根の中の正負が変わり，解の振る舞いが変わることが予想できます．以下では，$0 < \zeta < 1 \ (\omega_0 > \gamma)$, $\zeta = 1 \ (\omega_0 = \gamma)$, $\zeta > 1 \ (\omega_0 < \gamma)$ の場合に分けて考えていきます．

(1) $0 < \zeta < 1$ の場合：減衰振動

　これは，粘性抵抗力があまり働かない場合に相当します．今，式 (3.4.46) の平方根の中が負となるので，虚数を使って一工夫すると

$$\lambda_\pm = -\gamma \pm i\omega_0 \sqrt{1 - \zeta^2} , \qquad (3.4.47)$$

と書くことができます．ここで，**減衰角振動数** (damped angular frequency) を

$$\omega = \omega_0 \sqrt{1 - \zeta^2} , \qquad (3.4.48)$$

で定義すると，式 (3.4.47) は

$$\lambda_\pm = -\gamma \pm i\omega , \qquad (3.4.49)$$

となります．したがって，一般解は，A, B や C, φ を任意定数として

$$x = Ae^{\lambda_+ t} + Be^{\lambda_- t} \qquad (3.4.50)$$

$$= Ae^{(-\gamma + i\omega) t} + Be^{(-\gamma - i\omega) t} \qquad (3.4.51)$$

$$= e^{-\gamma t} \left(Ae^{i\omega t} + Be^{-i\omega t} \right) \qquad (3.4.52)$$

$$= C e^{-\gamma t} \cos(\omega t + \varphi) \qquad (3.4.53)$$

$$= C e^{-\gamma t} \sin(\omega t + \varphi) , \qquad (3.4.54)$$

のように書くことができます．

式 (3.4.48) より，$\omega < \omega_0$ ですから，この振動の周期 T は

$$T = \frac{2\pi}{\omega} > \frac{2\pi}{\omega_0} = T_0 ， \qquad (3.4.55)$$

となり，固有周期 T_0 よりも長いことがわかります．また，式 (3.4.48) より，ζ が大きくなるにつれて ω が小さくなり，周期 T が長くなることもわかります．ここでは，ばねと物体は同じものを考えていますので，ζ を大きくするということは，α が大きくなることを意味します．したがって，α を大きくするにつれて，振動の周期が長くなります．

　振動の様子をもう少し詳しく見るために，具体的な値を代入して考えてみましょう（以下では，単位を省略して話を進めていきます）．今，初期条件を $x(0) = 1, v(0) = 0$ とし，減衰率を $\zeta = 0.1 \, (\gamma = 0.05, \omega_0 = 0.5)$ とすると，解の振る舞いは図 3.27（左）の実線のようになります．また同じ初期条件で減衰率を $\zeta = 0.5 \, (\gamma = 0.25, \omega_0 = 0.5)$ とした場合，解の振る舞いは図 3.27（右）の実線のようになります．両方の図で破線は，指数関数 $\pm e^{-\gamma t}$ を表しています．どちらの図でも，上下の指数関数にほぼ挟まれた範囲で振動を繰り返しながら減衰していき，最終的には振幅がゼロとなって，物体が止まってしまうことがわかります．このような振動は，**減衰振動** (damped oscillation, under damping) と呼ばれます．減衰しながら振動するので，このような名前が付けられています．そして，この減衰を操るのが，指数関数の肩にある γ ということです．いま，同じ物体を使っていますから，γ を大きくするということは，α を大きくすることに対応します．したがって，α を大きくするにつれて，振動が止まるまでに要する時間が短くなるのです．

　ここまで得られた結果を整理すると

- α を大きくするにつれて，振動の周期が長くなる．
- α を大きくするにつれて，振動が止まるまでに要する時間が短くなる．

となります．このことから，$x(0) = 1, v(0) = 0$ から運動を始めた物体の振動は，α（粘性抵抗）を大きくしていくと，いつかは一度も $x < 0$ の領域までいかないで（振動しないで）静止してしまうことが予想できます．実際にそのようなことが初めて起こるのが，次に考える $\zeta = 1$ の場合です．

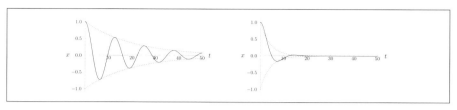

図 3.27　減衰振動（左）$\zeta = 0.1$（右）$\zeta = 0.5$

(2) $\zeta = 1$ の場合：臨界減衰

　これは，粘性抵抗力がほどほどに働く場合に相当します．今，式 (3.4.46) の平方根の中がゼロになるので

$$\lambda_+ = \lambda_- = -\gamma, \tag{3.4.56}$$

となって重解ですから，数学ノート 3.3 でも学んだように，一般解は，A, B を任意定数として

$$x = (At + B)e^{-\gamma t}, \tag{3.4.57}$$

で与えられます．

　ここでも，振動の様子をもう少し詳しく見るために，具体的な値を代入して考えてみましょう．今，初期条件を $x(0) = 1, v(0) = 0$ とし，減衰率を $\zeta = 1$（$\gamma = 0.5, \omega_0 = 0.5$）とすると，解の振る舞いは図 3.28 の実線のようになります．この図には，減衰率を $\zeta = 0.8$（$\gamma = 0.4, \omega_0 = 0.5$）とした減衰振動の場合の解を破線で記入してあります．図 3.27 とあわせて考えると，α の値を大きくするにつれて，振幅がゼロになるまでに振動する回数が減っていき，$\zeta = 1$ としたときに，ついに振動せずに減衰するだけになることがわかります．このような，劇的な変化が起こるということから，この振動には，**臨界減衰** (critical damping) という名前が付けられています．ここで，次に興味をもつのは，さらに α を大きくしていったらどのようになるか，ということだと思います．以下では，$1 < \zeta$ の場合を考えます．

(3) $\zeta > 1$ の場合：過減衰

　これは，粘性抵抗力がけっこう強く働く場合に相当します．今，式 (3.4.46) は

$$\lambda_\pm = -\gamma \pm \omega_0 \sqrt{\zeta^2 - 1} < 0, \tag{3.4.58}$$

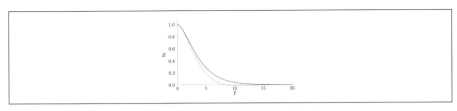

図 3.28 臨界減衰（実線, $\zeta = 1$）と減衰振動（破線, $\zeta = 0.8$）

のように，負の実数になっていることに注意する必要があります．この一般解は，A, B を任意定数として

$$x = Ae^{\lambda_+ t} + Be^{\lambda_- t}, \qquad (3.4.59)$$

で与えられます．

ここでも，振動の様子をもう少し詳しく見るために，具体的な値を代入して考えてみましょう．今，初期条件を $x(0) = 1, v(0) = 0$ とし，減衰率を $\zeta = 1.2$ ($\gamma = 0.6, \omega_0 = 0.5$) とすると，解の振る舞いは図 3.29 の実線のようになります．この図には，減衰率を $\zeta = 1$ ($\gamma = 0.5, \omega_0 = 0.5$) とした臨界減衰の場合の解を破線で記入してあります．これらの結果を比較すると，ζ の値を大きくすると（α の値を大きくすると），臨界減衰のときよりも，振幅がゼロになるまでの時間が長くなります．このような振動は，**過減衰** (over damping) と呼ばれます．減衰させ過ぎているという意味で，このような名前が付いています．

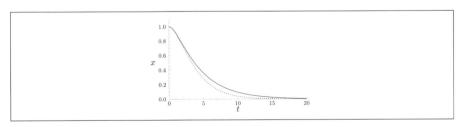

図 3.29 過減衰（実線, $\zeta = 1.2$）と臨界減衰（破線, $\zeta = 1$）

これまで見てきたように，$\zeta = 1$ を境に，減衰振動と減衰に分かれることがわかります．つまり，$\zeta = 1$ の場合が臨界になっているのです．

今，x はドアの開き具合を表していると考え，ドアが閉まっている状態は $x = 0$ とします．(1) $0 < \zeta < 1$ の場合は，図 3.27 や図 3.28 からわかるように，$x = 0$ となることがあるのでドアはいったん閉まるのですが，$x < 0$ にもなるので，開いていた方向と反対方向までいってしまうことを意味します．西部劇でカウボーイが酒場に入ってきたときの，ドアの動きを思い出してみてください．したがって，このような場合に強制的に $x = 0$ としてドアを閉めるときは，ドアは勢いよく閉まり，バタンと大きな音を立てます．一方，(3) $\zeta > 1$ の場合は，図 3.29 からわかるように，$x < 0$ となることはないので，ドアは大きな音を立てないで閉まるのですが，閉まるまでに時間がかかりすぎます．そして，(1) と (3) の中間である (2) $\zeta = 1$ の臨界減衰のときが，ドアは音を立てないでいちばん早く閉まることになります．さて，この節の始めに述べた問いの答です．ドアクローザーが臨界減衰を実現できていれば，ドアは音を立てずにいちばん早く閉まります．

 数学ノート 3.3：微分方程式

導関数を含む方程式は一般的に

$$f\left(\frac{d^n x}{dt^n}, \frac{d^{n-1} x}{dt^{n-1}}, \cdots, \frac{d^2 x}{dt^2}, \frac{dx}{dt}, x\right) = g(t) , \quad (3.4.60)$$

と書くことができます（本当は，$x(t)$ ですが単に x と書きます）．左辺の $d^n x/dt^n$ は，x の t での n 階微分を表すので，式 (3.4.60) の左辺は，x と x の t での微分から作られる一般的な関数を表しています．また右辺は，定数も含めて，t の一般的な関数を表します．微分方程式の一般論を理解するには，以下の概念が重要になります．

● 常微分と偏微分

式 (3.4.60) の左辺にある x は，t の 1 変数関数です．したがってその導関数は

$$\frac{dx}{dt}, \frac{d^2 x}{dt^2}, \cdots, \frac{d^n x}{dt^n} , \quad (3.4.61)$$

のように表すことができます．導関数から成る方程式を，**常微分方程式** (ordinary differential equation; ODE) と呼びます．一方，たとえば z が x と y の 2 変数関数 $z(x, y)$ の場合，x と y で微分することができます．これは

$$\frac{\partial z(x, y)}{\partial x}, \frac{\partial z(x, y)}{\partial y}, \frac{\partial^2 z(x, y)}{\partial x \partial y}, \cdots, \frac{\partial^{m+n} z(x, y)}{\partial^m x \partial^n y} , \quad (3.4.62)$$

のように表すことができます．これらは，**偏導関数** (partial derivative) と呼ばれます．偏導関数については，4 章で詳しく説明します．偏導関数から成る方程式

を，**偏微分方程式** (partial differential equation; PDE) と呼びます．

- 微分方程式の階数

  式 (3.4.60) の左辺にある導関数の最大の階数を，微分方程式の**階数** (order) と呼びます．式 (3.4.60) は n 階常微分方程式 (nth-order ODE) です．

- 線形と非線形

  式 (3.4.60) の左辺が，未知関数 x とその k 階導関数 ($k = 1, 2, \ldots, n$) の 1 次式の場合を**線形** (linear) と呼び，そうでない場合を**非線形** (nonlinear) と呼びます．

$$a_n(t)\frac{d^n x}{dt^n} + \cdots + a_2(t)\frac{d^2 x}{dt^2} + a_1(t)\frac{dx}{dt} + a_0(t)x = g(t) , \qquad (3.4.63)$$

  は，n 階線形常微分方程式 (nth-order linear ODE) です．一方，慣性抵抗力のように，$(dx/dt)^2$ に比例するような非線形項を含む微分方程式は非線形です．未知関数 x とその k 階導関数 ($k = 1, 2, \ldots, n$) の 1 次式で与えられない場合は，n 階非線形常微分方程式 (nth-order nonlinear ODE) と呼びます．

- 定係数

  式 (3.4.63) の左辺の係数は一般に t の関数として与えられますが，これらが**定係数** (constant coefficient) の場合，つまり

$$a_n\frac{d^n x}{dt^n} + a_{n-1}\frac{d^{n-1} x}{dt^{n-1}} + \cdots + a_2\frac{d^2 x}{dt^2} + a_1\frac{dx}{dt} + a_0 x = g(t) , \qquad (3.4.64)$$

  で与えられる場合，n 階定係数線形常微分方程式 (nth-order constant coefficient linear ODE) と呼びます．

- 同次と非同次

  式 (3.4.64) の右辺がゼロのとき**同次** (homogeneous) と呼び，そうではないときは**非同次** (inhomogeneous) と呼びます．

$$a_n\frac{d^n x}{dt^n} + a_{n-1}\frac{d^{n-1} x}{dt^{n-1}} + \cdots + a_2\frac{d^2 x}{dt^2} + a_1\frac{dx}{dt} + a_0 x = 0 , \qquad (3.4.65)$$

  は n 階定係数同次線形常微分方程式 (nth-order constant coefficient homogeneous linear ODE) です．一方，式 (3.4.64) は n 階定係数非同次線形常微分方程式 (nth-order constant coefficient inhomogeneous linear ODE) です．

この章で扱っているのは，2 階定係数（同次/非同次）線形常微分方程式 (second-order constant coefficient homogeneous/inhomogeneous linear ODE) です．

2 階定係数同次線形常微分方程式とその解法：

2 階定係数同次線形常微分方程式は，関数 x とその 2 階導関数までを含む微分方程式で，一般に

$$a_2\frac{d^2 x}{dt^2} + a_1\frac{dx}{dt} + a_0 x = 0 , \qquad (3.4.66)$$

で与えられます.

解法:

この微分方程式の解を $x = e^{\lambda t}$ と仮定して式 (3.4.66) に代入すると

$$\left(a_2\lambda^2 + a_1\lambda + a_0\right)e^{\lambda t} = 0 , \tag{3.4.67}$$

となります. この方程式が恒等的に成り立つのは

$$a_2\lambda^2 + a_1\lambda + a_0 = 0 , \tag{3.4.68}$$

のときです. この方程式を**特性方程式** (characteristic equation, auxiliary equation) と呼びます. 2次方程式の解の公式より, 特性方程式の解は

$$\lambda = \lambda_\pm = \frac{-a_1 \pm \sqrt{a_1^2 - 4a_2a_0}}{2a_2} , \tag{3.4.69}$$

で与えられます. ここで λ に付いている $\pm$ の添字は, 右辺の分子の平方根の前の $\pm$ の符号と対応しています. これは, 分子の平方根の中（判別式）に対して場合分けして考える必要があります.

(i) $a_1^2 - 4a_2a_0 \neq 0$ の場合

このとき, $\lambda_\pm$ は互いに独立な実数なので, 一般解は, A と B を任意定数として

$$x = Ae^{\lambda_+ t} + Be^{\lambda_- t} , \tag{3.4.70}$$

で与えられます.

(ii) $a_1^2 - 4a_2a_0 = 0$ の場合

このとき

$$\lambda_+ = \lambda_- = -\frac{a_1}{2a_2} = \lambda_0 , \tag{3.4.71}$$

となり重解なので, 一般解は任意定数を C として,

$$x = Ce^{\lambda_0 t} , \tag{3.4.72}$$

の1つだけしか見つかっていないことになります. したがって, もう1つの解を探す必要があります. そのために

$$x = C(t)e^{\lambda_0 t} , \tag{3.4.73}$$

と仮定して, 微分方程式を満たす $C(t)$ を見つけます. どうしてこのようにするかというと, とにかくそうするとうまくいくというのが答えです. 実際に代入して整理すると

$$a_2 \frac{d^2C}{dt^2} + (2a_2\lambda_0 + a_1)\frac{dC}{dt} + (a_2\lambda_0^2 + a_1\lambda_0 + a_0)\, C = 0 , \qquad (3.4.74)$$

となります．しかし，λ_0 はもともと特性方程式 (3.4.67) の解であったため，左辺第 3 項では $a_2\lambda_0^2 + a_1\lambda_0 + a_0 = 0$ です．また，式 (3.4.71) で示したように，$\lambda_0 = -a_1/2a_2$ であることを考慮すると，左辺第 2 項はゼロになるので，式 (3.4.74) は

$$a_2 \frac{d^2C}{dt^2} = 0 \qquad \therefore \frac{d^2C}{dt^2} = 0 , \qquad (3.4.75)$$

となります．微分方程式 (3.4.75) の一般解は，A と B を任意定数として

$$C(t) = At + B , \qquad (3.4.76)$$

で与えられます．以上，式 (3.4.73) と式 (3.4.76) より，一般解は

$$x = (At + B)e^{\lambda_0 t} . \qquad (3.4.77)$$

まとめると，微分方程式 (3.4.66) の一般解は

$$x = \begin{cases} Ae^{\lambda_+ t} + Be^{\lambda_- t} & (a_1^2 - 4a_1a_2 \neq 0 \text{ のとき}) , \\ (At + B)e^{\lambda_0 t} & (a_1^2 - 4a_1a_2 = 0 \text{ のとき}) , \end{cases} \qquad (3.4.78)$$

となります．ここでは，微分方程式の解法について要約しました．そのため，数学的に重要な，微分方程式の解の存在とその一意性などの説明は割愛しました．

2 階定係数非同次線形常微分方程式とその解法：

2 階定係数非同次線形常微分方程式は，以下で与えられます．

$$a_2 \frac{d^2x}{dt^2} + a_1 \frac{dx}{dt} + a_0 x = g(t) . \qquad (3.4.79)$$

解法：

ステップ 1．対応する同次微分方程式（式 (3.4.79) で右辺を 0 にした式）の一般解 x_0 を求めます．x_0 は

$$a_2 \frac{d^2x_0}{dt^2} + a_1 \frac{dx_0}{dt} + a_0 x_0 = 0 \qquad (3.4.80)$$

を満たします．この一般解は，式 (3.4.78) にまとめたものと同じです．繰り返しになりますが

$$x_0 = \begin{cases} Ae^{\lambda_+ t} + Be^{\lambda_- t} & (a_1^2 - 4a_1a_2 \neq 0 \text{ のとき}) , \\ (At + B)e^{\lambda_0 t} & (a_1^2 - 4a_1a_2 = 0 \text{ のとき}) . \end{cases} \qquad (3.4.81)$$

ステップ 2．非同次方程式を満たす特殊解（特解）x_{p} を発見法で見つけます．x_{p} は

$$a_2 \frac{d^2 x_\mathrm{p}}{dt^2} + a_1 \frac{dx_\mathrm{p}}{dt} + a_0 x_\mathrm{p} = g(t) , \qquad (3.4.82)$$

を満たします（特殊解の「特殊」とは，「特別な」「格別な」という意味ではなく，任意に1つ選んだという程度の意味です）.
ステップ3. これまでに求めた x_0 と x_p を足します.

$$x = x_0 + x_\mathrm{p} . \qquad (3.4.83)$$

これが，微分方程式 (3.4.79) の一般解です.
ステップ4. 初期条件より任意定数を決定して非同次方程式の特殊解を求めます.

3.5 長周期地震に弱い高層ビル――強制振動

大きな地震が起きたときに，震源から遠く離れているのにもかかわらず，超高層ビルが長い時間揺れ続けることが知られています. どうしてこのようなことが起こるのかという疑問に答えるには，**強制振動** (forced oscillation) について理解する必要があります. 強制振動とは一言でいうと，**周期的外力** (periodic external force) が加わる運動です.

強制振動を学ぶ理由はたくさんあります. なぜなら，日常に見られるさまざまな振動には，周期的な外力が加わる場合が多いからです. たとえば，地震や風は建物に加わる周期的な外力ですし，車や飛行機や船が走行・航行しているときには，さまざまな周期的外力が加わります. このような現象を理解するための出発点として最もシンプルな数理モデルが強制振動です.

3.5.1 強制振動

図3.30のように，ばね定数 k のばねの一端が壁に固定され，もう一端に質量 m の物体がつながれているとします. 物体には，ばねによる復元力（ばね定数 k），粘性抵抗力（比例係数 α），周期的外力

$$F(t) = F_0 \cos(\Omega t) = m f_0 \cos(\Omega t) , \qquad (3.5.1)$$

が働いているとします. ここで，F_0 は力の大きさを表しますが，後で計算しやすくするために，物体の質量 m に比例すると仮定しています. Ω は周期的外力の角振動数です. 図3.30には周期的外力のみを記入し，他の力は省略しています.

ここで考えていることに対応するものとして，ブランコを押す場合を考えてく

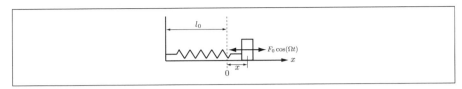

図 3.30 強制振動

ださい.ブランコをある程度こいだ後に何もしないと,ブランコの振幅は小さくなっていき最後には止まってしまいます.これが減衰振動です.しかし,ブランコが一番後ろにきたときに誰かに押してもらうと,その押す力によって,ブランコの振れ幅を維持することができるし,また場合によっては,ブランコの振幅が大きくなります.以下でもこれまでと同様に,物体の運動を説明する手順に従って考えていきます.

ステップ 1:物体の運動を絵で描く

物体に働いている力は,図 3.22,図 3.26,図 3.30 に描かれています.

ステップ 2:運動方程式を立てる

これらの図より,運動方程式は以下の式で与えられます.

$$m\frac{d^2x}{dt^2} = -kx - \alpha\frac{dx}{dt} + mf_0\cos(\Omega t) . \tag{3.5.2}$$

ステップ 3:運動方程式の解を求める

式 (3.5.2) の両辺を m で割ると

$$\frac{d^2x}{dt^2} = -\frac{k}{m}x - \frac{\alpha}{m}\frac{dx}{dt} + f_0\cos(\Omega t) , \tag{3.5.3}$$

となります.今

$$\gamma = \frac{\alpha}{2m} , \qquad \omega_0 = \sqrt{\frac{k}{m}} , \tag{3.5.4}$$

を定義します.ここで,ω_0 は固有角振動数で,粘性抵抗力や周期的外力が働かない場合の単振動に固有な振動数です.固有周期は

$$T_0 = \frac{2\pi}{\omega_0} , \tag{3.5.5}$$

で与えられます．固有周期のいくつかの例を，表3.1にまとめています．この表からわかるように，建物が大きく，高くなるほど，固有周期が長くなります．

表 3.1　固有周期の例

建物の区別	固有周期 $(2\pi/\omega_0)$ [s]
一般木造建物	$0.1 \sim 0.5$
学校建物（3 ～ 4 階）	$0.2 \sim 0.5$
一般ビル建物　　50m 以下	$0.15 \sim 1.0$
$50 \sim 100$m	$0.6 \sim 1.8$
$100 \sim 200$m	$1.6 \sim 4.0$
$200 \sim 300$m	$3.0 \sim 6.0$
免震ビル建物	$2.0 \sim 6.0$
原子力施設建屋	$0.1 \sim 0.5$
大型タンク・長大吊橋	$7.0 \sim 20.0$

式 (3.5.3) を整理すると

$$\frac{d^2x}{dt^2} + 2\gamma\,\frac{dx}{dt} + \omega_0^2\,x = f_0\cos(\Omega\,t)\ , \tag{3.5.6}$$

となります．これは，2 階定係数非同次線形常微分方程式です．

したがって，最初に，対応する同次線形微分方程式の一般解 x_0 を求める必要があります．x_0 は

$$\frac{d^2x_0}{dt^2} + 2\gamma\,\frac{dx_0}{dt} + \omega_0^2\,x_0 = 0\ , \tag{3.5.7}$$

の解であり，減衰振動を学んだときに，式 (3.4.54)，式 (3.4.57)，式 (3.4.59) で求めたもので，以下のように与えられます．

$$x = \begin{cases} \text{減衰振動} : Ce^{-\gamma\,t}\cos(\omega t + \delta)\ , \\ \text{臨界減衰} : (A\,t + B)e^{-\gamma\,t}\ , \\ \text{過　減　衰} : Ae^{\lambda_+ t} + Be^{\lambda_- t}\ . \end{cases} \tag{3.5.8}$$

ここで，$\omega = \omega_0\sqrt{1 - \zeta^2}$ であり $\lambda_\pm = -\gamma \pm \omega_0\sqrt{\zeta^2 - 1} < 0$ です．また，式 (3.4.54) の初期位相 φ を δ と書いています．これらの解は時間の経過とともに $x = 0$ になるため，強制振動の長期的な振る舞いには影響を及ぼしません．

次に，非同次微分方程式の特殊解 x_{p} を求める必要があります．そこで，a と φ を定数として

$$x_{\mathrm{p}} = a\cos(\Omega\,t - \varphi)\ , \tag{3.5.9}$$

109

とおいて式 (3.5.6) に代入してみると

$$a(\omega_0^2 - \Omega^2)\cos(\Omega t - \varphi) - 2\gamma\,\Omega\,a\sin(\Omega t - \varphi) = f_0\cos(\Omega t), \qquad (3.5.10)$$

となります．ここで，三角関数の加法定理

$$\cos(\Omega t - \varphi) = \cos(\Omega t)\cos(\varphi) + \sin(\Omega t)\sin(\varphi)\ , \qquad (3.5.11)$$

$$\sin(\Omega t - \varphi) = \sin(\Omega t)\cos(\varphi) - \cos(\Omega t)\sin(\varphi)\ , \qquad (3.5.12)$$

を用いると

$$a\left\{(\omega_0^2 - \Omega^2)\cos(\varphi) + 2\gamma\,\Omega\,\sin(\varphi)\right\}\cos(\Omega t)$$
$$+ a\left\{(\omega_0^2 - \Omega^2)\sin(\varphi) - 2\gamma\,\Omega\,\cos(\varphi)\right\}\sin(\Omega t) = f_0\cos(\Omega t)\ , \quad (3.5.13)$$

となります．これが満たされるためには

$$a\left\{(\omega_0^2 - \Omega^2)\cos(\varphi) + 2\gamma\,\Omega\,\sin(\varphi)\right\} = f_0\ , \qquad (3.5.14)$$

$$a\left\{(\omega_0^2 - \Omega^2)\sin(\varphi) - 2\gamma\,\Omega\,\cos(\varphi)\right\} = 0\ , \qquad (3.5.15)$$

となる必要があります．式 (3.5.15) が恒等的に成り立つには

$$(\omega_0^2 - \Omega^2)\sin(\varphi) - 2\gamma\,\Omega\,\cos(\varphi) = 0\ , \qquad (3.5.16)$$

であればよく

$$\tan(\varphi) = \frac{2\gamma\,\Omega}{\omega_0^2 - \Omega^2}\ , \qquad (3.5.17)$$

となる必要があります．また，式 (3.5.14) の 2 乗と式 (3.5.15) の 2 乗を足して整理すると

$$a^2\left\{(\omega_0^2 - \Omega^2)^2 + (2\gamma\,\Omega)^2\right\} = f_0^2\ , \qquad (3.5.18)$$

が得られます．ここで，$0 \leq a$ なので

$$a = \frac{f_0}{\sqrt{(\omega_0^2 - \Omega^2)^2 + (2\gamma\,\Omega)^2}}\ , \qquad (3.5.19)$$

となります．

　ちなみに，図 3.31 に示すように，以下の関係があります．

$$\tan(\varphi) = \frac{2\gamma\,\Omega}{\omega_0^2 - \Omega^2}\ , \qquad (3.5.20)$$

$$\cos(\varphi) = \frac{\omega_0^2 - \Omega^2}{\sqrt{(\omega_0^2 - \Omega^2)^2 + (2\gamma\Omega)^2}} , \qquad (3.5.21)$$

$$\sin(\varphi) = \frac{2\gamma\Omega}{\sqrt{(\omega_0^2 - \Omega^2)^2 + (2\gamma\Omega)^2}} . \qquad (3.5.22)$$

以上より特殊解は，以下で与えられることがわかりました．

$$x_{\mathrm{p}} = \frac{f_0}{\sqrt{(\omega_0^2 - \Omega^2)^2 + (2\gamma\Omega)^2}} \cos(\Omega t - \varphi) . \qquad (3.5.23)$$

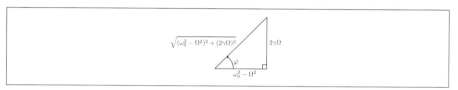

図 **3.31** 強制振動

　非同次微分方程式の一般解は，式 (3.5.8) で与えられる同次微分方程式の一般解と，式 (3.5.23) で与えられる非同次微分方程式の特殊解の和で与えられます．今，抵抗力が弱く，$\omega_0 > \gamma$ の場合（減衰振動）を考えると，式 (3.5.8) の結果を使って

$$\begin{aligned}
x(t) &= C e^{-\gamma t} \cos(\omega t + \delta) + \frac{f_0}{\sqrt{(\omega_0^2 - \Omega^2)^2 + (2\gamma\Omega)^2}} \cos(\Omega t - \varphi) \\
&\xrightarrow{t \to \infty} \frac{f_0}{\sqrt{(\omega_0^2 - \Omega^2)^2 + (2\gamma\Omega)^2}} \cos(\Omega t - \varphi) \\
&= \frac{f_0}{\sqrt{\{\Omega^2 - (\omega_0^2 - 2\gamma^2)\}^2 + 4\gamma^2(\omega_0^2 - \gamma^2)}} \cos(\Omega t - \varphi) ,
\end{aligned}$$
$$(3.5.24)$$

となって，物体は外力と同じ振動数 Ω で振動するようになります．このように，物体が周期的な外力と同じ角振動数で振動する現象が強制振動です．

ステップ 4：解を吟味する

　式 (3.5.24) からわかるように，振幅の大きさ（以後，振幅を a で表します）

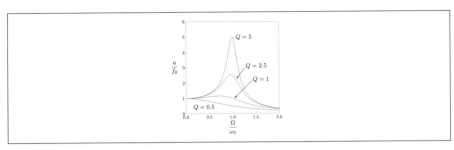

図 3.32 共鳴曲線

$$a = \frac{f_0}{\sqrt{\{\Omega^2 - (\omega_0^2 - 2\gamma^2)\}^2 + 4\gamma^2(\omega_0^2 - \gamma^2)}}, \tag{3.5.25}$$

は，外力の大きさ f_0 に比例します．また，外力の角振動数 Ω が固有振動数 ω_0 に近づくと増大して

$$\Omega = \sqrt{\omega_0^2 - 2\gamma^2}, \tag{3.5.26}$$

のときに最大の振幅

$$a_{\text{max.}} = \frac{f_0}{2\gamma\sqrt{\omega_0^2 - \gamma^2}}, \tag{3.5.27}$$

となります．このように，外力の角振動数 Ω が，考えている物理系の固有振動数 ω_0 の付近で，強制振動の振幅が著しく大きくなる現象を，**共振**や**共鳴**（どちらも resonance）と呼びます．また

$$Q = \frac{\omega_0}{2\gamma}, \tag{3.5.28}$$

をパラメータとし，Ω に対する振幅 a を図示したものは**共鳴曲線** (resonance curve) と呼ばれます．図 3.32 に示すように，Q が大きくなるほど（抵抗 γ が小さいほど）共振は鋭くなります．

例題 3.8 抵抗力が働かないときの強制振動　　　　レベル：ミディアム

抵抗力が働かない場合に，強制振動の一般解を求めよう．

答え

式 (3.5.6) で $\gamma = 0$ の場合を考えればよいので，解くべき微分方程式は

$$\frac{d^2x}{dt^2} + \omega_0^2 x = f_0 \cos(\Omega t) , \tag{3.5.29}$$

です. 一般解は, 式 (3.5.24) で $\gamma = 0$ とすればよく,

$$x = C \cos(\omega_0 t + \delta) + \frac{f_0}{\omega_0^2 - \Omega^2} \cos(\Omega t) , \tag{3.5.30}$$

となります. これは $\Omega \to \omega_0$ で, 振幅が発散します. したがって, $\Omega = \omega_0$ のときは, 運動を正しく記述できていないことになります.

この問題を克服するために, $\Omega = \omega_0$ の場合は, 式 (3.5.29) の特殊解を

$$x_{\mathrm{p}} = b \, t \, \sin(\omega_0 t) , \tag{3.5.31}$$

と仮定します. ここで b は定数です. そして, これを式 (3.5.29) に代入すると

$$\{2 \, b \, \omega_0 \cos(\omega_0 t) - b \, \omega_0^2 \, t \, \sin(\omega_0 t)\} + b \, \omega_0^2 \, t \sin(\omega_0 t) = f_0 \cos(\omega_0 t) , \tag{3.5.32}$$

となります. したがって

$$2 \, b \omega_0 \cos(\omega_0 t) = f_0 \cos(\omega_0 t) , \tag{3.5.33}$$

となるので

$$b = \frac{f_0}{2\omega_0} , \tag{3.5.34}$$

を得ることができます. 以上より $\Omega = \omega_0$ の場合の一般解は以下で与えられます.

$$x = C \cos(\omega_0 t + \delta) + \frac{f_0}{2\omega_0} t \sin(\omega_0 t) . \tag{3.5.35}$$

3.5.2 長周期地震と高層ビル

地震波は, さまざまな周期と振幅の振動が重ね合わされたものです. そのため, それらの周期領域に含まれる固有周期をもった建物は共振を起こします. 地震波に含まれているさまざまな振動は, スペクトル解析 (光をプリズムに通して分解するようなもの) で調べることができます. 地震波にもっとも多く含まれる周期は卓越周期と呼ばれ, 卓越周期に近い固有周期の建物ほど大きな共振を起こします. 卓越周期と地中深部構造には関係があり, 直径 $10 \sim 100\,\mathrm{km}$, 深さ数 km 程度の堆積層で構成される平野では, 岩盤を伝わってきた地震波が堆積層に入ると, 波紋のようにその中を行ったり来たりして, 周期の長い揺れが数分間も続きます. 2007 年 7 月 16 日に発生した新潟県中越沖地震 (M6.8) では, 新宿では卓越

周期が約 6 秒だったため，固有周期が 6 秒の建物である高層ビルが一番揺れ，最大 10cm 以上（片振幅）の大きさで揺れた可能性があります．また，2011 年 3 月 11 日に発生した東北地方太平洋沖地震 (M9.0) では，長周期地震動によって，名古屋や大阪の高層ビルも大きく揺れましたが，地震の時間が長かった割には卓越周期が短く，建物に被害をもたらすものではなかったことが知られています．

3 の演習問題

（解答は，285 ページ．）

3.1［レベル：イージー］　以下の運動方程式の一般解を，発見法で求めよう．

$$(1)\quad m\frac{d^2x}{dt^2} = a\,t + b \quad (a, b \text{ は定数}) \tag{3.5.36}$$

$$(2)\quad m\frac{d^2x}{dt^2} = \lambda\,x \quad (\lambda \text{ は定数}, \beta^2 = \lambda/m \text{ を用いる}) \tag{3.5.37}$$

$$(3)\quad m\frac{d^2x}{dt^2} = -k\,x \quad (k \text{ は定数}, \omega^2 = k/m \text{ を用いる}) \tag{3.5.38}$$

3.2［レベル：イージー］　質量 m の質点を，地上 $z(0) = z_0 > 0$ の所まで持っていき，そっと手を離した場合を考えることにします．質点には重力（重力加速度を g とする）のみが働いています．質点の運動方程式を立ててそれを解き，その運動について議論しよう．

3.3［レベル：イージー］　質量 m の質点を，地上 $z(0) = 0$ から鉛直上方に速さ $v(0) = v_0 > 0$ で投射した場合を考えることにします．質点には重力（重力加速度を g とする）のみが働いています．質点の運動方程式を立ててそれを解き，その運動について議論しよう．

3.4［レベル：イージー］　質量 m の質点を，地上から高さ $z(0) = z_0 > 0$ の所から鉛直下方に速さ $v(0) = v_0 > 0$ で鉛直下方に投射した場合を考えることにします．質点には重力（重力加速度を g とする）のみが働いています．質点の運動方程式を立ててそれを解き，その運動について議論しよう．

3.5［レベル：イージー］　質量 m の質点を，地上から高さ $z(0) = z_0 > 0$ の所まで持っていき，地表に水平な方向に速さ $v(0) = v_0 > 0$ で投射した場合を考えることにします．質点には重力（重力加速度を g とする）のみが働いています．質点の運動方程式を立ててそれを解き，その運動について議論しよう．

3.6［レベル：イージー］　角度 θ（ただし，$0 < \theta < \pi/2$）の滑らかな斜面を，質量 m の物体が，回転せずに斜面から飛び出すことなく滑降している場合を考えます．時刻 $t = 0$ で物体は，斜面に平行な方向に速さ $v(0) = v_0 > 0$ で滑降していました．物体の運動方程式を立ててそれを解き，その運動について議論しよう．

3.7 ［レベル：イージー］ 摩擦のある平面上を，質量 m の物体が，回転せずに平面から飛び出すことなく滑っている場合を考えることにします．動摩擦係数を μ' とします．物体は観測を始めた時刻 $t = 0$ では，速さ $v(0) = v_0 > 0$ で滑っていました．物体の運動方程式を立ててそれを解き，その運動について議論しよう．

3.8 ［レベル：ミディアム］ 初速度 $v(0) = v_0$ で発射された質量 m の物体が，摩擦のない平面上を一直線に運動しています．物体には，速度 v の 1 乗に比例する粘性抵抗力（比例係数を α とする）のみが働いているので，1 次元（x 方向）の運動として記述できます．物体の運動方程式を立ててそれを解き，その運動について議論しよう．

3.9 ［レベル：ミディアム］ 初速度 $v(0) = v_0 > 0$ で発射された質量 m の物体が，摩擦のない平面上を一直線に運動しています．この運動は，1 次元（x 方向）の運動として記述できます．空気による抵抗力のみが働いているとします．以下の問いに答えよう．

(1) 空気による抵抗力が粘性抵抗力（比例係数を α とする）の場合に，物体の運動方程式を立ててそれを解き，速度 v を求めよう．

(2) 空気による抵抗力が慣性抵抗力（比例係数を β とする）の場合に，物体の運動方程式を立ててそれを解き，速度 v を求めよう．

(3) (1) と (2) で求めた速度 v は，同じ時刻 t^* で $v(t^*) = v_0/2$ になったとします．t^* を求めた後に α と β の比 α/β を求めよう．

(4) α と β が (3) で求めた関係にあるときに，(1) と (2) で求めた速度 v を同じグラフ（横軸が t で縦軸が v）に描こう．

3.10 ［レベル：イージー］ 次の微分方程式の一般解を求めよう．

$$(1) \quad \frac{d^2x}{dt^2} - 5\frac{dx}{dt} + 6x = 0 \tag{3.5.39}$$

$$(2) \quad \frac{d^2x}{dt^2} + 4\frac{dx}{dt} + 4x = 0 \tag{3.5.40}$$

$$(3) \quad \frac{d^2x}{dt^2} - 4\frac{dx}{dt} + 8x = 0 \tag{3.5.41}$$

3.11［レベル：ミディアム］ 次の微分方程式の一般解を求めよう．

(1) $\dfrac{d^2x}{dt^2} + 3\dfrac{dx}{dt} + 2x = t$ (2) $\dfrac{d^2x}{dt^2} - 2\dfrac{dx}{dt} = 6$

3.12［レベル：ミディアム］ ばね定数 k，自然長 l_0 の 2 本のつる巻ばねにつながれた質量 m の物体（物体の厚さは無視できる）が，摩擦力の働かない滑らかな水平面上を運動している場合を考えます（図 3.33）．つり合いの位置を原点とし，そこからのずれを x，速度を $v = \dot{x}$ とします．初期条件を，$x(0) = A, v(0) = 0$ とした場合に，運動方程式とその特殊解を求めよう．

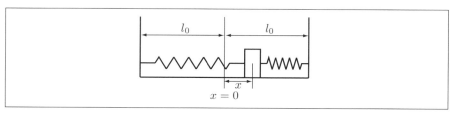

図 **3.33**　問題 3.12

3.13［レベル：ミディアム］ 上空から落下する雨滴を質量 m の質点と見なして，その運動について考えます．ここでは横風の影響は無視して，鉛直下向きを正の方向（$+z$ 方向）とした 1 次元の運動として扱います．雨滴には，重力（重力加速度 g）が働くとともに，速度 v の 1 乗に比例した粘性抵抗力（比例係数を α とする）が働いています．速度と位置の初期条件はそれぞれ $v(0) = 0, z(0) = 0$ です．運動方程式を立てて，線形常微分方程式の解法に従って特殊解を求めよう．ただし，$0 < v/v_0$ とします．

3.14［レベル：ミディアム］ 滑らかな水平面上に置かれた質量 m の物体に，ばね定数 k のつる巻ばねが付けられていて，ばねの他端が壁に固定されている場合を考えます．物体には，速度 v の 1 乗に比例した粘性抵抗力（比例係数を α とする）と，壁から離れる方向に一定の力 F が働いているとします．ばねの自然長からの伸びを x，速度を $\dot{x} = v$ とします．また初期条件を，$x(0) = 0, v(0) = 0$ とします．このとき，運動方程式を立て，線形常微分方程式の解法（解を $x = e^{\lambda t}$ と仮定して議論を進める）に従って特殊解を求めよう．ただし，$\gamma = \alpha/2m$，$\omega_0^2 = k/m$ の間には，$\gamma = \omega_0$ の関係があるとします．

コラム

☕ 粘性抵抗と慣性抵抗

流体中の物体の運動を知るためには，物体のまわりの流体の動きを知らなければなりません．粘性流体（非圧縮）の基礎方程式は，**ナヴィエ＝ストークス方程式** (Navier-Stokes equations) によって記述されます．これは，この方程式を初めて導いたナヴィエ (Claude Louis Marie Henri Navier) とストークス (Sir George Gabriel Stokes) の名にちなんで付けられた名称です．この方程式によると，粘性流体の速度は，粘性によるエネルギー散逸，圧力勾配，重力などの外力によって変化します．

レイノルズ (Osborne Reynolds) は，粘性流体中で動く物体のまわりにできる流れを，ナヴィエ＝ストークス方程式に従って定性的に調べ，たった1つの無次元数によって，流れの性質が決まることを明らかにしました．この無次元数は，現在，**レイノルズ数** (Reynolds number) R と呼ばれています．これは，流れを特徴付ける代表的な長さ L [m]，流体に対する物体の平均相対速度 v [m/s]，流体の密度 ρ [kg/m³]，流体の粘性係数 η [N·s/m²] を用いて，

$$Re = \frac{\rho L v}{\eta}$$

で与えられます．今，レイノルズ数の分母と分子にそれぞれ Lv を掛けると

$$\frac{\rho L^2 v^2}{\eta L v} = \frac{慣性力}{粘性力}$$

となります（次元解析をして，分母も分子も力の次元をもつことを確認してください）．したがって，$R \ll 1$ の場合は粘性力が大きく，流れはゆっくりしていて層流ができます．一方，$R \gg 1$ の場合は慣性力が大きく，流れは速くて乱流ができます．3.3節では，物体の運動が速いときと遅いときで，慣性抵抗力と粘性抵抗力を分けました．しかし，より正確には，レイノルズ数の値で分類できます．

レイノルズ数には**力学的相似則**があります．これは，「2つの流れが幾何学的に相似の境界をもつとき，これらの流れのレイノルズ数が等しければ，流れ全体が相似になる」ということを意味します．つまり，同じレイノルズ数を再現するように工夫すれば，風洞実験室で模型飛行機を使って実験することによって，上空1万mの成層圏を，大きさ約70mの飛行機が飛行している様子を詳しく調べることができます．　　(A. N., W. S.)

宇宙でもっとも強い力は，幅広い興味である．
Albert Einstein

Chap.04
仕事とエネルギー

前章では，運動方程式とその解について学びました．多く
の運動では運動方程式の解が求められるのですが，必ず
しも解けるわけではありません．そのようなときは，運動
方程式がもつ別の素顔を見るのも一つです．この章では，
仕事とエネルギーについて学びます．どちらも，運動方程
式のエネルギー積分というもう一つの素顔と関係があり
ます．

4.1 仕事を定義しよう

私たちは日常生活の中で，**仕事** (work) という言葉をよく使います．「仕事に就く」，「仕事に行く」，「あの人は仕事ができる」といったように，行為の対価として報酬を得る場合に，仕事という言葉を使います．一方，ボランティアをする場合は，どんなに重労働であっても，仕事という言葉は使いません．この節は，仕事について考えていきますが，物理学で使う仕事の定義は，日常生活で使う仕事という言葉とは大きく異なります．

4.1.1 微小仕事

物理学で考える仕事は，大雑把に言って，力の大きさと，その力によって物体が移動した距離の積です．たとえば，図 4.1（左）に示すように，物体に大きさ $|\boldsymbol{F}|$ の力を真横から加えて，その力の方向に微小距離 $|\Delta \boldsymbol{r}|$ だけ移動した場合，微小仕事 (micro work) ΔW は

$$\Delta W = |\boldsymbol{F}||\Delta \boldsymbol{r}|, \tag{4.1.1}$$

で与えられます．

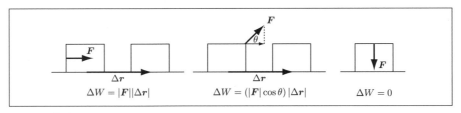

図 4.1　仕事

また，図 4.1（中）に示すように，水平方向と角度 θ をなす方向から物体を引いた場合，ΔW は，力の水平方向の成分の大きさ $|\boldsymbol{F}|\cos\theta$ と微小移動距離 $|\Delta \boldsymbol{r}|$ の積

$$\Delta W = |\boldsymbol{F}||\Delta \boldsymbol{r}|\cos\theta, \tag{4.1.2}$$

で与えられます．

一方，図 4.1（右）に示すように，物体に垂直方向に力を加えた場合を考えてみることにしましょう．始めから物体が静止していた場合は，この力によって物体

が移動することはないので，変位ベクトルは $\Delta\boldsymbol{r} = 0$ となり，仕事はゼロになります．しかし，物体が始めから水平方向に移動していた場合はどうでしょうか．このときは，変位ベクトルは $\Delta\boldsymbol{r} \neq 0$ ですが，この移動は，加えた力によってもたらされたものではありません．したがって，この場合に力がした仕事はゼロとなるのですが，これは，式 (4.1.2) を拡張して考えると，力と変位ベクトルが直交し

$$\Delta W = |\boldsymbol{F}||\Delta\boldsymbol{r}|\cos\left(\frac{\pi}{2}\right) = 0 \ , \tag{4.1.3}$$

となるからです．

このように考えると，式 (4.1.1) には，$\cos(0) = 1$ が掛かっているけれども省略されていることがわかります．以上の式 (4.1.1) から式 (4.1.3) は，スカラー積を使って

$$\Delta W = \boldsymbol{F} \cdot \Delta\boldsymbol{r} = |\boldsymbol{F}||\Delta\boldsymbol{r}|\cos\theta \ , \tag{4.1.4}$$

のように，1 本の式にまとめられます．これが，微小仕事の一般的な形です．

4.1.2 力の場と仕事

一般に，**場** (field) は場所に依存した物理量です．**スカラー場** (scalar field) としては，温度の場 $T(\boldsymbol{r})$ がわかりやすい例だと思います．また，**ベクトル場** (vector field) の例としては，**流体の速度場** (velocity field of a moving fluid) $\boldsymbol{j}(\boldsymbol{r})$，**電場** (electric field) $\boldsymbol{E}(\boldsymbol{r})$，**磁場** (magnetic field) $\boldsymbol{B}(\boldsymbol{r})$ があります．

図 4.2 に示すように，**力の場** (force field) $\boldsymbol{F}(\boldsymbol{r})$ を受けながら，質点が点 A($\boldsymbol{r} = \boldsymbol{r}_{\mathrm{A}}$) から点 B($\boldsymbol{r} = \boldsymbol{r}_{\mathrm{B}}$) まで移動する間に，力の場 $\boldsymbol{F}(\boldsymbol{r})$ がする仕事を考えることにします．以下では，「力の場」を単に「力」と呼ぶことにします．ここでも，定積分を議論したときと同様に，点 A から点 B までの経路を n 個に分割して考えることにします．そうすると，i 番目の区間での微小仕事は

$$\Delta W_i = \boldsymbol{F}(\boldsymbol{r}_i) \cdot \Delta\boldsymbol{r}_i \ , \tag{4.1.5}$$

で与えられます．したがって，これを足し上げると同時に，分割数 n を無限に大きくすることによって，力がする仕事はを以下のように定義することができます．

$$W_{\mathrm{AB}} = \lim_{n \to \infty}\sum_{i=1}^{n}\Delta W_i = \lim_{n \to \infty}\sum_{i=1}^{n}\boldsymbol{F}(\boldsymbol{r}_i) \cdot \Delta\boldsymbol{r}_i = \int_{A}^{B}\boldsymbol{F}(\boldsymbol{r}) \cdot d\boldsymbol{r} \ . \tag{4.1.6}$$

ここで，微小変位ベクトル (infinitesimal displacement vector) $d\bm{r}$ は，3次元デカルト座標では

$$d\bm{r} = dx\,\bm{e}_x + dy\,\bm{e}_y + dz\,\bm{e}_z\ , \tag{4.1.7}$$

で与えられます．また，式 (4.1.6) は，**線積分** (line integral) の定義でもあります．

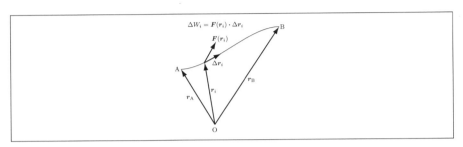

図 4.2 任意の経路に沿った仕事

仕事の量だけではなく，その仕事をどれだけの時間で行うかが問題になる場合があります．それを表す量として，単位時間当たりの仕事を考えることがあります．これは**仕事率** (power) と呼ばれ，以下で定義されます．

$$P = \lim_{\Delta t \to 0} \frac{\Delta W}{\Delta t} = \frac{dW}{dt}\ . \tag{4.1.8}$$

例題 4.1　仕事の計算　　　　　　　　　　　　　　　レベル：イージー

質量 m の質点が，力

$$\bm{F}(\bm{r}) = k\,x\,\bm{e}_x + k\,x\,\bm{e}_y\ , \tag{4.1.9}$$

を受けています．ここで，k は定数で，$\bm{e}_x, \bm{e}_y$ は 2次元デカルト座標の基本ベクトルです．この質点が，図 4.3 に示すように，摩擦のない滑らかな水平面（xy 平面）上を，原点 $(0,0)$ から点 $\mathrm{D}(1,1)$ まで，3つの経路 C_1, C_2, C_3 に沿って移動するとき，力がする仕事 W_1, W_2, W_3 を計算しよう．経路 C_1 は点 A を経由して原点から点 D まで移動する経路，経路 C_2 は原点と点 D を結ぶ直線上を原点から点 D まで移動する経路，経路 C_3 は点 B を経由して原点から点 D まで移動する経路です．

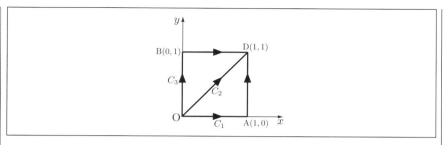

図 4.3 仕事の計算

答え

2次元デカルト座標では，$d\boldsymbol{r} = dx\,\boldsymbol{e}_x + dy\,\boldsymbol{e}_y$ なので

$$\boldsymbol{F}(\boldsymbol{r}) \cdot d\boldsymbol{r} = kx\,dx + kx\,dy. \tag{4.1.10}$$

<u>経路 C_1 を通る場合</u>

経路 C_1 を，原点から点 A までの直線 C_1' と，点 A から点 D までの直線 C_1'' に分けて考えることにします．つまり，$C_1 = C_1' + C_1''$ です．

○ 直線 C_1' 上では，$0 \leq x \leq 1$, $y = 0$, $dx \neq 0$, $dy = 0$ なので

$$W_1' = \int_{C_1'}(kx\,dx + kx\,dy) = k\int_0^1 x\,dx + k\int_{C_1'} x \cdot 0 = \frac{1}{2}k. \tag{4.1.11}$$

○ 直線 C_1'' 上では，$x = 1$, $0 \leq y \leq 1$, $dx = 0$, $dy \neq 0$ なので

$$W_1'' = \int_{C_1''}(kx\,dx + kx\,dy) = k\int_{C_1''} 1 \cdot 0 + k\int_0^1 1\,dy = k. \tag{4.1.12}$$

○ $W_1 = W_1' + W_1''$ より

$$W_1 = \frac{1}{2}k + k = \frac{3}{2}k. \tag{4.1.13}$$

<u>経路 C_2 を通る場合</u>

○ 解法 1：経路 C_2 上では，$y = x$, $0 \leq x \leq 1$, $0 \leq y \leq 1$, $dx \neq 0$, $dy \neq 0$ なので

$$W_2 = \int_{C_2}(kx\,dx + kx\,dy) = k\int_0^1 x\,dx + k\int_0^1 y\,dy \tag{4.1.14}$$

$$= \frac{1}{2}k + \frac{1}{2}k = k. \tag{4.1.15}$$

○ 解法 2：経路 C_2 上では，$y = x$ なので $dy = dx$ です．また，$0 \leq x \leq 1$ なので

$$W_2 = \int_{C_2} (kx\,dx + kx\,dy) = \int_{C_2} (kx\,dx + kx\,dx) \tag{4.1.16}$$

$$= 2k \int_0^1 x\,dx = 2k \cdot \frac{1}{2} = k \ . \tag{4.1.17}$$

経路 C_3 を通る場合

経路 C_3 を，原点から点 B までの直線 C_3' と，点 B から点 D までの直線 C_3'' に分けて考えることにします．つまり，$C_3 = C_3' + C_3''$ です．

○ 直線 C_3' 上では，$x = 0, 0 \leq y \leq 1, dx = 0, dy \neq 0$ なので

$$W_3' = \int_{C_3'} (kx\,dx + kx\,dy) = k \int_{C_3'} 0 \cdot 0 + k \int_0^1 0\,dy = 0 \ . \tag{4.1.18}$$

○ 直線 C_3'' 上では，$0 \leq x \leq 1, y = 1, dx \neq 0, dy = 0$ なので

$$W_3'' = \int_{C_3''} (kx\,dx + kx\,dy) = k \int_0^1 x\,dx + k \int_{C_3''} x \cdot 0 = \frac{1}{2}k \ . \tag{4.1.19}$$

○ $W_3 = W_3' + W_3''$ より

$$W_3 = 0 + \frac{1}{2}k = \frac{1}{2}k \ . \tag{4.1.20}$$

4.2 力学で現れるエネルギー

力学ではいくつかの**エネルギー** (energy) が登場します．この節では，**運動エネルギー** (kinetic energy) と**ポテンシャル・エネルギー** (potential energy) を学びます．

4.2.1 運動エネルギー

質量 m の質点に n 個の力（の場）が働いている場合，ニュートンの運動方程式は一般に

$$m\frac{d\boldsymbol{v}}{dt} = \boldsymbol{F}(\boldsymbol{r}) = \sum_{i=1}^{n} \boldsymbol{F}_i(\boldsymbol{r}) \ , \tag{4.2.1}$$

と書くことができます．以下では $\boldsymbol{F}(\boldsymbol{r})$ は単に $\boldsymbol{F}$ と書きます．今，運動方程式 (4.2.1) と速度 $\boldsymbol{v}$ のスカラー積を，時刻 $t = t_{\mathrm{A}} \sim t_{\mathrm{B}}$ で積分することを考えます．つまり

$$m \int_{t_A}^{t_B} \boldsymbol{v} \cdot \frac{d\boldsymbol{v}}{dt} \, dt = \int_{t_A}^{t_B} \boldsymbol{F} \cdot \boldsymbol{v} \, dt \, , \qquad (4.2.2)$$

です．この積分は，次元解析からもわかるように，最終的にエネルギーが得られるので，**エネルギー積分** (energy integral) と呼びます．

今，$\boldsymbol{v}(t_A) = \boldsymbol{v}_A, \boldsymbol{v}(t_B) = \boldsymbol{v}_B$ と書くことにすると，式 (4.2.2) の左辺は

$$m \int_{t_A}^{t_B} \frac{d}{dt} \left(\frac{1}{2} v^2 \right) dt = \frac{1}{2} \, m \, v_B^2 - \frac{1}{2} \, m \, v_A^2 = K_B - K_A = \Delta K \, , \qquad (4.2.3)$$

となります．ここで，K_A, K_B は**運動エネルギー** (kinetic energy) と呼ばれ

$$K = \frac{1}{2} \, m \, v^2 = \frac{p^2}{2m} \, , \qquad (4.2.4)$$

で定義されます．ここでは，運動量 $\boldsymbol{p}$ も用いて表しました．速度 $\boldsymbol{v}$ や運動量 $\boldsymbol{p}$ の2乗はスカラーとなるため，式 (4.2.4) では v^2 や p^2 のようにベクトルで書いていません．

また，$\boldsymbol{r}(t_A) = A, \boldsymbol{r}(t_B) = B$ と書くことにすると，式 (4.2.2) の右辺は

$$\int_{t_A}^{t_B} \boldsymbol{F} \cdot \frac{d\boldsymbol{r}}{dt} \, dt = \int_A^B \boldsymbol{F} \cdot d\boldsymbol{r} = W_{AB} \, , \qquad (4.2.5)$$

となり，仕事を表します．したがって，式 (4.2.2)，式 (4.2.3)，式 (4.2.5) より

$$\Delta K = K_B - K_A = \int_A^B \boldsymbol{F} \cdot d\boldsymbol{r} = W_{AB} \, , \qquad (4.2.6)$$

が得ることができます．これは，質点が点 A から点 B まで移動する間の運動エネルギーの変化 $K_B - K_A$ は，その間に質点に働いた合力がする仕事 W_{AB} に等しいことを意味しています．

4.2.2 保存力

図 4.4 に示すように，質点には力 $\boldsymbol{F}_1, \boldsymbol{F}_2, \ldots$ や力の場 $\boldsymbol{F}_1(\boldsymbol{r}), \boldsymbol{F}_2(\boldsymbol{r}), \ldots$ が働いているとします．今，質点に働く合力を構成する力の中から，力 $\boldsymbol{F}(\boldsymbol{r})$ を1つだけ取り出し，この力がする仕事について考えることにします．質点が，ある経路 C に沿って，点 A から点 B まで動いた場合，その間に力 $\boldsymbol{F}(\boldsymbol{r})$ がした仕事は

$$W_{A(C)B} = \int_{A(C)}^B \boldsymbol{F}(\boldsymbol{r}) \cdot d\boldsymbol{r} \, , \qquad (4.2.7)$$

で与えられます．ここでは，点 A を出発して，経路 C を通って，点 B に到達することを，A(C)B と書くことにします．また，積分範囲の下限を表す箇所に (C) として経路を書くことにします．

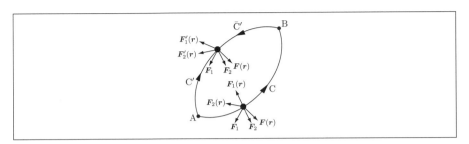

図 4.4 異なる経路での仕事

図 4.4 に示すように，$\boldsymbol{F}(\boldsymbol{r})$ 以外の力として $\boldsymbol{F}'_1, \boldsymbol{F}'_2, \ldots$ もしくは力の場 $\boldsymbol{F}'_1(\boldsymbol{r})$, $\boldsymbol{F}'_2(\boldsymbol{r}), \ldots$ を変化させて，経路 C とは異なる経路 C′ に沿って，質点を点 A から点 B まで移動させたとします．そうすると，その間に力 $\boldsymbol{F}(\boldsymbol{r})$ がした仕事は

$$W_{\mathrm{A(C')B}} = \int_{\mathrm{A(C')}}^{\mathrm{B}} \boldsymbol{F}(\boldsymbol{r}) \cdot d\boldsymbol{r} , \qquad (4.2.8)$$

で与えられます．

今，このように異なる任意の 2 つの経路 C, C′ に対して

$$W_{\mathrm{A(C)B}} = W_{\mathrm{A(C')B}} , \qquad (4.2.9)$$

のように仕事が等しい，つまり

$$\int_{\mathrm{A(C)}}^{\mathrm{B}} \boldsymbol{F}(\boldsymbol{r}) \cdot d\boldsymbol{r} = \int_{\mathrm{A(C')}}^{\mathrm{B}} \boldsymbol{F}(\boldsymbol{r}) \cdot d\boldsymbol{r} , \qquad (4.2.10)$$

が成り立つとき，力 $\boldsymbol{F}(\boldsymbol{r})$ がする仕事は，始点と終点だけで決まり，途中の経路には依存しないことになります．このようなとき，力 $\boldsymbol{F}(\boldsymbol{r})$ は **保存力** (conservative force) と呼ばれます．正確には，**保存力の場** (conservative force field) と呼ぶべきですが，本書では簡略化して単に保存力と呼ぶことにします．

式 (4.2.10) はまた

$$\int_{\mathrm{A(C)}}^{\mathrm{B}} \boldsymbol{F}(\boldsymbol{r}) \cdot d\boldsymbol{r} - \int_{\mathrm{A(C')}}^{\mathrm{B}} \boldsymbol{F}(\boldsymbol{r}) \cdot d\boldsymbol{r} = 0 , \qquad (4.2.11)$$

と書くことができます．左辺第2項は，経路 C′ に沿って点Bから点Aまで逆戻りする経路 C̄′ での積分を表します．C と C̄′ では dr の向きが逆なので，$F \cdot dr$ の負号が変わり

$$\int_{A(C)}^{B} F(r) \cdot dr + \int_{B(\bar{C}')}^{A} F(r) \cdot dr = 0 , \qquad (4.2.12)$$

となります．つまり，閉じた経路 A(C)B(C̄′)A に沿っての積分は0になります．今，閉じた経路の1周に沿った積分を

$$\oint \cdots dr , \qquad (4.2.13)$$

という記号で表すことにすると，保存力の場合，任意の閉じた経路に対して

$$\oint_{C} F(r) \cdot dr = 0 , \qquad (4.2.14)$$

が成り立つことがわかります．

4.2.3 ポテンシャル・エネルギー（位置エネルギー）

力 $F(r)$ が保存力の場合，任意の基準点 r_0 から他の任意の点 r まで，任意の経路に沿って質点が動く間に $F(r)$ がする仕事は経路に依存しません．したがって，力がする仕事は r（と r_0）だけの関数で与えられます．このとき

$$U(r) = -\int_{r_0}^{r} F(r) \cdot dr , \qquad (4.2.15)$$

を（r_0 を基準としたときの）ポテンシャル・エネルギーや**位置エネルギー** (potential energy) と呼びます[1]．ここでマイナス記号は，後に力学的エネルギーの保存則を見やすく書くために導入しています．

当然ですが

$$U(r_0) = -\int_{r_0}^{r_0} F(r) \cdot dr = 0 , \qquad (4.2.16)$$

となります．これが，r_0 を基準にするという意味です．また，ポテンシャル・エネルギーの差は

$$U(r') - U(r) = -\int_{r_0}^{r'} F(r) \cdot dr - \left\{ -\int_{r_0}^{r} F(r) \cdot dr \right\}$$

---

[1] 高校の物理では位置エネルギーという名前を用いていたと思いますが，大学の物理学では位置エネルギーではなくポテンシャル・エネルギーという用語を用います．

$$= -\left\{ \int_{\boldsymbol{r}_0}^{\boldsymbol{r}'} \boldsymbol{F}(\boldsymbol{r}) \cdot d\boldsymbol{r} - \int_{\boldsymbol{r}_0}^{\boldsymbol{r}} \boldsymbol{F}(\boldsymbol{r}) \cdot d\boldsymbol{r} \right\} \qquad (4.2.17)$$

$$= -\int_{\boldsymbol{r}}^{\boldsymbol{r}'} \boldsymbol{F}(\boldsymbol{r}) \cdot d\boldsymbol{r} \ ,$$

となります．このように，保存力がする仕事に関係するのは $U(\boldsymbol{r})$ の差であるから，基準点 $\boldsymbol{r}_0$ は任意に決めてかまわないことになります．通常は表式がなるべく単純になるように選びます．

$\alpha\beta\gamma$ 数学ノート 4.1：2次元での保存力の条件式と偏導関数

2次元デカルト座標を用いた場合に，xy 平面を移動する質点に加わっている力が

$$\boldsymbol{F}(\boldsymbol{r}) = F_x(\boldsymbol{r})\,\boldsymbol{e}_x + F_y(\boldsymbol{r})\,\boldsymbol{e}_y = F_x(x,y)\,\boldsymbol{e}_x + F_y(x,y)\,\boldsymbol{e}_y \ , \qquad (4.2.18)$$

で与えられる保存力の場合を考えることにします．

このとき，図 4.5 に示すように，点 A から点 B の間で，力の x 成分 $F_x(x,y)$ は，点 A での値と同じで一定だったとします．また，点 B から点 D の間で，力の y 成分 $F_y(x+h,y)$ は，点 B での値と同じで一定だったとします．そうすると，経路 ABD に沿って力がする仕事は

$$W_{\mathrm{ABD}} = F_x(x,y)\,h + F_y(x+h,y)\,k \ , \qquad (4.2.19)$$

で与えられます．

また，図 4.5 に示すように，点 A から点 C の間で，力の y 成分 $F_y(x,y)$ は，点 A での値と同じで一定とします．また，点 C から点 D の間で，力の x 成分 $F_x(x,y+k)$ は，点 C での値と同じで一定とします．そうすると，経路 ACD に沿って力がする仕事は

$$W_{\mathrm{ACD}} = F_y(x,y)\,k + F_x(x,y+k)\,h \ , \qquad (4.2.20)$$

で与えられます．

ここで考えている力は保存力なので，式 (4.2.19) で求めた仕事 W_{ABD} と，式 (4.2.20) で求めた仕事 W_{ACD} は一致するので

$$F_x(x,y)\,h + F_y(x+h,y)\,k = F_y(x,y)\,k + F_x(x,y+k)\,h \ , \qquad (4.2.21)$$

が成り立ちます．これを整理すると

$$\frac{F_x(x,y+k) - F_x(x,y)}{k} = \frac{F_y(x+h,y) - F_y(x,y)}{h} \ , \qquad (4.2.22)$$

となります．ここで，$k \to 0, h \to 0$ の極限をとると

$$\lim_{k \to 0} \frac{F_x(x, y+k) - F_x(x, y)}{k} = \lim_{h \to 0} \frac{F_y(x+h, y) - F_y(x, y)}{h} , \tag{4.2.23}$$

となります．この両辺は**偏導関数** (partial derivative) の定義そのもので

$$\frac{\partial F_x(x, y)}{\partial y} = \frac{\partial F_y(x, y)}{\partial x} , \tag{4.2.24}$$

と書くことができます．これは

$$\frac{\partial}{\partial x} = \partial_x , \qquad \frac{\partial}{\partial y} = \partial_y , \tag{4.2.25}$$

の記号を用いると

$$\partial_y F_x(x, y) = \partial_x F_y(x, y) , \tag{4.2.26}$$

や

$$\partial_y F_x(x, y) - \partial_x F_y(x, y) = 0 , \tag{4.2.27}$$

と書くことができます．これらは，2 次元での保存力の条件式の 1 つです．

一般に多変数の関数 $f(x_1, x_2, \ldots, x_n)$ の 1 変数 x_i 以外の値を固定して，x_i について微分することを偏微分と呼び，$\partial f / \partial x_i$ で表します．偏微分して得られる関数を偏導関数と呼びます．これは

$$\frac{\partial f(x_1, x_2, \ldots, x_n)}{\partial x_i} = \lim_{\Delta x_i \to 0} \frac{f(x_1, \ldots, x_i + \Delta x_i, \ldots, x_n) - f(x_1, \ldots, x_i, \ldots, x_n)}{\Delta x_i} , \tag{4.2.28}$$

で定義されます．

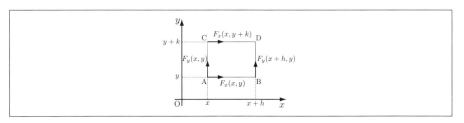

図 **4.5** 平面上で異なる経路での仕事

| 例題 | 4.2 | 偏導関数の計算 | レベル：イージー |

$f(x, y, z) = xyz$ のとき偏導関数を求めよう.

答え

$$\frac{\partial f}{\partial x} = yz, \qquad \frac{\partial f}{\partial y} = xz, \qquad \frac{\partial f}{\partial z} = xy \qquad (4.2.29)$$

| 例題 | 4.3 | 保存力の例 | レベル：イージー |

次の力が保存力であることを説明しよう.
(1) 1次元の力の場
(2) 3次元空間の一様な力の場

答え

(1) 1次元の力の場, つまり1次元の位置座標の連続関数として与えられる力 $F(x)$ はすべて保存力であることを示すには, 点 x_A から点 x_B に至るまでに $F(x)$ がする仕事

$$W_{AB} = \int_{x_A}^{x_B} F(x)\,dx\,, \qquad (4.2.30)$$

が経路によらないことを示せばよいことになります. そのために, $x_A \to x_1 \to x_2 \to \cdots \to x_{n-1} \to x_n \to x_B$ の経路を考えると ($x_A, x_B, x_1, x_2, \ldots, x_n$ の大小はどのようになっていてもよい), $F(x)$ のする仕事は

$$W_{A12\ldots(n-1)nB} = \int_{A12\ldots(n-1)nB} F(x)\,dx \qquad (4.2.31)$$

$$= \int_{x_A}^{x_1} F(x)\,dx + \int_{x_1}^{x_2} F(x)\,dx + \int_{x_2}^{x_3} F(x)\,dx + \cdots$$

$$+ \cdots + \int_{x_{n-1}}^{x_n} F(x)\,dx + \int_{x_n}^{x_B} F(x)\,dx \qquad (4.2.32)$$

$$= \int_{x_A}^{x_B} F(x)\,dx\,, \qquad (4.2.33)$$

となり, 経路に依存しないことが示せます.

(2) 力の場が一様なので, その大きさを F と書き, 力の方向を, 3次元空間の x 方向にとることとします. そうすると, 力の場は一般に

$$\boldsymbol{F}(\boldsymbol{r}) = F\,\boldsymbol{e}_x\,, \qquad (4.2.34)$$

と書くことができます．質量 m の質点が点 A $(\boldsymbol{r} = \boldsymbol{r}_\mathrm{A})$ から経路 C を通って点 B $(\boldsymbol{r} = \boldsymbol{r}_\mathrm{B})$ に至るまでにこの力がする仕事は

$$W_\mathrm{A(C)B} = \int_\mathrm{A(C)}^\mathrm{B} F\,\boldsymbol{e}_x \cdot d\boldsymbol{r} = F\int_\mathrm{A(C)}^\mathrm{B} dx = F(x_\mathrm{B} - x_\mathrm{A})\,, \qquad (4.2.35)$$

となります．このように，経路によらず点 A と点 B の x 座標だけで決まります．

4.3 エネルギー保存の法則

この節では，エネルギーはどんなときでも保存するけれども，**非保存力** (non-conservative forces) が働いている場合にはエネルギーが**散逸** (dissipation) し，力学的エネルギーが保存しないことを学びます．

4.3.1 力学的エネルギーの保存法則

4.2.1 項では，式 (4.2.6) に示すように，運動エネルギーの変化は，質点に働いている合力がした仕事に等しいこと，つまり

$$K_\mathrm{B} - K_\mathrm{A} = \int_\mathrm{A}^\mathrm{B} \boldsymbol{F}(\boldsymbol{r}) \cdot d\boldsymbol{r} = W_\mathrm{AB}\,, \qquad (4.3.1)$$

を学びました．質点が保存力だけを受けて運動している場合は，ポテンシャル・エネルギーが定義できて，

$$W_\mathrm{AB} = \int_\mathrm{A}^\mathrm{B} \boldsymbol{F}(\boldsymbol{r}) \cdot d\boldsymbol{r} = -U(r_\mathrm{B}) + U(r_\mathrm{A})\,, \qquad (4.3.2)$$

で与えることができます．ここで，$U(r_\mathrm{A})$ と $U(r_\mathrm{B})$ は $\boldsymbol{r}_0$ を基準としたときのポテンシャル・エネルギーで以下のように与えられます．

$$U(r_\mathrm{A}) = -\int_{\boldsymbol{r}_0}^{\boldsymbol{r}_\mathrm{A}} \boldsymbol{F}(\boldsymbol{r}) \cdot d\boldsymbol{r}\,, \qquad U(r_\mathrm{B}) = -\int_{\boldsymbol{r}_0}^{\boldsymbol{r}_\mathrm{B}} \boldsymbol{F}(\boldsymbol{r}) \cdot d\boldsymbol{r}\,. \qquad (4.3.3)$$

式 (4.3.1) と式 (4.3.2) より

$$K_\mathrm{B} - K_\mathrm{A} = -U(r_\mathrm{B}) + U(r_\mathrm{A})\,, \qquad (4.3.4)$$

を得ることができます．これは

$$K_\mathrm{A} + U(r_\mathrm{A}) = K_\mathrm{B} + U(r_\mathrm{B})\,, \qquad (4.3.5)$$

と書くことができます．運動エネルギーとポテンシャル・エネルギーの和

$$E = K + U(r) = \frac{1}{2}mv^2 + U(r) \, , \qquad (4.3.6)$$

を，**力学的エネルギー** (mechanical energy) と呼びます．したがって，保存力のみが働いている場合は

$$E_\mathrm{A} = E_\mathrm{B} \, , \qquad (4.3.7)$$

が成り立ちます．つまり，保存力のみを受けて運動している物体の力学的エネルギーは常に一定となります．これを，**力学的エネルギーの保存** (conservation of mechanical energy) と呼びます．

4.3.2 保存力以外の力がある場合

物体に保存力 $\boldsymbol{F}(\boldsymbol{r})$ と非保存力 $\boldsymbol{F}'(\boldsymbol{r})$ が作用している場合，運動方程式は

$$m\frac{d\boldsymbol{v}}{dt} = \boldsymbol{F}(\boldsymbol{r}) + \boldsymbol{F}'(\boldsymbol{r}) \, , \qquad (4.3.8)$$

で与えることができます．ここでも 4.2.1 項と同様に，式 (4.3.8) のエネルギー積分を考えます．つまり，運動方程式 (4.3.8) と速度 $\boldsymbol{v}$ とのスカラー積を，時刻 $t_\mathrm{A} \sim t_\mathrm{B}$ で積分します．時刻 t_A の位置を点 A とし，時刻 t_B の位置を点 B とします．位置ベクトルはそれぞれ，$\boldsymbol{r}_\mathrm{A}$ と $\boldsymbol{r}_\mathrm{B}$ で，速度ベクトルはそれぞれ，$\boldsymbol{v}_\mathrm{A}$ と $\boldsymbol{v}_\mathrm{B}$ とします．

エネルギー積分は

$$\frac{1}{2}mv_\mathrm{B}^2 - \frac{1}{2}mv_\mathrm{A}^2 = \int_\mathrm{A}^\mathrm{B} \boldsymbol{F}(\boldsymbol{r}) \cdot d\boldsymbol{r} + \int_\mathrm{A}^\mathrm{B} \boldsymbol{F}'(\boldsymbol{r}) \cdot d\boldsymbol{r} \, , \qquad (4.3.9)$$

となります．右辺第 1 項は $\boldsymbol{r}_0$ を基準点として

$$\int_{\boldsymbol{r}_0}^{\boldsymbol{r}_\mathrm{B}} \boldsymbol{F}(\boldsymbol{r}) \cdot d\boldsymbol{r} - \int_{\boldsymbol{r}_0}^{\boldsymbol{r}_\mathrm{A}} \boldsymbol{F}(\boldsymbol{r}) \cdot d\boldsymbol{r} = -U(r_\mathrm{B}) + U(r_\mathrm{A}) \, , \qquad (4.3.10)$$

となるので，式 (4.3.9) は

$$\frac{1}{2}mv_\mathrm{B}^2 - \frac{1}{2}mv_\mathrm{A}^2 = -U(r_\mathrm{B}) + U(r_\mathrm{A}) + \int_\mathrm{A}^\mathrm{B} \boldsymbol{F}'(\boldsymbol{r}) \cdot d\boldsymbol{r} \, , \qquad (4.3.11)$$

となります．式 (4.3.11) は，式 (4.3.6) で定義した力学的エネルギーを用いて

$$\Delta E = E_\mathrm{B} - E_\mathrm{A} = \int_\mathrm{A}^\mathrm{B} \boldsymbol{F}'(\boldsymbol{r}) \cdot d\boldsymbol{r} = W'_\mathrm{AB} \, , \qquad (4.3.12)$$

と書くことができます．右辺は，非保存力のする仕事ですが，これは点Aだけに関係する量と，点Bだけに関係する量に分離できないので，この形でとどまります．式(4.3.12)は，非保存力が働く場合は，力学的エネルギーが保存しないことを表しています．そして，力学的エネルギーの変化ΔEは，非保存力のした仕事W'_{AB}に等しいことを表しています．

ここで注意しなければならないことは，力学的エネルギーは保存しないけれども，エネルギーは保存するということです．ここでの議論でエネルギー保存則は

$$E_{\text{B}} = E_{\text{A}} + \int_{\text{A}}^{\text{B}} \bm{F}'(\bm{r}) \cdot d\bm{r}, \qquad (4.3.13)$$

と書くことができます．点Bでの力学的エネルギーE_{B}は，点Aでの力学的エネルギーE_{B}と非保存力のした仕事W'_{AB}の和に等しいということです．

4.3.3 滑らかな束縛

振り子の張力や，斜面を運動する物体に働く垂直抗力のように，常に物体が移動する方向に垂直な力を**滑らかな束縛力**と呼びます．非保存力$\bm{F}'(\bm{r})$が滑らかな束縛力の場合，すべての瞬間において

$$\bm{F}'(\bm{r}) \perp d\bm{r}, \qquad (4.3.14)$$

が成り立つので，滑らかな束縛力は仕事をしません．そのため，力学的エネルギーの保存則が成り立ちます．

例題 4.4 滑らかな束縛力としての張力がする仕事　　　レベル：イージー

図4.6に示すような単振り子の運動に対して，エネルギーの保存則を用いて，速さvを求めよう．

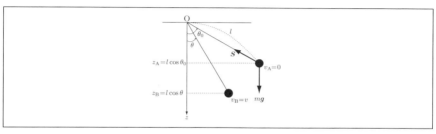

図**4.6** 単振り子のエネルギー

答え

単振り子の運動方程式は

$$m\frac{d^2\boldsymbol{r}}{dt^2} = m\boldsymbol{g} + \boldsymbol{S} \ , \tag{4.3.15}$$

で与えられます．これをエネルギー積分すると

$$\frac{1}{2}mv_{\mathrm{B}}^2 - \frac{1}{2}mv_{\mathrm{A}}^2 = \int_{\mathrm{A}}^{\mathrm{B}} m\boldsymbol{g} \cdot d\boldsymbol{r} + \int_{\mathrm{A}}^{\mathrm{B}} \boldsymbol{S} \cdot d\boldsymbol{r} \ , \tag{4.3.16}$$

となりますが，$\boldsymbol{S} \perp d\boldsymbol{r}$ なので

$$\frac{1}{2}mv_{\mathrm{B}}^2 - \frac{1}{2}mv_{\mathrm{A}}^2 = \int_{\mathrm{A}}^{\mathrm{B}} m\boldsymbol{g} \cdot d\boldsymbol{r} \ , \tag{4.3.17}$$

を得ることができます．今，$\boldsymbol{g} = g\,\boldsymbol{e}_z$ とし，振り子の最下点の位置を $\boldsymbol{r}_0$ とすると

$$z_{\mathrm{A}} = l\cos\theta_0 \ , \quad z_{\mathrm{B}} = l\cos\theta \ , \tag{4.3.18}$$

となるので，式 (4.3.17) の右辺は

$$mg\int_0^{z_{\mathrm{B}}} dz - mg\int_0^{z_{\mathrm{A}}} dz = mgl(\cos\theta - \cos\theta_0) \ , \tag{4.3.19}$$

となります．したがって，$v_{\mathrm{A}} = 0$，$v_{\mathrm{B}} = v$ の場合

$$\frac{1}{2}mv^2 = mgl(\cos\theta - \cos\theta_0) \ , \tag{4.3.20}$$

となるので，以下を得ることができます．

$$v = \sqrt{2gl(\cos\theta - \cos\theta_0)} \ . \tag{4.3.21}$$

4.3.4 摩擦力のする仕事

一般に摩擦力 $\boldsymbol{F}'$ は常に物体の変位ベクトル $d\boldsymbol{r}$ と逆向きなので

$$\boldsymbol{F}' \cdot d\boldsymbol{r} = |\boldsymbol{F}'||d\boldsymbol{r}|\cos(\pi) = -|\boldsymbol{F}'||d\boldsymbol{r}| < 0 \ , \tag{4.3.22}$$

となります．したがって，摩擦力がする仕事は

$$W' = \int_{\boldsymbol{r}_0(\mathrm{C})}^{\boldsymbol{r}} \boldsymbol{F}' \cdot d\boldsymbol{r} < 0 \ , \tag{4.3.23}$$

となり，$|W'|$ だけ物体の力学的エネルギーは失われます．この失われたエネルギーは熱や光のエネルギーへと変換されます．ここでも，熱や光のエネルギーを含めたエネルギーの総量は保存されることには注意する必要があります．

4.4 保存力とポテンシャル・エネルギーの関係

ここでは，3次元空間の保存力 $\boldsymbol{F}(\boldsymbol{r})$ とポテンシャル・エネルギー $U(r)$ の関係を考えます．基準点を $\boldsymbol{r}_0$ とした場合，点 $\boldsymbol{r}$ のポテンシャル・エネルギーは

$$U(r) = -\int_{\boldsymbol{r}_0}^{\boldsymbol{r}} \boldsymbol{F}(\boldsymbol{r}) \cdot d\boldsymbol{r} , \tag{4.4.1}$$

で与えられます．点 $\boldsymbol{r}$ の近傍 $\boldsymbol{r} + \Delta\boldsymbol{r}$ のポテンシャル・エネルギーは

$$U(r + \Delta r) = -\int_{\boldsymbol{r}_0}^{\boldsymbol{r}+\Delta\boldsymbol{r}} \boldsymbol{F}(\boldsymbol{r}) \cdot d\boldsymbol{r} , \tag{4.4.2}$$

で与えられます．したがって，式 (4.4.1) と式 (4.4.2) の差は

$$U(r + \Delta r) - U(r) = -\int_{\boldsymbol{r}_0}^{\boldsymbol{r}+\Delta\boldsymbol{r}} \boldsymbol{F}(\boldsymbol{r}) \cdot d\boldsymbol{r} + \int_{\boldsymbol{r}_0}^{\boldsymbol{r}} \boldsymbol{F}(\boldsymbol{r}) \cdot d\boldsymbol{r} \tag{4.4.3}$$

$$= -\int_{\boldsymbol{r}}^{\boldsymbol{r}+\Delta\boldsymbol{r}} \boldsymbol{F}(\boldsymbol{r}) \cdot d\boldsymbol{r} , \tag{4.4.4}$$

となります．今，この式の右辺を，定積分の定義に戻って考えると，

$$-\int_{\boldsymbol{r}}^{\boldsymbol{r}+\Delta\boldsymbol{r}} \boldsymbol{F}(\boldsymbol{r}) \cdot dr = -\lim_{n\to\infty} \sum_{i=1}^{n} \boldsymbol{F}(\boldsymbol{r}_i) \cdot \Delta\boldsymbol{r}_i \tag{4.4.5}$$

となります．ここで，$\boldsymbol{r}_i$ は $\boldsymbol{r}$ から $\boldsymbol{r} + \Delta\boldsymbol{r}$ に至る経路を n 個に分割したうちの i 番目の区分の位置を表し，$\Delta\boldsymbol{r}_i$ は $\boldsymbol{r}_i$ 付近の微小な変位ベクトルを表します．ここで，$\Delta\boldsymbol{r}_i$ が充分に小さい場合は，$\boldsymbol{F}(\boldsymbol{r}_i)$ は一定のベクトルで，$\Delta\boldsymbol{r}$ は直線の定ベクトルだと考えられる（n 個に等分割した場合は $\Delta\boldsymbol{r}_i = \Delta\boldsymbol{r}/n$）ので

$$\lim_{n\to\infty} \sum_{i=1}^{n} \boldsymbol{F}(\boldsymbol{r}_i) \cdot \Delta\boldsymbol{r}_i \approx \boldsymbol{F}(\boldsymbol{r}) \cdot \Delta\boldsymbol{r} , \tag{4.4.6}$$

と近似することができます．したがって，以下を得ることができます．

$$U(r + \Delta r) - U(r) \approx -\boldsymbol{F}(\boldsymbol{r}) \cdot \Delta\boldsymbol{r} . \tag{4.4.7}$$

今，$\Delta \boldsymbol{r}$ として，3次元デカルト座標で x 軸に沿った変位 $\Delta \boldsymbol{r} = \Delta x\, \boldsymbol{e}_x$ を考えると

$$U(x + \Delta x, y, z) - U(x, y, z) \approx -\boldsymbol{F}(\boldsymbol{r}) \cdot \Delta x\, \boldsymbol{e}_x = -F_x(\boldsymbol{r})\Delta x \ , \qquad (4.4.8)$$

となります．ここで，$F_x(\boldsymbol{r}) = \boldsymbol{F}(\boldsymbol{r}) \cdot \boldsymbol{e}_x$ は，$\boldsymbol{F}(\boldsymbol{r})$ の x 成分です．今，式 (4.4.8) の両辺を Δx で割ると

$$F_x(\boldsymbol{r}) \approx -\frac{U(x + \Delta x, y, z) - U(x, y, z)}{\Delta x} \ , \qquad (4.4.9)$$

となります．そして，$\Delta x \to 0$ の極限では，$\approx$ は $=$ に置き換えることができて

$$F_x(\boldsymbol{r}) = -\lim_{\Delta x \to 0} \frac{U(x + \Delta x, y, z) - U(x, y, z)}{\Delta x} \ , \qquad (4.4.10)$$

となります．右辺は 128 ページの数学ノート 4.1 で学んだ偏導関数の定義そのものですから

$$F_x(\boldsymbol{r}) = -\frac{\partial U(r)}{\partial x} \ , \qquad (4.4.11)$$

と書くことができます．そして，y 成分や z 成分に対しても同様に議論すると

$$F_y(\boldsymbol{r}) = -\frac{\partial U(r)}{\partial y} \ , \qquad F_z(\boldsymbol{r}) = -\frac{\partial U(r)}{\partial z} \ , \qquad (4.4.12)$$

を得ることができます．

　以上をまとめると，3次元デカルト座標の基本ベクトル表示では

$$\boldsymbol{F}(\boldsymbol{r}) = -\frac{\partial U(r)}{\partial x}\, \boldsymbol{e}_x - \frac{\partial U(r)}{\partial y}\, \boldsymbol{e}_y - \frac{\partial U(r)}{\partial z}\, \boldsymbol{e}_z \qquad (4.4.13)$$

$$= -\left(\frac{\partial}{\partial x}\, \boldsymbol{e}_x + \frac{\partial}{\partial y}\, \boldsymbol{e}_y + \frac{\partial}{\partial z}\, \boldsymbol{e}_z \right) U(r) \ , \qquad (4.4.14)$$

となります．これは，成分表示では

$$\boldsymbol{F}(\boldsymbol{r}) = \left(-\frac{\partial U(r)}{\partial x}, -\frac{\partial U(r)}{\partial y}, -\frac{\partial U(r)}{\partial z} \right) \qquad (4.4.15)$$

$$= -\left(\frac{\partial}{\partial x}, \frac{\partial}{\partial y}, \frac{\partial}{\partial z} \right) U(r) \ , \qquad (4.4.16)$$

となりますが

$$\nabla = \frac{\partial}{\partial x}\, \boldsymbol{e}_x + \frac{\partial}{\partial y}\, \boldsymbol{e}_y + \frac{\partial}{\partial z}\, \boldsymbol{e}_z \qquad (4.4.17)$$

$$= \left(\frac{\partial}{\partial x}, \frac{\partial}{\partial y}, \frac{\partial}{\partial z} \right) , \qquad (4.4.18)$$

で定義される**ベクトル微分演算子** (vector differential operator)（**デル** (del) や**ナブラ** (nabla) とも呼ばれます）を用いると

$$\boldsymbol{F}(\boldsymbol{r}) = -\nabla U(r) , \qquad (4.4.19)$$

と書くことができます．これは

$$\boldsymbol{F}(\boldsymbol{r}) = -\operatorname{grad} U(r) , \qquad (4.4.20)$$

と書く場合もあります．式 (4.4.19) や式 (4.4.20) を，ポテンシャル・エネルギー $U(r)$ の**勾配** (gradient) と呼びます．また，ポテンシャル・エネルギー $U(r)$ は力 $\boldsymbol{F}(\boldsymbol{r})$ の**ポテンシャル** (potential) とも呼ばれます．

例題 4.5 ポテンシャルと保存力　　　　　　　**レベル：イージー**

自然長が x_0 のばねのポテンシャルは

$$U(x) = \frac{k}{2}(x - x_0)^2 , \qquad (4.4.21)$$

で与えられます．このとき，保存力を求めよう．

答え

保存力は

$$F(x) = -\frac{d}{dx}\frac{k}{2}(x - x_0)^2 = -k(x - x_0) , \qquad (4.4.22)$$

と求めることができます．

137

4 の演習問題

（解答は 286 ページ.）

4.1 ［レベル：イージー］ 地表付近で重力がする仕事を考えます．今，図 4.7 のように，水平方向に x 軸をとり，鉛直方向に z 軸をとります．z 方向の基本ベクトルを $\boldsymbol{e}_z$ とすると，質量 m の質点に働く重力は，

$$\boldsymbol{F} = -mg\,\boldsymbol{e}_z, \qquad (4.4.23)$$

で与えられます．この質点が点 A $(0, +a)$ から点 B $(0, -a)$ まで，3 通りの経路 C_1, C_2, C_3 を通って移動するとき，重力がする仕事 W_1, W_2, W_3 を求めよう．ここで，C_1 は点 A から点 B まで z 軸上を移動する経路，C_2 は点 D を経由して点 A から点 B まで移動する経路，C_3 は点 A から点 B まで半径 a の円周上を移動する経路です．

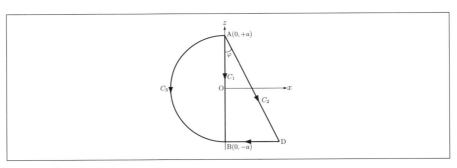

図 4.7 重力がする仕事

4.2 ［レベル：ミディアム］ 図 4.8 のように，滑らかな水平面（xy 平面）上を，質量 m の質点が力

$$\boldsymbol{F}(\boldsymbol{r}) = -k\,y\,\boldsymbol{e}_x + k\,x\,\boldsymbol{e}_y, \qquad (4.4.24)$$

を受けて移動します．ここで，k は定数です．質点が点 A $(+a, 0)$ から点 B $(0, +a)$ まで，3 つの経路 C_1, C_2, C_3 を通って移動するとき，力がする仕事 W_1, W_2, W_3 を求めよう．ここで，C_1 は点 D$(+a, +a)$ を経由して点 A から点 B まで移動する

経路，C_2 は点 A から点 B まで半径 a の円周上を移動する経路，C_3 は点 A と点 B を結ぶ直線上を点 A から点 B まで移動する経路です．

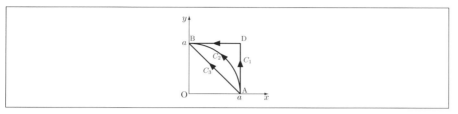

図 **4.8** 仕事の計算

4.3 ［レベル：イージー］ 次の力が保存力か非保存力のどちらか答えよう．

$$\text{(1)} \quad \boldsymbol{F}(\boldsymbol{r}) = k\,x\,\boldsymbol{e}_x + k\,x\,\boldsymbol{e}_y \tag{4.4.25}$$

$$\text{(2)} \quad \boldsymbol{F}(\boldsymbol{r}) = \sin(x+y^2)\,\boldsymbol{e}_x + 2y\sin(x+y^2)\,\boldsymbol{e}_y \tag{4.4.26}$$

$$\text{(3)} \quad \boldsymbol{F}(\boldsymbol{r}) = -k\,y\,\boldsymbol{e}_x + k\,x\,\boldsymbol{e}_y \tag{4.4.27}$$

$$\text{(4)} \quad \boldsymbol{F}(\boldsymbol{r}) = (-x - 2x^3 y^2)\boldsymbol{e}_x - x^4 y\,\boldsymbol{e}_y \tag{4.4.28}$$

$$\text{(5)} \quad \boldsymbol{F}(\boldsymbol{r}) = k\,xy^2\,\boldsymbol{e}_x + k\,x^2 y\,\boldsymbol{e}_y \tag{4.4.29}$$

4.4 ［レベル：ミディアム］ 質量 m の質点が，摩擦のない平面上を直線運動（$+x$ 方向の 1 次元運動）する場合を考えます．動摩擦係数が μ' で速度と位置の初期条件をそれぞれ $v(0) = v_0 > 0$, $x(0) = 0$ とします．また，時刻 t での速度と位置をそれぞれ v, x と書くことにします．今，物体に対して，$+x$ 方向に力 $F(x) = ax^2$（a は定数）が働く場合に，時刻 t での物体の運動エネルギーを求めよう．ただし，エネルギー積分で計算すること．

4.5 ［レベル：ミディアム］ 原点 O に静止していた質量 m の質点が，摩擦のない平面上（xy 平面）を図 4.9 のような軌跡で点 A まで移動した．このとき，力

$$\boldsymbol{F}(\boldsymbol{r}) = \boldsymbol{F}(x,y) = k\,y\,\boldsymbol{e}_x + k\,x\,\boldsymbol{e}_y \qquad k \text{ は定数}, \tag{4.4.30}$$

がした仕事と，点 A での質点の速さを求めよう．

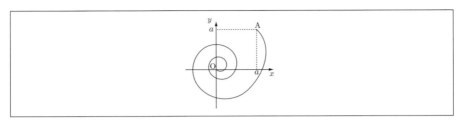

図 4.9 仕事の計算

4.6 [レベル：ミディアム] 2次元デカルト座標で，x, y 方向の基本ベクトルをそれぞれ $\bm{e}_x, \bm{e}_y$ と書くことにします．いま，図 4.10 のように，摩擦が働かない平面（xy 平面）上を，質量 m の質点が，力

$$\bm{F}(x,y) = kxy^2\,\bm{e}_x + kx^2y\,\bm{e}_y \qquad k \text{ は定数}, \tag{4.4.31}$$

のみを受けて，異なる経路に沿って原点 O から点 B まで移動する場合に力がする仕事を求めることとします．経路 C_1 は，原点 O と点 B を直線で結ぶ経路で，このときの仕事を W_1 とします．経路 C_2 は，原点 O から点 A$(\sqrt{2}, 0)$ まで x 軸上を移動し，その後，点 A から点 B まで半径 $\sqrt{2}$ の円周上を反時計回りに回転角 $\theta = \pi/4$ だけ移動する経路で，このときの仕事を W_2 とします．W_1 と W_2 を求めよう．

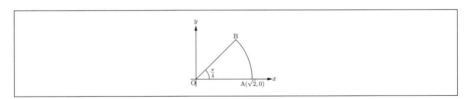

図 4.10 仕事の計算

4.7 [レベル：ミディアム] 図 4.11 に示すように，水平面（点 O が位置する面）を基準にとって，高さ h のところにある点 P から，傾斜角 θ の滑らかではない斜面を物体が滑り降りる場合に，以下の問に答えよう．ただし，点 P での物体の速さを $v_\mathrm{P} = 0$ とします．

(1) 斜面を滑り降りる間に摩擦力がした仕事を求めよう．ただし，斜面と物体との間の動摩擦係数を μ' とします．ここでは，仕事だけを求めてもよいし，運動方程式をエネルギー積分して求めてもよいことにします．
(2) 点 O での物体の速さ v を求めよう．
(3) 点 O まで滑り降りた物体が水平面上をそのまま滑っていく場合を考えます．今，その場合の動摩擦係数も μ' であったとき，物体はどれだけ滑って停止するか答えよう．ここでは距離だけを求めてもよいし，運動方程式を立てて積分して求めてもよいことにします．

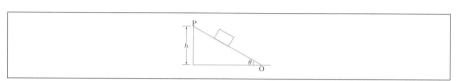

図 4.11　仕事の計算

4.8 [レベル：イージー] 次のポテンシャル・エネルギー $U(r)$ に対して，保存力を求めよう．ただし，k, G, m, M は定数とします．

(1) $U(r) = \dfrac{k}{2}(x^2 + y^2 + z^2)$ 　　　(2) $U(r) = -G\dfrac{mM}{\sqrt{x^2 + y^2 + z^2}}$

4.9 [レベル：ハード] はるか上空から落下する雨滴を質量 m の質点と見なして，その運動について考えます．ここでは横風の影響は無視して，鉛直下向きを正の方向（$+z$ 方向）とした 1 次元の運動として扱うことにします．雨滴には，重力（重力加速度を g とする）が働くとともに，速度 v の 1 乗に比例した粘性抵抗力（比例係数を α とする）が働いています．また，速度と位置に関する初期条件をそれぞれ $v(0) = 0, z(0) = 0$ とします．このとき，以下の問に答えよう．

(1) 時間 T の間に質点が失ったエネルギー Q を求めよう．
(2) $T \to \infty$ の極限における Q を求めよう．また，得られた結果の物理的な意味について考察しよう．

コラム

☕ 非弾性衝突と土星の環の形成

　力学的エネルギーの保存の法則は，弾性衝突する粒子系に対して成り立ちます．7.3節で詳しく学びますが，弾性衝突とは衝突の前後で力学的エネルギーが保存する衝突です．一方，摩擦や抵抗などが生じ，非弾性衝突をする粒子系では，力学的なエネルギーが熱エネルギーなどの形で散逸してしまいます．ここで非弾性衝突とは，衝突の前後で力学的エネルギーが保存しない衝突です．このとき，非弾性衝突をする粒子集団の運動はどうなっているのでしょうか？

　非弾性衝突をする粒子系の代表格は，砂などの粉粒体という粒子です．砂はそれの置かれた状況に応じて，固体と液体の両方の挙動を示すという，とても面白い性質があります．たとえば，砂が集まると砂山という固体の状態をとります．これは，液体のように自発的に水平で平らな状態にはなりませんが，砂山を揺するなどして外力を加えると，液体のように雪崩の形で流動化を起こします．高速道路で車が渋滞を起こすのも，粉粒体の非弾性衝突に特有の現象から説明できるものです．

　では，宇宙で粒子系が非弾性衝突をすると，どうなるでしょうか？　望遠鏡で土星や木星を眺めると，きれいな環が見られます．これは，万有引力を受けながら，土星や惑星の周りをまわる氷や塵などの μm（マイクロメートル）単位から m 単位の小さな粒子の集団が，非弾性衝突をして同心円状の環を形成したものです．

　粒子が非弾性衝突をすると，力学的なエネルギーが散逸するために，粒子の動きが鈍くなり，遅い粒子が集まりやすくなります．いったんある場所で遅い粒子が集団となって集まると，その近傍の速い粒子も遅い粒子集団と非弾性衝突をすることによって，遅い粒子集団に取り込まれてしまうのです．

　土星や木星の環の形成においても，それらの周りをまわる粒子は基本的に楕円運動を描き，その接線方向へと動いています．しかし，粒子は，非弾性衝突をすることによって，半径方向への速度成分が生じ，さらにその近傍の粒子との非弾性衝突を引き起こすので，半径方向に濃淡のある環状のパターンを形成するのです．

　みなさんも夏の夜空を見上げるときは，宇宙で見られる不思議で魅惑的なさまざまなパターンが，物理法則によって作られていることを実感してください．　　　　　(A. N.)

オイラーを読め．すべてのものはオイラーから発している．
Pierre-Simon Laplace

Chap.05
極座標と回転運動

この章では，回転運動を議論するのに便利な極座標を学びます．また，回転する座標系を導入し，コリオリ力や遠心力などの見かけの力が登場する由来についても学びます．

5.1 円周上の物体の便利な表し方

1.2.1 項では，極座標について簡単に紹介しましたが，ここではさらに詳しく極座標を学びます．1.2.1 項でも述べましたが，2次元の極座標では，物体の位置は (r, φ) で指定されます．2次元デカルト座標 (x, y) と極座標の関係は

$$x = r\cos\varphi , \qquad y = r\sin\varphi , \qquad (5.1.1)$$

のように与えられます．これを r と φ について解くと

$$r = \sqrt{x^2 + y^2} , \qquad \tan\varphi = \frac{y}{x} . \qquad (5.1.2)$$

円周上を動く物体の運動を表す場合に，極座標で記述することが便利です．デカルト座標 (x, y) を用いても，もちろん円周上の運動を表すことができます．しかし，この場合には，x と y の両方とも，時々刻々と変化してしまいます．3章で運動方程式の解法を学びましたが，そこでは，2つの関数 x と y を求めるためには，2つの微分方程式を解かなければなりませんでした．一方，極座標 (r, φ) を用いた場合には，半径に対応する動径座標 r は一定値をとりますから，時間変化するのは角度変数 φ だけになります．つまりこの場合には，角度を表す関数 $\varphi(t)$ に関する1つの微分方程式を解けばよいことになります．

5.1.1 円周上の等速円運動

この極座標 (r, φ) を用いて，円周上を一定の速さで運動する**等速円運動** (uniform circular motion) について考えてみましょう．円の半径の長さを l とすると，動径座標 r は一定で

$$r(t) = l , \qquad (5.1.3)$$

となります．以下では，これまでと同様に特別な理由がない限り，$r(t)$ は単に r と書くことにします．

一方，角度 φ についてですが，「等速」ということは，単位時間当たりに進む角度が一定ということです．角度をラジアン単位で表すことにして，この単位時間当たりの角度変化，つまり**角速度** (angular velocity) を ω で表すと

$$\varphi(t) = \omega t + \varphi_0 , \qquad (5.1.4)$$

となります．以下では，$\varphi(t)$ も単に φ と書くことにします．ここで，φ_0 は初期位相と呼ばれ，時刻 $t = 0$ での角度を表します．たとえば，図5.1において，時

刻 $t=0$ で物体のデカルト座標が $(x,y)=(0,l)$ だったとすると，$\varphi_0 = \pi/2$ となります．角度は x 軸の正の部分からみて，反時計回りに進む向きを正にとるのが慣例となっています．角速度 ω は，等速円運動の場合には，円周を1周するのにかかる時間（周期）T との間には

$$\omega = \frac{2\pi}{T}, \tag{5.1.5}$$

の関係があります．1周で角度は 2π だけ変化するので，1周にかかる時間 T で割れば，単位時間当たりに変化する角度が求められるのは自明です．

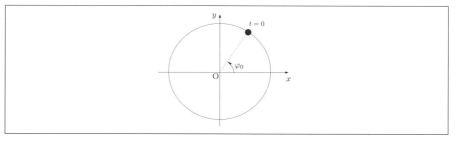

図 5.1 等速円運動における初期位相

例題 5.1　角速度の計算　　　　　　　　　　　　レベル：イージー

円周上を一定の速さで運動している物体があるとします．この物体が1周するのに要する時間が 5 s であるとき，この物体の角速度 ω を求めよう．

答え

角速度は単位時間に変化するラジアンの角度なので

$$\omega = \frac{2\pi}{5} \text{ rad/s}, \tag{5.1.6}$$

となります．ここで，角度は物理量と見なさないため，rad と書くことは省略して，単に s^{-1} を単位とすることもあります．

さて，式 (5.1.3) および (5.1.4) で，等速円運動する物体の運動は完全に記述されています．そこで，物体の速度 $\boldsymbol{v}$ や加速度 $\boldsymbol{a}$ を求めることにします（1.2 節で

も述べましたが，正確には速度ベクトルや加速度ベクトルと呼ぶように，これらはベクトルです．しかし，一般的にベクトルは付けずに単に速度や加速度と呼びます）．そのために，式 (5.1.1) に，式 (5.1.3) で与えられる r および式 (5.1.4) で与えられる φ を代入すると

$$x = l\cos(\omega t + \varphi_0) , \tag{5.1.7}$$

$$y = l\sin(\omega t + \varphi_0) . \tag{5.1.8}$$

ここでも，$x(t), y(t)$ と書かずに，単に x, y と書いています．これらが等速円運動の基本式であり，すべての情報はこれらの式を時間 t で微分することによって導かれます．以下，等速円運動の特徴的な性質のいくつかを導いてみましょう．

5.1.2 等速円運動の性質

まず，物体の速度 $\boldsymbol{v} = (v_x, v_y)$ は式 (5.1.7) と式 (5.1.8) をそれぞれ時間 t で微分することによって，以下のように得ることができます．

$$v_x = \frac{dx}{dt} = -l\omega\sin(\omega t + \varphi_0) , \tag{5.1.9}$$

$$v_y = \frac{dy}{dt} = l\omega\cos(\omega t + \varphi_0) . \tag{5.1.10}$$

この速度はどのような方向を向いているでしょうか．速度と位置ベクトル $\boldsymbol{r} = (x, y)$ のスカラー積を計算すると

$$\boldsymbol{v} \cdot \boldsymbol{r} = 0 , \tag{5.1.11}$$

となるので，速度は位置ベクトルと垂直になります．今の場合は位置ベクトルは円周上の点を指しているので，速度はその点における円の接線の方向を向くことになります．物体の速さについては，速度の大きさを計算すると

$$|\boldsymbol{v}| = \sqrt{v_x^2 + v_y^2} = l\omega , \tag{5.1.12}$$

となり，「等速」の名の通りに，確かに一定値 $l\omega$ となります．

次に，加速度 $\boldsymbol{a} = (a_x, a_y)$ は，式 (5.1.10) を t で微分することにより

$$a_x = \frac{dv_x}{dt} = -l\omega^2\cos(\omega t + \varphi_0) , \tag{5.1.13}$$

146

$$a_y = \frac{dv_y}{dt} = -l\omega^2 \sin(\omega t + \varphi_0) . \tag{5.1.14}$$

ここで 1 つ間違いやすい事例について紹介をしておきます．「等速円運動」は物体の速さ v が一定値であるので

$$v = -\text{定値} , \tag{5.1.15}$$

と書けます．これを t で微分すると

$$\frac{dv}{dt} = a = 0 , \tag{5.1.16}$$

となることより，「加速度はゼロ」と考える人もいるかもしれませんが，これは正しいでしょうか？ 式 (5.1.14) が示すように，加速度は恒等的にゼロではありませんから，この結果は明らかに間違いです．どこが間違っているのでしょうか？ 等速円運動は本質的に 2 次元の運動ですから，物体の速度はベクトルとして表されます．そのため，時間 t で微分する場合には，ベクトルの成分をそれぞれ微分する必要があります．したがって，速度の大きさ，つまり速さ，を微分した式 (5.1.16) は加速度を求めていることにはなりません（式 (5.1.15) を微分するとゼロになるという結果は，「物体の速さが変化しない」ことをいっているに過ぎません）．

さて，式 (5.1.14) で得られた加速度 $\boldsymbol{a}$ はどの向きを向いているでしょうか．これを知るために式 (5.1.14) をベクトルを明示した形に変形すると

$$\begin{pmatrix} a_x \\ a_y \end{pmatrix} = -\omega^2 \begin{pmatrix} l\cos(\omega t + \varphi_0) \\ l\sin(\omega t + \varphi_0) \end{pmatrix} = -\omega^2 \begin{pmatrix} x \\ y \end{pmatrix} , \tag{5.1.17}$$

となり，加速度 $\boldsymbol{a}$ は位置ベクトル $\boldsymbol{r} = (x, y)$ に $-\omega^2$ を掛けたものになります．すなわち，$\boldsymbol{a} = -\omega^2 \boldsymbol{r}$ となり，位置ベクトルと正反対の向きです．位置ベクトルは中心から動径方向に向かっているので，加速度は中心に向かうことになります．式 (5.1.14) の絶対値を計算すると，加速度の大きさは $|\boldsymbol{a}| = l\omega^2$ となります．以上，等速円運動における物体の位置ベクトル $\boldsymbol{r}$，速度 $\boldsymbol{v}$，および加速度 $\boldsymbol{a}$ の向きをまとめると図 5.2 のようになります．

さて，等速円運動をする物体は加速度をもつことが示されたわけですが，ニュートンの運動方程式を考えると，物体には $m\boldsymbol{a} = \boldsymbol{F}$ となる力 $\boldsymbol{F}$ が働く必要があり

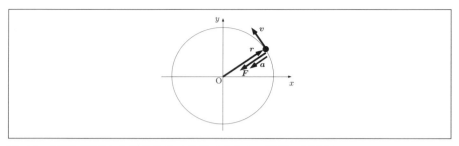

図 5.2 等速円運動における物体の位置ベクトル，速度，加速度

ます．この力は運動方程式が示すとおり，加速度 a と同じ向きですから円運動の中心に向かって働きます．この力は文字どおり**向心力** (centripetal force) と呼ばれ，物体が等速円運動を維持するために必要な力となります．

> **例題 5.2　カーブを曲がる車の向心力**　　　　　　　　　レベル：イージー
>
> 半径 100 m の円形のサーキットを，質量 1500 kg の車が，秒速 30.0 m/s の一定速度で周回しています．このとき，この車に働く向心力の大きさを計算しよう．
>
> **答え**
>
> この節で学んだ速度と角速度の関係，$l\omega = v$ より，$\omega = 0.3\,\text{rad/s}$ です．したがって，向心力 F の大きさは
>
> $$F = ml\omega^2 = 1500\,\text{kg} \times 100\,\text{m} \times (0.3\,\text{s}^{-1})^2 = 1.35 \times 10^4\,\text{N}\,, \qquad (5.1.18)$$
>
> となります．「約1万ニュートンの力」といわれてもピンと来ないかもしれませんが，質量 1 t の物体に働く重力の大きさが大体このくらいですから，なかなかのものです．車にこれだけの向心力が働かないと，カーブを曲がりきれないことになります．車に向心力を与えるのは路面とタイヤの間の摩擦力ですから，タイヤがつるつるの場合には，大きな向心力を生み出すことができず，「ドリフト」することになります．ちなみに，計算しやすいように「秒速 30.0 m/s」としましたが，これを時速になおすとどれくらいになるでしょうか．100 m 走のオリンピック選手は，100 m を約 10 s で走りますから，10 m/s です．これを時速にすると 36 km/h になりますから，秒速 30.0 m/s はその 3 倍で 108 km/h です．今の例はおよそ時速 100 km でカーブを曲がる車の話となっています．

5.2 極座標を用いた2次元平面上の運動方程式

　前節では，動径座標 r が一定である円周上の運動を学びました．ここでは，r も時間とともに変化する一般的な2次元平面上の運動を，極座標 (r, φ) を使って表すことを考えます．ここで，r と φ のどちらも時間変化するわけですから，はじめからデカルト座標 (x, y) で考えればよいではないか，と思われるかもしれません．極めて複雑で一般的な運動の場合にはそのとおりなのですが，極座標を用いると解き方が簡単になる場合が，等速円運動以外にまだまだあるのです．この重要な例の1つが，**中心力場** (field of central force) での物体の運動になります．

　中心力場とは，4章で学んだポテンシャル・エネルギー U が角度変数 φ には依存せず，動径座標 r だけの関数 $U(r)$ となる場合を表します．この場合には，物体に働く力は動径座標に沿った成分だけとなるので，運動方程式は動径座標 r と角度変数 φ に分離されます．中心力場での物体の運動は6章で学ぶことにして，力が動径方向と角度方向の，両方の成分をもつ一般的な場合を考えましょう．

5.2.1 極座標におけるベクトルの分解

　まず，物体に働く力 $\boldsymbol{F}$ を図5.3のように，動径座標 r が伸びる向きと角度変数 φ が増える向きに沿って分解します．「動径座標 r が伸びる向き」に沿った力の成分 F_r はすぐにわかると思いますが，「角度 φ が増える向き」とは何でしょうか？　5.1.1項の等速円運動で学びましたが，一定半径の円周上を運動する物体の速度は，円周の接線方向を向いています．つまり，動径方向と垂直になっているわけです．「動径方向に垂直，かつ角度が増える（反時計回り）向き」ですから，図5.3の F_φ は角度 φ が増える向きの力の成分となります．さて，ここで皆さんはあることに気づくかもしれません．図5.3において黒丸で示された物体の位置が，この場所から動いたらどうなるのか？　そうです，物体の位置が変われば，動径座標 r が指し示す向きも変わり，それに垂直な角度方向の向きも変わります．つまり一般に，極座標を用いた場合には，物体の運動に伴って時々刻々，力を分解する座標が変化するのです（何と面倒な！）．しかし必ずご利益もありますから，少し我慢して付き合ってください．

　動径方向と角度方向の力の成分（F_r と F_φ）が求まりましたので，さっそく運動方程式を立ててみましょう．動径座標が r，角度変数が φ ですから，時間 t に関する2階微分をとったものを加速度と考えて，運動方程式として次のような式を

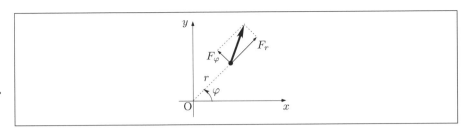

図 5.3 極座標における力の分解

作る人がいるかもしれません．

$$m\frac{d^2r}{dt^2} = F_r , \tag{5.2.1}$$

$$m\frac{d^2\varphi}{dt^2} = F_\varphi . \tag{5.2.2}$$

　これらの式は運動方程式として正しいでしょうか？結論を先に述べると，正しくありません．すぐにわかることは，式 (5.2.2) の角度成分の式において，左辺の次元は MT^{-2} ですから，右辺の力と次元が合わないことです．角度変数 φ は動径座標 r とは異なり，長さの次元をもっていないからです．では，式 (5.2.1) の動径座標に関する運動方程式は正しいのかというと，両辺の次元は合っているのですが，実はこれも正しくありません．少し難しい言い方をすれば，ニュートンの運動方程式の「質量 × 座標の時間による二階微分 = 力」という形は，任意のベクトル座標については成り立つのですが，極座標 (r, φ) のようなベクトル座標以外の一般の座標，つまり**一般化座標** (generalized coordinate) については必ずしも成り立たないのです．すべての一般化座標についても同じ形の方程式になるように，ニュートンの運動方程式を数学的に拡張することは可能であって，その拡張された形式の運動方程式は，**オイラー＝ラグランジュ方程式** (Euler-Lagrange equation) と呼ばれます．オイラー＝ラグランジュ方程式について論じることは残念ながら本書の範囲を超えますので，関心をもたれた方は**解析力学** (analytical mechanics) の本を参照してください．

5.2.2 射影ベクトルの利用

　話を元に戻して，極座標を用いて運動方程式を作ることを考えます．先ほど述べたように，ニュートンの運動方程式はベクトル座標については成り立つのです

から，ベクトルであるデカルト座標 (x, y) で記述したニュートンの運動方程式

$$m\frac{d^2x}{dt^2} = F_x \,, \tag{5.2.3}$$

$$m\frac{d^2y}{dt^2} = F_y \,, \tag{5.2.4}$$

から出発します．やることは2つあり，(i) x, y 方向の成分で表した上式を動径方向と角度方向の成分に書き直すこと，(ii) 変数 (x, y) を (r, φ) に書き直すこと，です．まず，(i) の「成分の書き直し」については，射影ベクトル (projection vector) を用いると便利です．射影ベクトルとは，成分を求めたい軸に沿った，長さ1のベクトルのことです．図5.4に示すように，ベクトル $\boldsymbol{a}$ の B 軸への射影成分は，$|\boldsymbol{a}|\cos\theta$ となります．今，B 軸に沿った長さ1のベクトル（B 軸への射影ベクトル）を $\boldsymbol{b}$ として ($|\boldsymbol{b}| = 1$)，$\boldsymbol{a}$ とのスカラー積をとると，$\boldsymbol{a}\cdot\boldsymbol{b} = |\boldsymbol{a}|\cos\theta$ となり，求めたかった射影成分が出てきます．つまり，あるベクトルの射影成分を求めたければ，射影ベクトルとのスカラー積を計算すればよいのです．

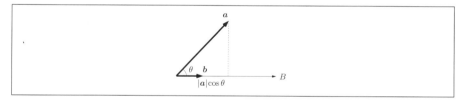

図 **5.4** 射影ベクトル

まず動径方向の射影ベクトルですが，これは

$$\boldsymbol{p}_r = (\cos\varphi \,,\, \sin\varphi) \,, \tag{5.2.5}$$

となります．長さが1であることは容易にわかると思います．また，角度方向の射影ベクトルは

$$\boldsymbol{p}_\varphi = (-\sin\varphi \,,\, \cos\varphi) \,, \tag{5.2.6}$$

となります．これは，$\boldsymbol{p}_r$ とのスカラー積を計算するとゼロになりますから，$\boldsymbol{p}_r$ と $\boldsymbol{p}_\varphi$ は確かに直交しています．また，φ が $0 \leq \varphi \leq \pi/2$ の場合は，$\boldsymbol{p}_\varphi$ の x および y 成分はそれぞれ負および正ですから，射影ベクトルは図5.3が示すように

角度が増える向きであることがわかります．これらの射影ベクトルと力のベクトル $\boldsymbol{F} = (F_x, F_y)$ とのスカラー積を計算すると，以下のように動径方向および角度方向の力の成分を得ることができます．

$$F_r = F_x \cos\varphi + F_y \sin\varphi \, , \tag{5.2.7}$$

$$F_\varphi = -F_x \sin\varphi + F_y \cos\varphi \, . \tag{5.2.8}$$

例題	5.3	ベクトルの射影成分の計算	レベル：イージー

3次元空間のベクトル $\boldsymbol{a} = (1, 2, -3)$ の z 軸への射影成分を射影ベクトルを用いて求めよう．

答え

z 軸の正の向きに向かう長さ1のベクトル（z 軸への射影ベクトル）は $\boldsymbol{e}_z = (0, 0, 1)$ です．したがって，求める射影成分は

$$\boldsymbol{a} \cdot \boldsymbol{e}_z = -3 \, , \tag{5.2.9}$$

となります．z 軸への射影ですから，確かにベクトル $\boldsymbol{a}$ の z 成分が求められました．

5.2.3 加速度ベクトルの射影

次に，少々煩雑な加速度の射影について考えるのですが，その前に「肩慣らし」として，速度の射影を求めてみましょう．速度の x, y 成分を極座標 (r, φ) を用いて表すと，極座標の定義式 (5.1.1) と積の微分の公式より

$$\frac{dx}{dt} = \frac{dr}{dt} \cos\varphi - r \sin\varphi \frac{d\varphi}{dt} \, , \tag{5.2.10}$$

$$\frac{dy}{dt} = \frac{dr}{dt} \sin\varphi + r \cos\varphi \frac{d\varphi}{dt} \, , \tag{5.2.11}$$

となります．この速度 $\boldsymbol{v} = (dx/dt, dy/dt)$ と $\boldsymbol{p}_r$ および $\boldsymbol{p}_\varphi$ とのスカラー積をそれぞれ計算すると

$$v_r = \frac{dr}{dt} \, , \tag{5.2.12}$$

$$v_\varphi = r \frac{d\varphi}{dt} \, . \tag{5.2.13}$$

動径方向の速度は「動径座標 r の時間微分」，角度方向の速度は「半径 × 角度の時間微分（角速度）」ですので，5.1.2項の等速円運動の式 (5.1.12) を思い出せば，この結果は直感的にわかりやすいのではないでしょうか．

次に，加速度の射影を求めてみましょう．デカルト座標での加速度 (a_x, a_y) を速度の場合と同じように極座標 (r, φ) を用いて表すと

$$\frac{d^2x}{dt^2} = \frac{d^2r}{dt^2}\cos\varphi - 2\frac{dr}{dt}\sin\varphi\frac{d\varphi}{dt} - r\cos\varphi\left(\frac{d\varphi}{dt}\right)^2 - r\sin\varphi\frac{d^2\varphi}{dt^2} , \quad (5.2.14)$$

$$\frac{d^2y}{dt^2} = \frac{d^2r}{dt^2}\sin\varphi + 2\frac{dr}{dt}\cos\varphi\frac{d\varphi}{dt} - r\sin\varphi\left(\frac{d\varphi}{dt}\right)^2 + r\cos\varphi\frac{d^2\varphi}{dt^2} , \quad (5.2.15)$$

となります．これと $\boldsymbol{p}_r$ および $\boldsymbol{p}_\varphi$ とのスカラー積をそれぞれ計算すると

$$a_r = \frac{d^2r}{dt^2} - r\left(\frac{d\varphi}{dt}\right)^2 , \quad (5.2.16)$$

$$a_\varphi = r\frac{d^2\varphi}{dt^2} + 2\frac{dr}{dt}\frac{d\varphi}{dt} . \quad (5.2.17)$$

少々煩雑な計算ですが，ぜひ自ら手を動かして確かめてみてください．

以上から，極座標を用いたニュートンの運動方程式として

$$m\left[\frac{d^2r}{dt^2} - r\left(\frac{d\varphi}{dt}\right)^2\right] = F_r , \quad (5.2.18)$$

$$m\left[r\frac{d^2\varphi}{dt^2} + 2\frac{dr}{dt}\frac{d\varphi}{dt}\right] = F_\varphi , \quad (5.2.19)$$

が導かれます．これは，r や φ の2階微分以外の項を左辺から右辺に移した形

$$m\frac{d^2r}{dt^2} = F_r + mr\left(\frac{d\varphi}{dt}\right)^2 , \quad (5.2.20)$$

$$mr\frac{d^2\varphi}{dt^2} = F_\varphi - 2m\frac{dr}{dt}\frac{d\varphi}{dt} , \quad (5.2.21)$$

として書かれることもあります．これらの式の右辺に現れる $mr\left(\frac{d\varphi}{dt}\right)^2$，および $-2m\frac{dr}{dt}\frac{d\varphi}{dt}$ は，それぞれ次の5.3節で登場する**遠心力** (centrifugal force)，および**コリオリ力** (Coriolis force) と関係しています．また，6.3節の「中心力場の運動で保存するもの」において，これらの極座標を用いて書かれた運動方程式が活躍することになります．

$\boxed{\alpha\beta\gamma}$ **数学ノート5.1：変化する基本ベクトル**

5.1節と5.2節の内容は，極座標の基本ベクトルを通して理解することもできます．

ここでは簡単のために 2 次元の場合を考えますが，空間の次元にかかわらず極座標では，式 (1.2.17) で与えられる単位ベクトルが，動径方向の基本ベクトル e_r となります．図 5.5 に示すように，もうひとつの基本ベクトルは，方位角方向の基本ベクトル e_φ です．これは，e_r に直交し，方位角と同じ方向です．式 (1.2.17) の定義からもわかるように，物体の位置が変われば e_r の方向も変化し，それと同時に e_φ の方向も変化します．一方，2 次元デカルト座標の基本ベクトル e_x と e_y は不変です．

図 5.5 からも明らかなように，e_r, e_φ と e_x, e_y の間には

$$e_r = \cos\varphi\, e_x + \sin\varphi\, e_y ,\tag{5.2.22}$$

$$e_\varphi = -\sin\varphi\, e_x + \cos\varphi\, e_y ,\tag{5.2.23}$$

の関係があります．今，これらを時間 t で微分すると

$$\dot{e}_r = -\dot\varphi\sin\varphi\, e_x + \dot\varphi\cos\varphi\, e_y = \dot\varphi\, e_\varphi ,\tag{5.2.24}$$

$$\dot{e}_\varphi = -\dot\varphi\cos\varphi\, e_x - \dot\varphi\sin\varphi\, e_y = -\dot\varphi\, e_r .\tag{5.2.25}$$

1.2.2 項の式 (1.2.18) でも学びましたが，位置ベクトルは

$$r = r\, e_r ,\tag{5.2.26}$$

で与えられます．これを時間 t で微分すると，速度 v は

$$v = \dot{r} = \dot{r}\, e_r + r\dot{e}_r = \dot{r}\, e_r + r\dot\varphi\, e_\varphi .\tag{5.2.27}$$

ここで，式 (5.2.24) を用いています．さらに時間 t で微分すると，加速度 a は

$$\begin{aligned}
a = \dot{v} &= \ddot{r}\, e_r + \dot{r}\dot{e}_r + \dot{r}\dot\varphi\, e_\varphi + r\ddot\varphi\, e_\varphi + r\dot\varphi\,\dot{e}_\varphi \\
&= (\ddot{r} - r\dot\varphi^2)\, e_r + (2\dot{r}\dot\varphi + r\ddot\varphi)\, e_\varphi \\
&= (\ddot{r} - r\dot\varphi^2)\, e_r + \frac{1}{r}\frac{d}{dt}(r^2\dot\varphi)\, e_\varphi ,
\end{aligned}\tag{5.2.28}$$

となります．ここで，式 (5.2.24) と式 (5.2.25) の両方を用いています．

等速円運動の場合，半径の長さ r が一定で，角速度 $\omega = \dot\varphi$ が一定なので，式 (5.2.27) と式 (5.2.28) はそれぞれ，$v = r\omega\, e_\varphi,\, a = -r\omega^2\, e_r = -\omega^2 r$ となります．これらは，図 5.2 にまとめられた結果と一致します．

また，物体に働いている力を，$F = F_r e_r + F_\varphi e_\varphi$ と分解した場合，式 (5.2.28) と考え合わせると運動方程式は

$$m\ddot{r} = F_r + mr\dot\varphi^2 ,\qquad mr\ddot\varphi = F_\varphi - 2m\dot{r}\dot\varphi ,\tag{5.2.29}$$

となって，式 (5.2.20) や式 (5.2.21) と一致します．

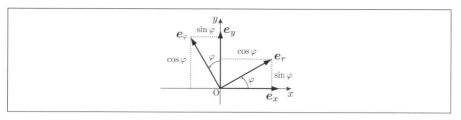

図 5.5 2次元の基本ベクトル（デカルト座標と極座標）

5.3 地球の自転と野球ボールに働く遠心力・コリオリ力

ここでは，慣性系に対して回転している座標系を考えます．このような座標系は，**回転座標系** (system of rotating axis) と呼ばれます．慣性系に対して並進運動している座標系では，2.2 節で学んだように，物体に慣性力（見かけの力）が働いていました．回転座標系でも同様に慣性力が働き，これらが遠心力やコリオリ力と呼ばれるものになります．

5.3.1 回転座標系

前節の 5.2 節で，極座標を用いて物体の運動を表し，中心力場における運動や，動径座標 r が一定という拘束条件が入っている場合に，物体の運動が簡潔に表されることを学びました．ここでは，極座標を用いるもう 1 つの重要な応用である回転座標系について学びます．「座標系が回転するって何？」と思われるかもしれませんが，私たち自身も，普段から回転する座標系に乗っかって物理の問題を考えています．地球が自転しているからです．

さて，今述べたように，私たちは自転している地球の上に存在しているわけですから，回転する座標系の上に乗っていることになります．しかしそのことを普段から意識している人は稀だと思います．次のような状況を考えてみましょう．あなたはお昼休みに，同じ学科の友達とともにグラウンドへ行き，キャッチボールをします．力学を勉強中のあなたは，キャッチボールをしながら，頭の中でボールの運動方程式（3.1 節で学んだ簡単な斜方投射の問題ですね）を作り，それを解こうとします．この章まで読み進んできた皆さんにとっては容易な問題でしょう．さてここで，あなたは気付きます．図 5.6 に示すように，斜方投射の問題では，座標系は鉛直方向と水平方向に固定されており，それらは時間的に変化

しない静的なものとしています．しかし，実際にはキャッチボールをしているグラウンドは，地球の自転と共に回転運動をしているのです！つまり，実際にはあなた自身は回転する座標系の上に乗っているにも関わらず，「自分は静止している」として運動方程式を作っています．これでよいのでしょうか？

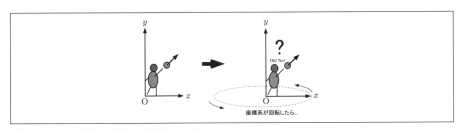

図 5.6 斜方投射の問題と地球の自転

一般論としての結論を先に述べると，回転運動をしているということは，この章のはじめの等速円運動で学んだように加速度運動をしているわけですから，実際に回転している自分のことを勝手に「静止している」と考えることはできません．一方で，運動方程式を立てる人間の都合としては，自分は静止しているとしたほうが考えやすく，自分自身も回転運動をしていて，「回転運動している自分から動いているボールがどのように見えるのか？」ということを考えていると頭がくらくらしてきます．この現実（自分は回転している）と人間の都合（自分は静止していると考えたほうが考えやすい）に折り合いを付けるのが慣性力という概念です．回転している座標系を基準にして物体の運動を考える場合には，よく知られている遠心力の他にコリオリ力と呼ばれる見かけの力が働いていると考えないと，つじつまが合わなくなるのです．これを以下に見ていきましょう．

まず，回転座標系の議論で便利な**回転行列** (rotation matrix) を導入します．静止座標系でみたときに，ある点 A の座標を (x, y) とします．ここで，x, y を極座標で表すと

$$x = r\cos\varphi, \tag{5.3.1}$$
$$y = r\sin\varphi, \tag{5.3.2}$$

ですから，点 A を反時計回りに角度 θ ラジアン回転した点 A' の座標 (x', y') は極座標を用いて

$$x' = r\cos(\varphi + \theta) ,\qquad\qquad (5.3.3)$$

$$y' = r\sin(\varphi + \theta) .\qquad\qquad (5.3.4)$$

三角関数の加法定理を用いて上式を展開すると

$$x' = r\cos\varphi\cos\theta - r\sin\varphi\sin\theta = x\cos\theta - y\sin\theta ,\qquad (5.3.5)$$

$$y' = r\sin\varphi\cos\theta + r\cos\varphi\sin\theta = y\cos\theta + x\sin\theta ,\qquad (5.3.6)$$

となるので，これを元の位置ベクトル (x, y) を明示した形に書き直すと

$$\begin{pmatrix} x' \\ y' \end{pmatrix} = \begin{pmatrix} \cos\theta & -\sin\theta \\ \sin\theta & \cos\theta \end{pmatrix} \begin{pmatrix} x \\ y \end{pmatrix} .\qquad (5.3.7)$$

上式の右辺に登場した行列は回転行列と呼ばれ，平面上の任意の点 (x, y) に作用すると，その点を，原点を中心として反時計回りに角度 θ だけ回転させます．今後の議論のために，この回転行列を $\mathbf{R}(\theta)$ と書くことにします．

| 例題 | 5.4 | 回転行列によるベクトルの回転 | レベル：イージー |

xy 平面上の点を，原点に関して時計回りに 90°回転する回転行列を求め，この回転行列によって y 軸上の点が x 軸上に移されることを示そう．

答え

求める回転行列 $\mathbf{R}(-\pi/2)$ は

$$\mathbf{R}(-\pi/2) = \begin{pmatrix} \cos(-\pi/2) & -\sin(-\pi/2) \\ \sin(-\pi/2) & \cos(-\pi/2) \end{pmatrix} = \begin{pmatrix} 0 & 1 \\ -1 & 0 \end{pmatrix} .\qquad (5.3.8)$$

また，y 軸上の任意の点は $(0, y)$ と表されるので，これに $\mathbf{R}(-\pi/2)$ を作用させると

$$\mathbf{R}(-\pi/2) \begin{pmatrix} 0 \\ y \end{pmatrix} = \begin{pmatrix} 0 & 1 \\ -1 & 0 \end{pmatrix} \begin{pmatrix} 0 \\ y \end{pmatrix} = \begin{pmatrix} y \\ 0 \end{pmatrix} ,\qquad (5.3.9)$$

となり，確かに y 軸上の点は，x 軸上の点 $(y, 0)$ に移されるのがわかります．

さて今，私たちは原点を中心として反時計回りに，角速度 ω で回転している座標系 $XY(\omega)$ の上に乗っているとします．この回転している座標系から，静止座標系 $XY(0)$ 上の点 (x, y) を観測することを考えます．反時計回りに回転してい

る座標系に乗っている私たちから見ると，この点は時計回りに角速度 ω で遠ざかっていくように見えるので，回転座標系から見た座標 (x_ω, y_ω) と静止座標系での座標 (x, y) との関係は

$$\begin{pmatrix} x_\omega \\ y_\omega \end{pmatrix} = \mathbf{R}(-\omega t) \begin{pmatrix} x \\ y \end{pmatrix} , \tag{5.3.10}$$

となります（時刻 $t=0$ において静止座標系の X,Y 軸と回転座標系の X,Y 軸はそれぞれ一致しているとしました）．これを x と y について解くと

$$\begin{pmatrix} x \\ y \end{pmatrix} = \mathbf{R}^{-1}(-\omega t) \begin{pmatrix} x_\omega \\ y_\omega \end{pmatrix} . \tag{5.3.11}$$

右辺の $\mathbf{R}^{-1}$ は $\mathbf{R}$ の逆行列 (inverse matrix) を表し，回転行列の逆行列ですから，逆回転の回転行列を表します．すなわち

$$\mathbf{R}^{-1}(-\omega t) = \mathbf{R}(\omega t) , \tag{5.3.12}$$

が成り立ちます．これを用いると式 (5.3.11) は以下のように書き直せます．

$$\begin{pmatrix} x \\ y \end{pmatrix} = \mathbf{R}(\omega t) \begin{pmatrix} x_\omega \\ y_\omega \end{pmatrix} . \tag{5.3.13}$$

5.3.2 回転座標系での運動方程式

次に，静止座標系ではニュートンの運動方程式

$$m\frac{d^2 x}{dt^2} = F_x , \tag{5.3.14}$$

$$m\frac{d^2 y}{dt^2} = F_y , \tag{5.3.15}$$

が成り立ちます．この式の (x, y) を (x_ω, y_ω) で書き直すわけですが，ベクトルと回転行列の積に対しても積の微分の公式

$$\frac{d(fg)}{dt} = \frac{df}{dt}g + f\frac{dg}{dt} , \tag{5.3.16}$$

が成り立つことに注意すると（演習問題参照），まずベクトル (x, y) の 1 階微分は

$$\frac{d}{dt}\begin{pmatrix} x \\ y \end{pmatrix} = \frac{d}{dt}\mathbf{R}(\omega t) \cdot \begin{pmatrix} x_\omega \\ y_\omega \end{pmatrix} + \mathbf{R}(\omega t) \cdot \frac{d}{dt}\begin{pmatrix} x_\omega \\ y_\omega \end{pmatrix} , \tag{5.3.17}$$

158

となり，これをさらにもう1回微分すると，(x, y) の2階微分は

$$\frac{d^2}{dt^2}\begin{pmatrix} x \\ y \end{pmatrix} = \frac{d^2}{dt^2}\mathbf{R}(\omega t) \cdot \begin{pmatrix} x_\omega \\ y_\omega \end{pmatrix} + 2\frac{d}{dt}\mathbf{R}(\omega t) \cdot \frac{d}{dt}\begin{pmatrix} x_\omega \\ y_\omega \end{pmatrix}$$
$$+ \mathbf{R}(\omega t) \cdot \frac{d^2}{dt^2}\begin{pmatrix} x_\omega \\ y_\omega \end{pmatrix} , \qquad (5.3.18)$$

となります．また，静止座標系での力のベクトル (F_x, F_y) を回転座標系での表示 $(F_{x,\omega}, F_{y,\omega})$ に変換すると

$$\begin{pmatrix} F_x \\ F_y \end{pmatrix} = \mathbf{R}(\omega t)\begin{pmatrix} F_{x,\omega} \\ F_{y,\omega} \end{pmatrix} , \qquad (5.3.19)$$

となるので，式 (5.3.18) と式 (5.3.19) を運動方程式 (5.3.14) および (5.3.15) に代入し，両辺に左側から $\mathbf{R}(\omega t)$ の逆行列 $\mathbf{R}^{-1}(\omega t) = \mathbf{R}(-\omega t)$ を掛け，左辺に (x_w, y_w) の2階微分のみを残して，残りを右辺に移項すると

$$m\frac{d^2}{dt^2}\begin{pmatrix} x_\omega \\ y_\omega \end{pmatrix} = \begin{pmatrix} F_{x,\omega} \\ F_{y,\omega} \end{pmatrix} - m\mathbf{R}(-\omega t) \cdot \frac{d^2}{dt^2}\mathbf{R}(\omega t) \cdot \begin{pmatrix} x_\omega \\ y_\omega \end{pmatrix}$$
$$- 2m\mathbf{R}(-\omega t) \cdot \frac{d}{dt}\mathbf{R}(\omega t) \cdot \frac{d}{dt}\begin{pmatrix} x_\omega \\ y_\omega \end{pmatrix} . \qquad (5.3.20)$$

となります．ここで，回転行列の1階微分および2階微分を具体的に計算すると

$$\frac{d}{dt}\mathbf{R}(\omega t) = \frac{d}{dt}\begin{pmatrix} \cos\omega t & -\sin\omega t \\ \sin\omega t & \cos\omega t \end{pmatrix} = \begin{pmatrix} -\omega\sin\omega t & -\omega\cos\omega t \\ \omega\cos\omega t & -\omega\sin\omega t \end{pmatrix} , \quad (5.3.21)$$
$$\frac{d^2}{dt^2}\mathbf{R}(\omega t) = \begin{pmatrix} -\omega^2\cos\omega t & \omega^2\sin\omega t \\ -\omega^2\sin\omega t & -\omega^2\cos\omega t \end{pmatrix} = -\omega^2\mathbf{R}(\omega t) . \qquad (5.3.22)$$

式 (5.3.22) の2番目の等号が示すように，回転行列の2階微分は元の回転行列の定数倍となります．式 (5.3.21) および式 (5.3.22) の結果を，式 (5.3.20) 右辺の第2項および第3項にそれぞれ適用します．その際，右辺第2項の中では

$$-m\mathbf{R}(-\omega t) \cdot \frac{d^2}{dt^2}\mathbf{R}(\omega t) = -m\mathbf{R}(-\omega t) \cdot [-\omega^2\mathbf{R}(\omega t)] = m\omega^2 , \qquad (5.3.23)$$

となることに注意し，右辺第3項の中では，

$$- 2m\mathbf{R}(-\omega t) \cdot \frac{d}{dt}\mathbf{R}(\omega t)$$

$$= -2m \begin{pmatrix} \cos(-\omega t) & -\sin(-\omega t) \\ \sin(-\omega t) & \cos(-\omega t) \end{pmatrix} \cdot \begin{pmatrix} -\omega\sin\omega t & -\omega\cos\omega t \\ \omega\cos\omega t & -\omega\sin\omega t \end{pmatrix}$$

$$= -2m \begin{pmatrix} 0 & -\omega \\ \omega & 0 \end{pmatrix} = 2m\omega \begin{pmatrix} 0 & 1 \\ -1 & 0 \end{pmatrix} , \tag{5.3.24}$$

および

$$\frac{d}{dt}\begin{pmatrix} x_\omega \\ y_\omega \end{pmatrix} = \begin{pmatrix} v_{x,\omega} \\ v_{y,\omega} \end{pmatrix} , \tag{5.3.25}$$

に注意すると，運動方程式 (5.3.20) は

$$m\frac{d^2}{dt^2}\begin{pmatrix} x_\omega \\ y_\omega \end{pmatrix} = \begin{pmatrix} F_{x,\omega} \\ F_{y,\omega} \end{pmatrix} + m\omega^2\begin{pmatrix} x_\omega \\ y_\omega \end{pmatrix} + 2m\omega\begin{pmatrix} v_{y,\omega} \\ -v_{x,\omega} \end{pmatrix} . \tag{5.3.26}$$

この式からわかるように，回転座標系において，運動方程式としては静止座標系と同じように単純に

$$m\frac{d^2}{dt^2}\begin{pmatrix} x_\omega \\ y_\omega \end{pmatrix} = \begin{pmatrix} F_{x,\omega} \\ F_{y,\omega} \end{pmatrix} , \tag{5.3.27}$$

としてはだめで，式 (5.3.26) の右辺第2項と3項で表される2つの補正項を付ける必要があります（逆に言えば，この2つの補正項を正しく付けさえすれば，回転座標系においても静止座標系におけるものと同じ形の運動方程式を作ってよいことになります）．右辺第2項の $m\omega^2(x_\omega, y_\omega)$ はよく知られている遠心力，第3項の $2m\omega(v_{y,\omega}, -v_{x,\omega})$ はコリオリ力と呼ばれるものであり，ともに回転座標系に乗った人の視点で運動方程式を書いたことによる慣性力です．

5.3.3 遠心力とコリオリ力

遠心力は $m\omega^2(x_\omega, y_\omega)$ という形からわかるように，回転座標系の中心から物体の位置に向かうベクトルの向きに力が働きます．これについては，ふだん皆さんが車や電車に乗ったときに容易に体験できると思います．たとえば，図5.7のように，バスが進行方向に急に左折する場合を考えると，皆さんは右側に体が引っ張られるのを感じ，吊り革に捕まらないと体勢を崩してしまうか倒れてしまうこと

と思います．遠心力の大きさについては，定義式より $m\omega^2 r_\omega$, $(r_\omega = \sqrt{x_\omega^2 + y_\omega^2})$ となり，角速度の2乗および回転半径に比例します．

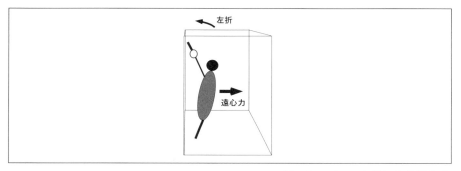

図 **5.7** バスの左折による遠心力

　一方，コリオリ力のほうは，普段の生活で実感することは少ないと思います．この力は，定義式 (5.3.26) に示した $2m\omega(v_{y,\omega}, -v_{x,\omega})$ からわかるように，回転座標系上での物体の速度成分 $(v_{x,\omega}, v_{y,\omega})$ に依存しますので，もし速度がゼロ，つまり $v_{x,\omega} = v_{y,\omega} = 0$ ならばコリオリ力もゼロとなります．先ほどバスが左折する例を出しましたが，皆さんはカーブを曲がるバスの車内で敢えて動き回ったりすることはないですよね．普通は座席に座るか吊り革に捕まって大人しくしていると思います．この場合，回転する座標系（バスの車内）での物体の速度はゼロ（皆さんはじっとしている）ですので，コリオリ力は働きません（コリオリ力を実感してやる，などと思ってバスの中で動き回らないでください！　非常に危険ですから！）．コリオリ力の大きさ，および向きについて詳しく見ていきましょう．まず大きさについては，$2m\omega v_\omega$, $(v_\omega = \sqrt{v_{x,\omega}^2 + v_{y,\omega}^2})$ となり，角速度および回転座標系上での物体の速さに比例します．

　次にコリオリ力が働く向きですが，x 成分に速度の y 成分 $v_{y,\omega}$ が，y 成分に速度の x 成分にマイナスを付けたもの $-v_{x,\omega}$ が入っています．これはどのような向きでしょうか．それを知るために，速度ベクトル $(v_{x,\omega}, v_{y,\omega})$ とのスカラー積を計算してみましょう．すぐわかるように，このスカラー積の値はゼロとなります．すなわち，互いに零ベクトルではないベクトルのスカラー積がゼロとなるわけですから，コリオリ力は回転座標系における物体の速度ベクトルと垂直の向き

に働きます（図 5.8 参照）．

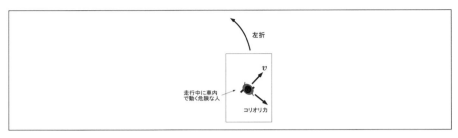

図 5.8 バスの左折によるコリオリカ

5.3.4 地球の自転による遠心力・コリオリカ

さて，話をこの節の冒頭に戻すと，昼休みにグラウンドでキャッチボールをしているあなたは，ボールの運動方程式を作ろうとしています．地球は自転しているわけですから，あなたは回転座標系に乗ってボールの運動を記述することになります．このとき運動方程式は，式 (5.3.27) のように単純に回転座標系の力を右辺に書くだけでは不十分で，今まで見てきたように遠心力とコリオリカを補正項として加える必要があります．まず遠心力ですが，これはどの向きに働くでしょうか．一番わかりやすいのは，皆さんが赤道直下の灼熱のグラウンドでキャッチボールをする場合です．遠心力は回転軸である地軸からみて動径方向外向きに働きます．この場合，図 5.9 に示すように遠心力は赤道直下の人にとって真上に働きます．一方，鉛直下向きには重力が働きますから，遠心力は重力を打ち消す向きに作用します．そのため，この地球の自転による遠心力の効果は，重力加速度 g の中に含めてしまうと便利です．すなわち質量 m のボールには，地球による万有引力 mg_0 と遠心力 $m\omega^2 r_\omega$ によって鉛直下向きに $m(g_0 - \omega^2 r_\omega)$ の重力が働くと考えます（地球による万有引力と遠心力は上に述べたように逆向きですから，遠心力の部分にマイナスの符号を付けました）．

今度は極端な場合として，北極，もしくは南極でキャッチボールをする場合はどうなるでしょうか．北極と南極は回転の中心ですから，遠心力の大きさの式 $m\omega^2 r_\omega$ における r_ω がゼロとなり，遠心力は働きません．そのため，ボールには万有引力による重力 mg_0 のみが働き，赤道の場合よりも重力加速度が大きいこと

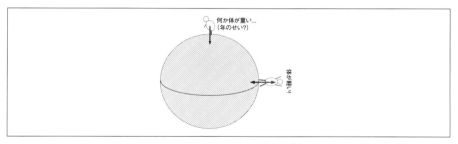

図 5.9 赤道と北極にいる人に働く遠心力と重力

になります．この例からわかるように，地表での重力加速度の大きさは 2.4.2 項で見たように，大雑把に $g_0 = 9.8\,\mathrm{m/s^2}$ ですが，遠心力の効果によって，地球上の場所によって異なることがわかります（この遠心力による補正の他に，地形による有意な補正があることが知られています）．このように，地球上で運動方程式を立てる場合には，遠心力の効果については，重力加速度の大きさに組み込んでしまえば，直接，運動方程式に遠心力項を足さなくてもよいことになります．厳密に言えば，赤道直下でない場合には，遠心力が働く向きと地球による万有引力の向きは一直線上には並びませんが，地球が完全な球体ではなく，地表も必ずしも水平ではないことを考えれば，このわずかな差を無視してもあまり問題にはならないでしょう．

一方，コリオリ力についてはどうでしょうか．これを見積もってみましょう．キャッチボールをする場合に，ボールの速度は最大でどれくらいになるでしょうか．大リーグで活躍しているピッチャーの球速を最大値と思えばよいでしょう．速球勝負ができるピッチャーの場合には，球速は $150\,\mathrm{km/h} \sim 160\,\mathrm{km/h}$ くらいでしょうか．仮に $160\,\mathrm{km/h}$ とすると，秒速に直すと $44.4\,\mathrm{m/s}$ です．地球の自転の角速度は，24 時間でちょうど 1 周 2π まわるとすると 1 秒間当たり $7.27 \times 10^{-5}\,\mathrm{rad/s}$ です．ボールの質量を m とすると，コリオリ力の大きさは $2m\omega v_\omega = m \times 6.46 \times 10^{-3}$ になります．ピッチャーズマウンドから本塁ベースまでの距離は $18.44\,\mathrm{m}$ ですので，ピッチャーがボールを投げてからキャッチャーミットに収まるまでの時間は $0.415\,\mathrm{s}$（ボールのリリース時とキャッチャーミットに収まる時の高低差は無視）．これより，ピッチャーがストレートを投げたとすると，ボールは進行方向と垂直に $\frac{1}{2} \times (6.46 \times 10^{-3}) \times (0.415)^2 = 5.56 \times 10^{-4}\,\mathrm{m}$ だ

けずれることになります．1 mm に満たない程度にしかならないので，コリオリ力を利用した「魔球」を投げることは難しそうですね．

以上から，自転している地球上で運動方程式を作る場合には，遠心力は重力加速度に組み込めばよく，またコリオリ力については，野球ボールの運動程度の場合には近似的に無視してよいことがわかりました．

一方，この例とは異なり，コリオリ力が無視できない例としては，飛行機の操縦が挙げられます．たとえば，東京からオーストラリアのシドニーまで飛ぶことを考えます．地球儀上では素直に南下すればよさそうですが，南方に向かって飛んでいる間には，飛行機には絶えず西向きのコリオリ力が働くので，長時間飛んでいると針路は南西に大きくずれてしまいます．実際の飛行機の運行では，このコリオリ力の影響が自動操縦のプログラムに組み込まれているのです．

$\boxed{\alpha\beta^\gamma}$ 数学ノート5.2：3次元極座標

本書の範囲を超えますが，ここでは3次元極座標の要点をいくつかまとめておきます．図5.10に示すように，3次元デカルト座標の基本ベクトルを，e_x, e_y, e_z と書き，3次元極座標（球座標）の基本ベクトルを e_r, e_φ, e_θ と書くことにします．

以下のまとめは演習問題の1つだと思って，ぜひ自分の手を動かして確かめてみてください．

- 基本ベクトルの関係

$$e_r = \sin\theta\cos\varphi\, e_x + \sin\theta\sin\varphi\, e_y + \cos\theta\, e_z , \qquad (5.3.28)$$

$$e_\varphi = -\sin\varphi\, e_x + \cos\varphi\, e_y , \qquad (5.3.29)$$

$$e_\theta = \cos\theta\cos\varphi\, e_x + \cos\theta\sin\varphi\, e_y - \sin\theta\, e_z . \qquad (5.3.30)$$

- 体積素片の極座標表示

$$dV = dxdydz = dr \times r\sin\theta d\varphi \times rd\theta = r^2\sin\theta dr d\varphi d\theta . \qquad (5.3.31)$$

- 基本ベクトルの時間微分

$$\dot{e}_r = \dot\theta\, e_\theta + \dot\varphi\sin\theta\, e_\varphi , \qquad (5.3.32)$$

$$\dot{e}_\varphi = -\dot\varphi\sin\theta\, e_r - \dot\varphi\cos\theta\, e_\theta , \qquad (5.3.33)$$

$$\dot{e}_\theta = -\dot\theta\, e_r + \dot\varphi\cos\theta\, e_\varphi , \qquad (5.3.34)$$

- 位置ベクトル r, 速度 v, 加速度 a

$$r = r\,e_r \,, \tag{5.3.35}$$

$$v = \dot{r} = \dot{r}\,e_r + r\,\dot{e}_r = \dot{r}\,e_r + r\dot{\theta}\,e_\theta + r\dot{\varphi}\sin\theta\,e_\varphi \,, \tag{5.3.36}$$

$$a = \ddot{r} = \left(\ddot{r} - r\dot{\theta}^2 - r\dot{\varphi}^2\sin^2\theta\right)e_r + \left(2\dot{r}\dot{\theta} + r\ddot{\theta} - r\dot{\varphi}^2\sin\theta\cos\theta\right)e_\theta$$
$$+ \left(2\dot{r}\dot{\varphi}\sin\theta + r\ddot{\varphi}\sin\theta + 2r\dot{\theta}\dot{\varphi}\cos\theta\right)e_\varphi \,. \tag{5.3.37}$$

- 微小変位ベクトル

$$dr = dx\,e_x + dy\,e_y + dz\,e_z \tag{5.3.38}$$
$$= dr\,e_r + r\sin\theta\,d\varphi\,e_\varphi + r d\theta\,e_\theta \,. \tag{5.3.39}$$

- 位置ベクトル r と微小変位ベクトル dr のスカラー積

$$r \cdot dr = xdx + ydy + zdz = rdr \,. \tag{5.3.40}$$

- ベクトル微分演算子 ∇

$$\nabla = \frac{\partial}{\partial x}\,e_x + \frac{\partial}{\partial y}\,e_y + \frac{\partial}{\partial z}\,e_z \tag{5.3.41}$$
$$= \frac{\partial}{\partial r}\,e_r + \frac{1}{r\sin\theta}\frac{\partial}{\partial \varphi}\,e_\varphi + \frac{1}{r}\frac{\partial}{\partial \theta}\,e_\theta \,. \tag{5.3.42}$$

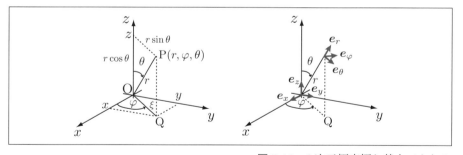

図 5.10　3次元極座標と基本ベクトル

数学ノート 5.3：回転座標系のベクトルを用いた表現

ここでは回転座標系での運動方程式を外積を用いて表現してみます．

回転運動するベクトルの時間発展：
ある回転軸の周りに角速度ベクトル $\boldsymbol{\omega}$[rad/s] で回転しているベクトル $\boldsymbol{A}(t)$ の時間変化の定式化を考えます．ベクトル $\boldsymbol{A}(t)$ が角速度 $\boldsymbol{\omega}$ で回転することにより時刻 Δt の後に $\boldsymbol{A}(t+\Delta t)$ になったとすると，その間の変化は

$$\Delta \boldsymbol{A} = \boldsymbol{A}(t+\Delta t) - \boldsymbol{A}(t) , \tag{5.3.43}$$

で表すことができます．$\Delta \boldsymbol{A}$ の方向は図 5.11（左）より $\boldsymbol{\omega}$ と $\boldsymbol{A}(t)$ の両方に垂直となり

$$\Delta \boldsymbol{A} \perp \boldsymbol{\omega}, \quad \Delta \boldsymbol{A} \perp \boldsymbol{A} . \tag{5.3.44}$$

その大きさを図 5.11（右）の円弧の長さで近似すると

$$|\Delta \boldsymbol{A}| = A_\perp |\boldsymbol{\omega} \Delta t| = A|\sin\theta||\boldsymbol{\omega}|\Delta t , \tag{5.3.45}$$

となるので（ここで，$A_\perp$ は $\boldsymbol{A}$ の $\boldsymbol{\omega}$ に垂直な成分，θ は $\boldsymbol{\omega}$ から $\boldsymbol{A}$ へと傾く角度）

$$\Delta \boldsymbol{A} = \boldsymbol{\omega} \times \boldsymbol{A} \Delta t . \tag{5.3.46}$$

したがって，ベクトル $\boldsymbol{A}(t)$ の時間変化を表す式は

$$\frac{d\boldsymbol{A}}{dt} = \lim_{\Delta t \to 0} \frac{\Delta \boldsymbol{A}}{\Delta t} = \boldsymbol{\omega} \times \boldsymbol{A} . \tag{5.3.47}$$

回転座標系での位置、速度、加速度の表現：
静止座標系（一般的には慣性系）を S 系，回転座標系は非慣性系であることから S′ 系と書くことにします．今，S′ 系は並進運動をせず，z 軸まわりに角速度 $\boldsymbol{\omega}$ で回転している場合を考えます．図 5.12 に示すように，それぞれの座標系の原点 O と O′ は共通であることに加え，z 軸と z' 軸も共通しています．そのため，それぞれの座標系における位置ベクトルは等しく

$$\boldsymbol{r} = \boldsymbol{r}' . \tag{5.3.48}$$

3 次元デカルト座標の基本ベクトル表示を用いると，式 (5.3.48) は

$$x\boldsymbol{e}_x + y\boldsymbol{e}_y + z\boldsymbol{e}_z = x'\boldsymbol{e}_{x'} + y'\boldsymbol{e}_{y'} + z'\boldsymbol{e}_{z'} . \tag{5.3.49}$$

以下では，回転座標系での速度と加速度を求めますが，その際に注意すべき点は，ある座標系に乗って運動を考える時に，自分の基準となる座標系自身の運動は直接的には見えないということです．

静止座標系（S系）は動かないので，もちろんその原点Oや基本ベクトル e_x, e_y, e_z は動きません．そのため，S系での速度 v と加速度 a は，1.2 節で詳しく学んだように以下のように表すことができます．

$$v = \dot{r} = \dot{x}\,e_x + \dot{y}\,e_y + \dot{z}\,e_z \,, \tag{5.3.50}$$

$$a = \dot{v} = \ddot{r} = \ddot{x}\,e_x + \ddot{y}\,e_y + \ddot{z}\,e_z \,. \tag{5.3.51}$$

回転座標系（S′系）は座標系自身が回転するので，原点O′は動かないのですが，基本ベクトル $e_{x'}$, $e_{y'}$, $e_{z'}$ は動く（回転する）けれども，回転座標系（S′系）に乗ってしまうとその動きが見えないのです．そのため，S′系での速度 v' と加速度 a' は

$$v' = \dot{x}'\,e_{x'} + \dot{y}'\,e_{y'} + \dot{z}'\,e_{z'} \,, \tag{5.3.52}$$

$$a' = \ddot{x}'\,e_{x'} + \ddot{y}'\,e_{y'} + \ddot{z}'\,e_{z'} \,. \tag{5.3.53}$$

今，v と v' の関係を求めるために，式 (5.3.48) を t で微分すると

$$\dot{x}\,e_x + \dot{y}\,e_y + \dot{z}\,e_z = \dot{x}'\,e_{x'} + \dot{y}'\,e_{y'} + \dot{z}'\,e_{z'}$$
$$+ x'\dot{e}_{x'} + y'\dot{e}_{y'} + z'\dot{e}_{z'} \,. \tag{5.3.54}$$

ここで、式 (5.3.47) を用いると，S′系での基本ベクトルの回転は

$$\dot{e}_{x'} = \omega \times e_{x'} \,, \quad \dot{e}_{y'} = \omega \times e_{y'} \,, \quad \dot{e}_{z'} = \omega \times e_{x'} \,, \tag{5.3.55}$$

で与えられるので，式 (5.3.55) を式 (5.3.54) に代入して整理すると

$$\dot{x}\,e_x + \dot{y}\,e_y + \dot{z}\,e_z = \dot{x}'\,e_{x'} + \dot{y}'\,e_{y'} + \dot{z}'\,e_{z'}$$
$$+ \omega \times (x'e_{x'} + y'e_{y'} + z'e_{z'}) \,. \tag{5.3.56}$$

したがって，S系の速度 v とS′系の速度 v' の関係は以下で与えられます．

$$v = v' + \omega \times r' \,. \tag{5.3.57}$$

次に，$\omega =$ 一定という条件の下で，a と a' の関係を求めることとします．式 (5.3.56) を t で微分すると

$$\ddot{x}\,e_x + \ddot{y}\,e_y + \ddot{z}\,e_z = \ddot{x}'\,e_{x'} + \ddot{y}'\,e_{y'} + \ddot{z}'\,e_{z'}$$
$$+ \dot{x}'\dot{e}_{x'} + \dot{y}'\dot{e}_{y'} + \dot{z}'\dot{e}_{z'}$$
$$+ \omega \times (\dot{x}'\,e_{x'} + \dot{y}'\,e_{y'} + \dot{z}'\,e_{z'})$$
$$+ \omega \times (x'\,\dot{e}_{x'} + y'\,\dot{e}_{y'} + z'\,\dot{e}_{z'}) \,, \tag{5.3.58}$$

となるので，式 (5.3.55) を用いて整理することによって

$$a = a' + 2\boldsymbol{\omega} \times v' + \boldsymbol{\omega} \times (\boldsymbol{\omega} \times r') . \tag{5.3.59}$$

回転座標系での運動方程式：

外力 F が働く場合，静止座標系（S 系）でのニュートンの運動方程式は

$$ma = F . \tag{5.3.60}$$

一方，式 (5.3.59) より

$$m\{a' + 2\boldsymbol{\omega} \times v' + \boldsymbol{\omega} \times (\boldsymbol{\omega} \times r')\} = F , \tag{5.3.61}$$

となるので，回転座標系（S′ 系）での運動方程式は

$$ma' = F - 2m\boldsymbol{\omega} \times v' - m\boldsymbol{\omega} \times (\boldsymbol{\omega} \times r') . \tag{5.3.62}$$

ここで，右辺第 2 項はコリオリ力，第 3 項は遠心力と呼ばれ，座標系が回転しているために生じた慣性力（見かけの力）です．

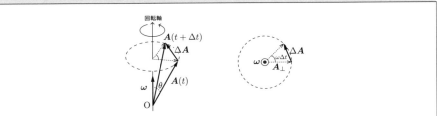

図 5.11 回転するベクトル　(A) 斜め横から見た図　(B) 上から見た図

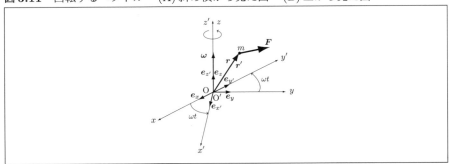

図 5.12 回転座標系

5 の演習問題

(解答は 286 ページ.)

5.1 [レベル：イージー] 図5.2のように等速円運動をしている物体があります．ある瞬間に向心力 F が消えたとすると，物体はどの向きに飛び出すだろうか？飛び出す向きを矢印で示そう．

5.2 [レベル：イージー] $\mathbf{R}$ を 2×2 の正方行列とし，r を2次元ベクトルとします．$\mathbf{R}$ および r の各成分が時間 t の関数であるとき，$\mathbf{R}r$ の微分が積の微分の公式：$\frac{d}{dt}(\mathbf{R}r) = \frac{d\mathbf{R}}{dt}r + \mathbf{R}\frac{dr}{dt}$ を満たすことを示そう．

5.3 [レベル：イージー] 図5.13のように，角速度 ω で回転する座標系上で物体Aの運動を記述することを考えます．ある瞬間において，物体は図の矢印で示されるような速度ベクトル v をもつとき，物体に働く遠心力およびコリオリ力の向きを矢印で示そう．また，物体の質量を m，回転の中心から見た物体の位置ベクトルを r とするとき，遠心力，およびコリオリ力の大きさを式で表そう．

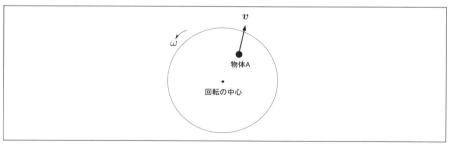

図 5.13 回転座標系における遠心力とコリオリ力

5.4 [レベル：ミディアム] 赤道にいる人は北極にいる人と比べて，どの程度体重が軽くなるだろうか．ただし，両者の体重を 50 kg として計算しよう．

コラム

☕ フーコーの振り子

　この章の最後の節で，この地球上で運動方程式を立てる場合には，遠心力とコリオリ力の補正項を足す必要があるということを学びました．実際問題としては，地球の自転による遠心力の効果は重力加速度に組み入れられており，また地球の自転によるコリオリ力の効果は非常に小さく，日常生活では問題にならないレベルであることを述べました．遠心力については，地球の自転以外でも，たとえばカーブを曲がるバスの車内など，日常生活の中で体験する機会が多くあります．一方，コリオリ力を体験するためには，回転している場所で自ら動く必要があり，そのような危険な行為をすることは稀でしょうから，「コリオリ力なんて本当にあるか？」と疑問をもつ人もいると思います．このコリオリ力の存在を「安全に」に見せてくれるのが**フーコーの振り子** (Foucault pendulum) と呼ばれるものです．

　フーコーの振り子は，ボーリングの玉ほどの重い錘を長さ数メートルから数十メートルの糸で吊るした巨大な振り子で，世界中のあちこちに設置されています．振り子が振れるに従い，錘には振り子の振動面に垂直にコリオリ力が働きますので，振動面が少しずつ回転していきます．このコリオリ力の効果は先に述べたように微弱ですが，少し辛抱して眺めていると，振動面が確かに回転していくのが確認できると思います．フーコーの振り子を丁度赤道上の地点に設置した場合は例外となり，この場合は「振動面の回転」は見られません．地球の上の経度を ϕ，地球が一周する時間を丁度24時間とすると，コリオリ力の角速度 ω は

$$\omega \, [\text{rad/s}] = \frac{2\pi}{24 \times 60 \times 60} \times \sin\phi, \qquad (5.3.63)$$

となることが知られており，赤道では $\phi = 0$ ですので，コリオリの効果は零となります．この振動面の回転は北極・南極に近づくほど速くなります．地球の自転がまだ自明ではなかったフーコーの時代には，フーコーの振り子は「地球が回っている」ことの実験的な証明として使われました．

　フーコーの振り子は日本国内にも数多くあり，たとえば東京都台東区の国立科学博物館にも設置してありますので，機会があればぜひ見に行ってみてください．　　　(T. S.)

その論文は単に正しくないというだけでなく，間違ってすらいない．
Wolfgang Ernst Pauli

Chap.06
角運動量

この章では，角運動量について学びます．工学的に角運動量の理解が重要となってくるものとして，プロペラ機の挙動や，もう少し難しいものとしてジャイロスコープの原理などが挙げられます．また数学的には，ベクトル積の理解が必要となります．

6.1 角運動量保存とフィギュアスケート

ここでは**角運動量** (angular momentum) を定義し，フィギュアスケートのスピンを例にして，角運動量保存則，および「回転のしやすさ」の尺度である慣性モーメントについて学びます．角運動量はベクトル量で，本当は角運動量ベクトルといいますが，本書では省略して単に角運動量と呼ぶことにします．

2.1 節で学んだ運動量と力積を思い出してみましょう．今，1 個の質点があり，この質点に働く合力がゼロ，つまり $F = 0$ であるとします．このとき，ニュートンの運動方程式の両辺を時間で 1 回積分します．つまり

$$\int m \frac{dv}{dt}\, dt = \int 0 {\cdot} dt \; , \qquad (6.1.1)$$

を計算します．そうすると

$$mv = C \; , \qquad (6.1.2)$$

となり，質点の運動量は定数 C となるため，質点の運動量が保存することがわかります．

さて今，1 個の物体が自転しているとします（今まで考えてきた質点の場合には，定義どおり「点」であり大きさがありませんから，自転という概念はありませんでした．そのため，自転を考える場合には，暗黙の内に大きさがある物体を考えることになります）．この物体に摩擦や空気抵抗も含めて力が全く働かないとすると，どうなるでしょうか．容易に想像できるように，物体は回転し続けます（これは後ほど出てくる**回転の運動方程式**を考えると証明できます）．

質点の運動の場合には，物体の運動の大きさを表す物理量として，運動量という概念が便利であることを，みなさんはすでに学んでいます．回転の場合にも同じように，「回転運動の大きさを表す物理量」として，角運動量という概念を定義することができます．

6.1.1 スピンと角運動量保存

運動量と角運動量の対比を，もう少し見てみましょう．運動量の場合には，その大きさは質量と速さの積で定義されますので，質量が同じならば速さが大きいほど大きく，また速さが同じならば質量が大きいほど大きくなります．角運動量の場合には，回転運動の大きさを表すことになりますので，運動量の速度に対応するものは，5.1.1 項で導入した角速度になります．一方，運動量の質量に対応

するものは，質量そのものではなく，**慣性モーメント** (moment of inertia) と呼ばれるものになります．

フィギュアスケートを例にとって，これを考えてみましょう．フィギュアスケートの選手が演技のクライマックスで，スケートリンクの中央でくるくる回転する「スピン」と呼ばれる技を披露するのを見たことがあると思います．何度もくるくる回転するだけでもすごいと思うのですが，よく見てみると，選手は回転の途中で姿勢を起こし，回転速度を上げていることに気付いたことがあるでしょうか．回転の最中に選手に働く正味の力は，スケートリンクから受ける摩擦力と空気抵抗だけであり，これらは回転運動を減衰させるだけで，その速度を上げるものではありません．スケート選手はどのようにして回転速度を上げているのでしょうか．

簡単のため，スケート選手に働く摩擦力も空気抵抗も無視することにします．すると，先ほど述べたように，スケート選手は角運動量，すなわち「回転運動の大きさ」を保存して回転することになります．直線運動の場合に運動量は「質量×速度」でしたので，運動量を保存したまま速度を上げるためには，物体の質量を減らす必要があります．これはなかなか容易ではありません．

一方，角運動量は「慣性モーメント×角速度」ですので，角運動量が保存していても，慣性モーメントを小さくすることが可能ならば，角速度を上げることができます．実際，スケート選手はこれを実践しているのです．スケート選手の質量は一定ですが，姿勢を変えることによって，回転のしやすさ（あるいは回転のしにくさ）を変化させることができます．もっと簡単な別の例として，消しゴムに長さ 20 cm くらいの釣り糸を付けて，ぐるぐる回すことを考えてみましょう．消しゴムは，釣り糸をつまんでいる皆さんの指先を回転の中心として，半径約 20 cm の等速円運動をしています（図 6.1）．

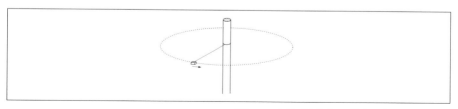

図 **6.1** 回転運動する質点と角運動量保存

ここで突然，消しゴムと皆さんの指先の間（たとえば，ちょうど中間）に，鉛筆を垂直に挿入します．すると，消しゴムは鉛筆に勢いよく（すなわち角速度を上げて！）鉛筆に巻き付くことが容易に確かめられます．これは，回転運動をする消しゴムの慣性モーメントが小さくなったために，角運動量保存によって消しゴムの角速度が上がったと考えられます．鉛筆を挿入する前後で変化したのは，消しゴムの回転半径です．この例から，慣性モーメントは「回転軸からの距離」によって値が変わる，ということがわかると思います．次節で詳しく説明しますが，慣性モーメントは「質量×長さの2乗」の次元をもっており，この「長さ」は回転軸からの距離を表します．スケート選手のスピンの例に戻りますと，図6.2のようにスケート選手は回転速度を上げるために，姿勢を起こして腕を縮め，回転軸の中心に質量を集めます．そうすると，回転軸からの距離が小さくなりますので，慣性モーメントを小さくすることができるのです．

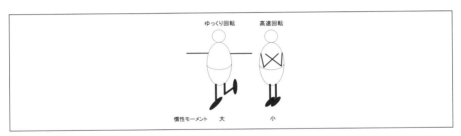

図 6.2　フィギュアスケート選手のスピン

例題 6.1　角運動量保存則の簡単な応用例　　レベル：イージー

質量 10 g の消しゴムが，長さ 20 cm の釣り糸につながれて，角速度 3 rad/s で等速円運動をしています（図6.1）．今，突然，円運動の中心から半径 10 cm の位置に鉛筆を挿入したとすると，釣り糸につながれた消しゴムは，鉛筆を回転軸として回転します．角運動量保存則を用いて，このときの角速度 ω を計算してみよう．ただし，質点の角運動量は，質量，回転半径の2乗，および角速度の積で与えられるものとします．

答え

鉛筆を挿入する前後の角運動量保存より

$$10 \times 20^2 \times 3 = 10 \times 10^2 \times \omega , \tag{6.1.3}$$

が成り立ちます．したがって，ω=12 rad/s となります．すなわち，回転半径が半分になると，角速度は4倍になることがわかります．

数学ノート 6.1：ベクトル積と行列式

　ここでは，角運動量や次節で登場する3次元の力のモーメント (moment of force) を計算するときに用いる，ベクトル積 (cross product, vector product) について説明します．

　1.2節でスカラー積を学びました．3次元空間で，任意の2つのベクトルを $\boldsymbol{a}$ および $\boldsymbol{b}$，両者がなす角度を θ とすると，$\boldsymbol{a}$ と $\boldsymbol{b}$ のスカラー積は

$$\boldsymbol{a} \cdot \boldsymbol{b} = |\boldsymbol{a}||\boldsymbol{b}| \cos(\theta) , \tag{6.1.4}$$

で定義されます．そして，ベクトルが成分表示で $\boldsymbol{a} = (a_x, a_y, a_z)$，および $\boldsymbol{b} = (b_x, b_y, b_z)$ のように与えられている場合には

$$\boldsymbol{a} \cdot \boldsymbol{b} = a_x b_x + a_y b_y + a_z b_z , \tag{6.1.5}$$

と計算されました．では，$\boldsymbol{a}$ と $\boldsymbol{b}$ のベクトル積はどう定義されるのかというと

$$\boldsymbol{a} \times \boldsymbol{b} = |\boldsymbol{a}||\boldsymbol{b}| \sin(\theta) \, \boldsymbol{n} , \tag{6.1.6}$$

となります．

　まず，記号としては，スカラー積の・に対して，ベクトル積は×で表されます．単なる数の掛け算の場合には，両者は同じ意味でしたが，ベクトルの場合には明確に区別されるので，混同して使用しないようにしてください．次に，スカラー積の定義式 (6.1.4) の右辺およびベクトル積の定義式 (6.1.6) の右辺を比べると，スカラー積の場合は「$\cos\theta$」，ベクトル積の場合は「$\sin\theta$」が書かれているので，両者の違いは「サインとコサインが違うだけ？」と思われるかもしれません．しかし，決定的に違う点が1つあります．それは，スカラー積の場合にはその名が示すとおり，2つのベクトル $\boldsymbol{a}$ と $\boldsymbol{b}$ に対してスカラー積を計算した結果は1つの数（スカラー）となります．それに対して，ベクトル積の場合には，ベクトル積を計算した結果はベクトルとなります．ベクトル積の定義式 (6.1.6) の右辺末尾の $\boldsymbol{n}$ が，ベクトル積を計算した結果がベクトルであることを示しています．この $\boldsymbol{n}$ は向きのみを表す大きさ1のベクトルで，$\boldsymbol{a} \times \boldsymbol{b}$ のベクトルの大きさは，$|\boldsymbol{a}||\boldsymbol{b}|\sin\theta$ の部分が表しています（図 6.3）．この部分は，$\boldsymbol{a}$ と $\boldsymbol{b}$ が作る平行四辺形の面積に対応します．

　さて，この $\boldsymbol{n}$ の向きですが，これを言葉で表すと「$\boldsymbol{a}$ と $\boldsymbol{b}$ の両方に垂直で，$\boldsymbol{a}$ から

bに角度が小さい（180°以下）向きに右ねじを回した場合に，ねじが進む向き」になります．図6.3を見てください．2つの平行でないベクトルaとbの両方に垂直ということですので，nはaとbが張る平面に垂直な**法線ベクトル** (normal vector) と平行，ということになります．次に，「平面に垂直なベクトル」は平面に対して「上向き」と「下向き」の2つがありますが，どちらかを指定するのが上の文言の後半の「aからbに角度が小さい（180°以下）向きに右ねじを回した場合に，ねじが進む向き」になります．皆さんはドライバー（ねじ回し）を使ったことがあると思いますが，ドライバーをどちらに回すとねじが入っていくでしょうか．向かって右（時計回り）に回すとねじが入っていき，左（反時計回り）に回すとねじが出てくると思います（ちなみに余談ですが，世の中には逆ねじ（さかねじ）と呼ばれているものがあり，左に回すとねじが締まり，右に回すと出てくるというマニアックなねじもあり，危険な気体を閉じ込めたボンベなどに使われることがあります）．

今，aからbに向かって角度が小さい向きにドライバーを回したときに，右ねじ（逆ねじではない普通のねじ）が進む向きが，このnの向きとなります．この定義からすぐにわかることは，$a \times b$ではなく，$b \times a$の場合には，bからaに「右ねじを回す」ことになりますので，$a \times b$とはベクトルの向きが逆になります．すなわち

$$a \times b = -b \times a, \tag{6.1.7}$$

が成り立ちます．また，2つのベクトルが平行な場合には，定義式 (6.1.6) の中の$\sin \theta$がゼロとなりますので，ベクトル積を計算した結果もゼロとなります．つまり

$$a \times a = 0, \tag{6.1.8}$$

が成り立ちます．

次に，ベクトルa, bが座標成分で与えられた場合にベクトル積を計算する便利な公式を導くために，基本ベクトルe_x, e_y, e_z間のベクトル積を計算してみましょう．まず$e_x \times e_y$はどうなるでしょうか？ ベクトルの大きさ$|e_x||e_y|\sin\theta$については，基本ベクトルの大きさはすべて1であり，互いになす角度は90°$(\pi/2)$なので$\sin\theta = 1$ですから，ベクトルの大きさは1になります．次にベクトルの向きですが，e_xとe_yが張る平面はもちろんxy平面であり，xy平面に垂直なベクトルはz軸に平行となります．後は，z軸の正・負どちらの向きかを決めるわけですが，e_xからe_yにドライバーを回すと，右ねじはz軸の正の向きに進みます．大きさが1でz軸の正方向を向いたベクトルはe_zそのものですから

$$e_x \times e_y = e_z, \tag{6.1.9}$$

となります．この例を参考にして基本ベクトルの他の組み合わせについても，ベクトル積を計算してみてください．結果だけをまとめると次のようになります．

$$\boldsymbol{e}_x \times \boldsymbol{e}_y = \boldsymbol{e}_z , \quad \boldsymbol{e}_y \times \boldsymbol{e}_x = -\boldsymbol{e}_z ,$$
$$\boldsymbol{e}_x \times \boldsymbol{e}_z = -\boldsymbol{e}_y , \quad \boldsymbol{e}_z \times \boldsymbol{e}_x = \boldsymbol{e}_y , \qquad (6.1.10)$$
$$\boldsymbol{e}_y \times \boldsymbol{e}_z = \boldsymbol{e}_x , \quad \boldsymbol{e}_z \times \boldsymbol{e}_y = -\boldsymbol{e}_x .$$

基本ベクトルの自分自身とのベクトル積は式 (6.1.8) と同様，ゼロになります．

$$\boldsymbol{e}_x \times \boldsymbol{e}_x = \boldsymbol{e}_y \times \boldsymbol{e}_y = \boldsymbol{e}_z \times \boldsymbol{e}_z = 0 . \qquad (6.1.11)$$

さて準備が整ったので，ベクトル $\boldsymbol{a}$ および $\boldsymbol{b}$ が成分で与えられている場合の公式を，導いてみましょう．ここで，$\boldsymbol{a}$ および $\boldsymbol{b}$ を基本ベクトルを用いて，次のように表します．

$$\boldsymbol{a} = a_x \boldsymbol{e}_x + a_y \boldsymbol{e}_y + a_z \boldsymbol{e}_z , \qquad (6.1.12)$$
$$\boldsymbol{b} = b_x \boldsymbol{e}_x + b_y \boldsymbol{e}_y + b_z \boldsymbol{e}_z . \qquad (6.1.13)$$

これを用いてベクトル積 $\boldsymbol{a} \times \boldsymbol{b}$ を展開すると，ベクトル積は $a_i b_j \boldsymbol{e}_i \times \boldsymbol{e}_j$ $(i,j = x,y,z)$ の形で表される 9 個の基本ベクトル間のベクトル積の和で表されます．式 (6.1.10) および (6.1.11) を用いてこの和を計算すると，次の形にまとめられます．

$$\begin{aligned} \boldsymbol{a} \times \boldsymbol{b} &= (a_y b_z - a_z b_y)\boldsymbol{e}_x + (a_z b_x - a_x b_z)\boldsymbol{e}_y + (a_x b_y - a_y b_x)\boldsymbol{e}_z \\ &= (a_y b_z - a_z b_y, a_z b_x - a_x b_z, a_x b_y - a_y b_x) . \end{aligned} \qquad (6.1.14)$$

さて，式 (6.1.14) の公式はベクトルの座標成分が規則的に並んではいますが，このままでは暗記をするには少し厳しい形をしています．式 (6.1.14) の計算を機械的に行うことができ，かつ比較的覚えやすい 2×2 行列の**行列式** (determinant) を用いた方法を紹介しておきましょう．

まず，一部の読者にとっては高校数学の復習になりますが，2×2 の正方行列 $\mathbf{A}$

$$\mathbf{A} = \begin{pmatrix} a & b \\ c & d \end{pmatrix} , \qquad (6.1.15)$$

の行列式を $|\mathbf{A}|$（または $\det(\mathbf{A})$）と記し，

$$|\mathbf{A}| = ad - bc , \qquad (6.1.16)$$

で定義します．行列 $\mathbf{A}$ は xy 平面の基本ベクトル $\boldsymbol{e}_x = (1,0)$，および $\boldsymbol{e}_y = (0,1)$ をそれぞれ (a,c)，および (b,d) に移しますが，このとき (a,c) および (b,d) が作る平行四辺形の符号付き面積は $ad - bc$ になります．基本ベクトル $(1,0)$ および $(0,1)$ が作る正方形の面積は 1 ですから，行列 $\mathbf{A}$ が表す線形写像は，元の像の大きさを $ad - bc$ 倍し，行列式はこの倍率を表していると考えることができます．

さて，ベクトル積の公式（式 (6.1.14)）に戻りますと，各成分にそれぞれ行列式 $ad - bc$ のような形が現れていることに気付きます．具体的に行列式を用いてこれら

を表すと

$$\boldsymbol{a} \times \boldsymbol{b} = \left(\begin{vmatrix} a_y & a_z \\ b_y & b_z \end{vmatrix}, \begin{vmatrix} a_z & a_x \\ b_z & b_x \end{vmatrix}, \begin{vmatrix} a_x & a_y \\ b_x & b_y \end{vmatrix} \right), \tag{6.1.17}$$

となっていることがわかると思います.

この式 (6.1.17) が皆さんにお勧めする,ベクトル積の「覚えやすい公式」になります.どのように「覚えやすいか」を具体的な例題を解きながら説明しましょう.$\boldsymbol{a} = (1, -1, 2), \boldsymbol{b} = (-2, 2, 3)$ として,$\boldsymbol{a} \times \boldsymbol{b}$ を計算することを考えます.まず,ベクトル積を計算した結果はベクトルとなりますので,x, y および z 成分を記入する場所を用意し,それぞれに行列式の「枠」を書きます.

$$\boldsymbol{a} \times \boldsymbol{b} = \left(\begin{vmatrix} & \\ & \end{vmatrix}, \begin{vmatrix} & \\ & \end{vmatrix}, \begin{vmatrix} & \\ & \end{vmatrix} \right). \tag{6.1.18}$$

次に行列式の「枠」の上段に,ベクトル $\boldsymbol{a}$ の成分を,左から順に記入するのですが,このとき y 成分から始めて,$y \to z, z \to x, x \to y$,のようにサイクリックに(巡回的に)回していきます.

$$\boldsymbol{a} \times \boldsymbol{b} = \left(\begin{vmatrix} -1 & 2 \\ & \end{vmatrix}, \begin{vmatrix} 2 & 1 \\ & \end{vmatrix}, \begin{vmatrix} 1 & -1 \\ & \end{vmatrix} \right). \tag{6.1.19}$$

同様に,下段にベクトル $\boldsymbol{b}$ の成分を,同じく y から始めて,$y \to z, z \to x, x \to y$,のように記入します.

$$\boldsymbol{a} \times \boldsymbol{b} = \left(\begin{vmatrix} -1 & 2 \\ 2 & 3 \end{vmatrix}, \begin{vmatrix} 2 & 1 \\ 3 & -2 \end{vmatrix}, \begin{vmatrix} 1 & -1 \\ -2 & 2 \end{vmatrix} \right). \tag{6.1.20}$$

あとは,それぞれの行列式を定義に従って計算すると

$$\boldsymbol{a} \times \boldsymbol{b} = ((-1) \times 3 - 2 \times 2, 2 \times (-2) - 1 \times 3, 1 \times 2 - (-1) \times (-2)) = (-7, -7, 0), \tag{6.1.21}$$

となります.公式 (6.1.17) は文字で書くと複雑に見えますが,実際に数字で計算してみると,簡単に使えることがわかるのではないでしょうか.

また,ベクトル積を

$$\boldsymbol{a} \times \boldsymbol{b} = \begin{vmatrix} \boldsymbol{e}_x & \boldsymbol{e}_y & \boldsymbol{e}_z \\ a_x & a_y & a_z \\ b_x & b_y & b_z \end{vmatrix}. \tag{6.1.22}$$

のように行列式で書いて,**サラスの方法** (Sarrus rule) で計算するか

$$\begin{vmatrix} \bm{e}_x & \bm{e}_y & \bm{e}_z \\ a_x & a_y & a_z \\ b_x & b_y & b_z \end{vmatrix} = \begin{vmatrix} a_y & a_z \\ b_y & b_z \end{vmatrix} \bm{e}_x - \begin{vmatrix} a_x & a_z \\ b_x & b_z \end{vmatrix} \bm{e}_y + \begin{vmatrix} a_x & a_y \\ b_x & b_y \end{vmatrix} \bm{e}_z , \qquad (6.1.23)$$

のように，**余因子展開** (cofactor expansion) して計算してもかまいません．

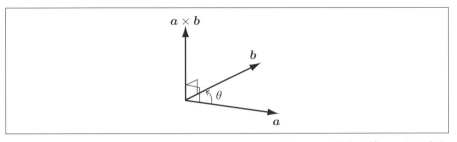

図 **6.3** ベクトル積 $\bm{a} \times \bm{b}$ の向き

6.2 力のモーメントと角運動量が従う方程式

ここでは，物体の回転運動を生み出す**力のモーメント** (moment of force) を導入し，角運動量の時間変化を規定する方程式を導出します．また角運動量と密接に関係する**面積速度** (areal velocity) についても学びます．

6.2.1 2次元の力のモーメント

まず，物体の回転運動を生み出す力のモーメントを導入します．力のモーメントは回転力やトルクとも呼ばれ，自動車のデーターシートなどに「トルクがいくら……」などと記載されているものです．この力のモーメントが，今まで学んできた「通常の力」とどのように違うのかを，シーソーを例にとって説明しましょう．

図 6.4 のように，シーソーの両端に質量 80 kg の人と 40 kg の人が乗っているとします．シーソーの支点から，質量が大きい人が乗っている端までの距離を 1 m，質量が小さい人の端までの距離を 2 m とすると，シーソーが平行を保つことは直感的にわかると思います．シーソーの両端に働く力の大きさは，重力加速度を g とすると，それぞれ $80g$ N と $40g$ N ですから，シーソーが右に傾くか左に傾

くか（シーソーの回転）を決めるのは，力の大きさではなく，「支点から作用点までの距離」と力の積の大きさであることがわかります．すなわち，物体を回転させようとする力である「力のモーメント」は基本的に「距離×力」で表されることがわかると思います．

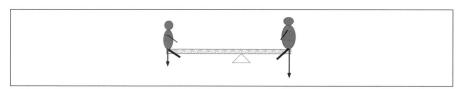

図 **6.4** シーソーと力のモーメント

もう少し詳しく見ていきましょう．図 6.5 のように，物体に力 $\boldsymbol{F}$ が働いているとします．この力が物体 A を支点 O 周りにまわそうとする力のモーメントの大きさはどのようになるでしょうか．先ほど力のモーメントは「距離×力」と述べましたので，ベクトル OA を $\boldsymbol{r}$ と書くと，距離と力の大きさの積 $|\boldsymbol{r}||\boldsymbol{F}|$ としてよいでしょうか．

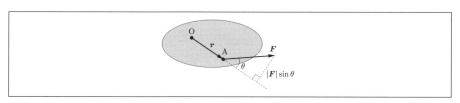

図 **6.5** 力のモーメントの大きさ

結論を述べると，これは一般的には正しくありません．極端な場合として，$\boldsymbol{F}$ が $\boldsymbol{r}$ と平行な場合を考えると，この力は支点 O 周りに物体を回転させるのではなく，OA 方向に物体を移動させる力として働くことは直感的にわかると思います．そのため，「回転力」である力のモーメントを計算する場合には，物体を回転させる力の成分を抜き出す必要があります．この「回転させる成分」は OA と垂直な成分であることは自明でしょう．ここで，$\boldsymbol{r}$ と $\boldsymbol{F}$ のなす角度を θ rad（角度は $\boldsymbol{r}$ を基準として 180° 以下の向きに計ることにします）とすると，この垂直成分の大きさは $|\boldsymbol{F}|\sin\theta$ となり，力のモーメントの大きさは，$|\boldsymbol{r}||\boldsymbol{F}|\sin\theta$ となり

ます．

6.2.2 3次元の力のモーメント

今度はもう少し複雑な場合を考えてみましょう．図6.6のように，物体Aに2つの力 F_1 と F_2 が働いているとします．この2つの力は，大きさが等しく，OAとなす角度も90°で同じですから力のモーメントの大きさは同じになりますが，互いに垂直方向を向いています．この F_1 と F_2 がそれぞれ物体に働いた場合に，物体は同じように回転するでしょうか．明らかに，答えは否です．F_1 は図6.6を地球儀として見ると，物体を赤道・右向きに回転させようとするのに対し，F_2 はそれと垂直・上向きに物体を回転させようとします．この例からわかるとおり，3次元空間での物体の回転を記述するためには，力のモーメントの大きさだけでは不十分であり，「物体をどの向きに回転させるか」も合わせて指定する必要があります．

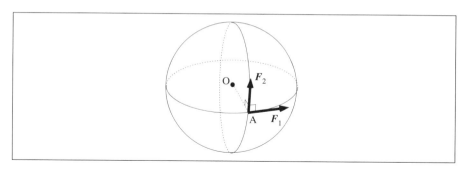

図6.6 3次元の力のモーメント

一般論として，力のベクトル F および支点から作用点までの位置ベクトル r が与えられると，物体はこの F と r を含む平面に沿って回転しようとすることが直感的にわかると思います．平面を指定するためには，平面に垂直な長さが1の単位ベクトル（法線ベクトル）を指定すればよいので，この法線ベクトル n をもって「物体が回転する面」を定めます．すなわち，法線ベクトルが与えられたら，物体はこれに垂直な平面に沿って回転する，と理解することにします．この法線ベクトルは**回転軸** (rotation axis) を表していると考えるとわかりやすいでしょう．ついでにこの n に，「力のモーメントの大きさ」と「回転の向き」の情報

ものせてしまいましょう．まず n ベクトルの長さを $|\boldsymbol{r}||\boldsymbol{F}|\sin\theta$ 倍にして，力の
モーメントの大きさをベクトルの大きさで表すことにします．次に，ある平面に
対して垂直なベクトルの向きは平面に対して「上向き」と「下向き」の2通りあ
るので，実はまだ n の向きは確定していませんでした．一方，回転の向きについ
ても，回転軸に対して「右回り」と「左回り」の二通りあるので，両者の対応を
定義してしまえば，法線ベクトルの向きによって回転の向きも指定することが可
能になります．すなわち，$\boldsymbol{r}$ と $\boldsymbol{F}$ が与えられた場合に，$\boldsymbol{r}$ から $\boldsymbol{F}$ に向かって，角
度が $180°$ より小さい向きに物体は回転するのですが，これと同じ向きに右ねじ
を回すことを考えます．皆さんが普段目にするねじはすべてこの右ねじであり，
ねじの先に向かって右に（時計回り）に回すとねじが進みます．この右ねじが進
む向きを「力のモーメントの向き」と定義するのです．

　以上まとめると，次のようになります．

　3次元空間における力のモーメントはベクトルで表され，その大きさは
$|\boldsymbol{r}||\boldsymbol{F}|\sin\theta$ であり，向きは，$\boldsymbol{r}$ と $\boldsymbol{F}$ の両方に垂直であり，$\boldsymbol{r}$ から $\boldsymbol{F}$ に向かっ
て右ねじを回したときにねじが進む向きになります．逆に，力のモーメントを表
すベクトルが与えられたら，このベクトルの長さが力のモーメントの大きさを表
し，右ねじが進む向きがこのベクトルとの向きと一致するように物体は回転す
る，と理解することになります．

　この力のモーメントの定義から明らかなように，力のモーメント $\boldsymbol{N}$ と $\boldsymbol{r}$ と $\boldsymbol{F}$
との関係は，ベクトル積を用いて

$$\boldsymbol{N} = \boldsymbol{r} \times \boldsymbol{F} , \tag{6.2.1}$$

と表されます．このように，力のモーメントは一般にベクトル積を用いて計算さ
れます．175ページの数学ノート 6.1「ベクトル積と行列式」におけるベクトル
積の計算を思い出すと，皆さんは「面倒くさい！」と思うかもしれません．これ
はそのとおりで，3次元空間における力のモーメントを求める場合には，諦めて
ベクトル積の定義式 (6.1.6)，あるいはベクトルが成分で与えられている場合の公
式 (6.1.14) を用いて地道に計算してください．一方，特別な場合として，ベクト
ル積の計算を経ずに力のモーメントが計算できる場合があります．どのような場
合かというと，2次元の問題の全般がこれに該当します．2次元平面内の回転で
は，物体に複数の力 $(\boldsymbol{F}_1, \boldsymbol{F}_2, \cdots, \boldsymbol{F}_n)$ が働く場合であっても，これらすべての力
のベクトル，および支点から作用点までのベクトル $(\boldsymbol{r}_1, \boldsymbol{r}_2, \cdots, \boldsymbol{r}_n)$ は同一平面

上に乗るので，力のモーメントはすべてこの平面に対して垂直となります．このため，このような「2次元空間での力のモーメント」の場合には，力のモーメントをベクトルとして計算する必要はなく，大きさと「右回り」か「左回り」を指定すればよいことになります（慣例では，紙面に対して反時計回りに物体を回そうとする力のモーメントを正，逆向きを負として表すことが多いです）．

例題 6.2 3次元空間での力のモーメントの計算　　　　　レベル：イージー

物体に 4 つの力 $\boldsymbol{F}_a, \boldsymbol{F}_b, \boldsymbol{F}_c, \boldsymbol{F}_d$ が，それぞれ点 A(1,0,0)，B(0,1,0)，C(0,0,1)，D(0,0,0) を作用点として働いています．$\boldsymbol{F}_a = (a_x, 0, a_z), \boldsymbol{F}_b = (0, b_y, b_z), \boldsymbol{F}_c = (1, 1, 1)$，および $\boldsymbol{F}_d = (2, -3, d_z)$ であり，この物体が静止しているとして，未知数 a_x, a_z, b_y, b_z, d_z を求めよう．

答え

まず力のつり合いより

$$\boldsymbol{F}_a + \boldsymbol{F}_b + \boldsymbol{F}_c + \boldsymbol{F}_d = 0 , \tag{6.2.2}$$

となります．したがって，

$$a_x + 0 + 1 + 2 = 0 , \tag{6.2.3}$$

$$0 + b_y + 1 - 3 = 0 , \tag{6.2.4}$$

$$a_z + b_z + 1 + d_z = 0 , \tag{6.2.5}$$

となります．ここからまず，$a_x = -3$，および $b_y = 2$ が求められます．次に，点 D(0,0,0) を支点として力のモーメントのつり合いを考えると

$$\overrightarrow{DA} \times \boldsymbol{F}_a + \overrightarrow{DB} \times \boldsymbol{F}_b + \overrightarrow{DC} \times \boldsymbol{F}_c = 0 , \tag{6.2.6}$$

より

$$(1,0,0) \times (a_x, 0, a_z) + (0,1,0) \times (0, b_y, b_z) + (0,0,1) \times (1,1,1) = 0 , \tag{6.2.7}$$

が得られます．このそれぞれのベクトル積を式 (6.1.17) を用いて計算すると

$$(0, -a_z, 0) + (b_z, 0, 0) + (-1, 1, 0) = 0 . \tag{6.2.8}$$

したがって，$a_z = 1, b_z = 1$．力のつり合いで求められた関係式 $a_z + b_z + 1 + d_z = 0$ に a_z および b_z の値を代入すると，$d_z = -3$．

183

6.2.3 物体の回転運動

さて今まで，物体の回転運動を誘起する力のモーメントについて見てきましたが，今度は回転運動そのものを考えてみましょう．

力のモーメントの場合には，物体に働く力のみではなく，回転軸から力の作用点までの「腕の長さ」との積が重要であることを見てきました．物体の回転運動の「程度」を表す場合にも，実はこの腕の長さが本質的な役割をもつことになります．次のような例を考えてみましょう．今，皆さんは，前節の例のように 10 g の重りに釣り糸を付けて回そうとします．釣り糸が短い場合，たとえば 10 cm 程度の場合には，角速度 2π rad/s，つまり 1 秒間で 1 周させるのは容易でしょう．ところが，釣り糸の長さが 100 cm になると，たとえ 10 g の重りであっても，同じ角速度（1 秒間で 1 周）で回転させるのはそれほど簡単ではないことがわかると思います．

今，質量 m の質点が速度 $\boldsymbol{v}$ で運動していて，ある支点 O からの位置ベクトルが $\boldsymbol{r}$ であるとします．このとき，天下り的ですが，次のような物理量を考えてみましょう．

$$\boldsymbol{L} = \boldsymbol{r} \times \boldsymbol{p} . \tag{6.2.9}$$

ここで，$\boldsymbol{p}$ は物体の運動量 ($\boldsymbol{p} = m\boldsymbol{v}$) です．右辺において $\boldsymbol{r}$ との積が物体の速度 $\boldsymbol{v}$ ではなく運動量 $\boldsymbol{p}$ である理由は，先ほどの「重りを回転させる」例でもわかるとおり，物体を同じ角速度で回転させる場合でも，質量が大きいほど回転させることは大変ですので，「回転の大きさ」を表す量として質量を含めた定義となっています．式 (6.2.9) で定義された物理量 $\boldsymbol{L}$ は，前節で直感的に導入した角運動量の質点の場合の定義なのですが，まずはこの時間変化を見ていきましょう．式 (6.2.9) の両辺を時間 t で微分すると

$$\frac{d\boldsymbol{L}}{dt} = \frac{d\boldsymbol{r}}{dt} \times \boldsymbol{p} + \boldsymbol{r} \times \frac{d\boldsymbol{p}}{dt} , \tag{6.2.10}$$

となります．式 (6.2.10) の右辺第一項において，$d\boldsymbol{r}/dt = \boldsymbol{v}$ であり，「平行なベクトルどうしのベクトル積はゼロ」という性質から $\boldsymbol{v} \times \boldsymbol{p} = 0$ ですから，第 1 項はゼロになります．一方，第 2 項に現れる運動量の微分 $d\boldsymbol{p}/dt$ は，ニュートンの運動方程式を使うと

$$\frac{d\boldsymbol{p}}{dt} = m\frac{d\boldsymbol{v}}{dt} = \boldsymbol{F} , \tag{6.2.11}$$

となります．式 (6.2.11) を式 (6.2.10) に代入すると，

$$\frac{d\boldsymbol{L}}{dt} = \boldsymbol{r} \times \boldsymbol{F} , \qquad (6.2.12)$$

が得られます. 式 (6.2.12) の右辺 $\boldsymbol{r} \times \boldsymbol{F}$ は力のモーメント $\boldsymbol{N}$ そのものですから, 角運動量 $\boldsymbol{L}$ の時間変化は力のモーメントに等しい, すなわち

$$\frac{d\boldsymbol{L}}{dt} = \boldsymbol{N} , \qquad (6.2.13)$$

となります. もし力のモーメント $\boldsymbol{N}$ がゼロの場合には, 式 (6.2.13) の右辺がゼロですから, 両辺を時間 t で 1 回積分すると

$$\boldsymbol{L} = \boldsymbol{C} , \qquad (6.2.14)$$

より, 角運動量は保存します ($\boldsymbol{C}$ は定数ベクトル). これが前節で述べた角運動量保存の法則の質点の場合になります.

　ここで, 3 次元の角速度ベクトル $\boldsymbol{\omega}$ を導入してみましょう. 大きさ $|\boldsymbol{\omega}|$ は前章の式 (5.1.5) のように「単位時間当たりの角度 (rad) の変化」, 向きは「回転面に垂直, かつ右ねじを物体の回転する向きと同じ向きに回した場合に, ねじが進む向き（すなわち $\boldsymbol{r} \times \boldsymbol{p}$ と同じ向き）」で定義すると, 角運動量 $\boldsymbol{L}$ は $\boldsymbol{\omega}$ を用いて

$$\boldsymbol{L} = \boldsymbol{r} \times \boldsymbol{p} = mr^2 \boldsymbol{\omega} , \qquad (6.2.15)$$

と表されます. 前節で, 角運動量は「慣性モーメント×角速度」で定義され, 慣性モーメントは「質量×長さの 2 乗」の次元をもつ, という話をしましたが, 式 (6.2.15) を見ますと, 慣性モーメントの部分は $I = mr^2$ ですので, 確かに質量と長さの 2 乗の積の次元をもっていることがわかります. 式 (6.2.13) が本節で導出を目標としていた**角運動量が従う方程式**になります. 式 (6.2.15) からわかるように, 角運動量が一定値をとる場合には, 物体の回転軸からの動径半径 r が変化すると, それに応じて角速度が変化します. これが前節の図 6.1 で見てきたように, 重りの回転半径が小さくなると角速度が上がる理由です.

6.2.4 面積速度

　角運動量と密接に関係する物理量として, 面積速度の定義をしておきましょう. 角運動量を式 (6.2.9) で定義しましたが, この式において運動量 $\boldsymbol{p}$ を速度の $1/2$, つまり $\boldsymbol{v}/2$ に換えたものが面積速度になります. すなわち

$$\frac{d\boldsymbol{S}}{dt} = \boldsymbol{r} \times \frac{1}{2}\boldsymbol{v} . \qquad (6.2.16)$$

面積速度は，7.2.4 項で再び登場します．

　物理的な意味としては，物体が回転運動をする場合に，単位時間当たりに物体の「軌道面が掃く面積」を表します．角運動量との違いは，質量 $2m$ が掛かっているかどうかですので，この面積速度を角運動量とは別に，重要な物理量として敢えて定義する必然性はそれほどありません．特に物理においては，保存則とより密接に関係するという意味において，速度 $\boldsymbol{v}$ よりも運動量 $\boldsymbol{p}$ のほうをより基本的な物理量として考える，という立場をとっています．質点が 1 個の場合には，速度で考えても運動量で考えてもそれほど違いはないのですが，7 章で扱うように，相互作用する 2 つ以上の物体を考える場合には本質的な違いが出てきます．たとえば 2 つの物体が衝突する場合には，衝突の前後で運動量の和は保存しますが，「速度の和」のようなものは一般的には保存しません．角運動量と面積速度の場合も同様で，外力が働かなければ，相互作用する 2 つの物体の角運動量の和は保存しますが，面積速度は一般に保存しません．このような事情にもかかわらず，面積速度を敢えて取り上げる理由は，ケプラーの法則の発見に代表されるように，力学の発展に大きな貢献をした天体の運動の解析において面積速度という概念が導入された，という歴史的事情によります．

例題 | **6.3** | **角運動量を計算する基準点について** | **レベル：イージー**

　図 6.7 のように，質量 m の小球が半径 r の円周上を一定の角速度 ω で等速円運動している．このとき小球の角運動量は保存しており，円運動の中心 O を基準点にとると，$mr^2\omega$ となります．一方，円の中心から $r/2$ だけずれた点 O′ を基準点として角運動量を計算するとどうなるでしょうか．物体が円周上の点 A および B を通過するときの角運動量を計算してみよう．

答え

　点 O′ を回転の中心とした場合の角運動量の大きさは

$$L = mr^2\omega \left[1 - \frac{1}{2}\cos(\omega t)\right] , \tag{6.2.17}$$

と計算できるので，点 A および点 B での角運動量の大きさは

$$L_{\mathrm{A}} = \frac{1}{2}mr^2\omega , \qquad L_{\mathrm{B}} = \frac{3}{2}mr^2\omega , \tag{6.2.18}$$

となります．このように，角運動量（および面積速度）は計算する基準点を変えると値が変化するので注意しましょう．

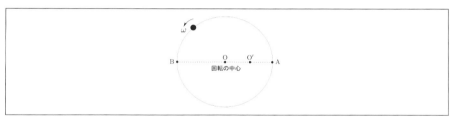

図 6.7 角運動量を計算する基準点

6.2.5 回転の運動方程式

この節の最後に,角運動量が従う方程式の特別な場合として,回転の運動方程式を導出しておきましょう.

前の節において,質点の角運動量を $\boldsymbol{L} = \boldsymbol{r} \times \boldsymbol{p}$ で定義し,質点の慣性モーメント $I = mr^2$ を用いると $\boldsymbol{L} = I\boldsymbol{\omega}$ と表されることを学びました.質点の動径半径 r が変化しないとすると,慣性モーメント $I = mr^2$ は一定値をとりますので,式 (6.2.13) を慣性モーメント I を明示した形に書き直すと

$$I\frac{d\boldsymbol{\omega}}{dt} = \boldsymbol{N}, \qquad (6.2.19)$$

となります.この式は質点運動の場合に導出されたものですが,実は大きさをもつ物体の場合にも成り立つことが知られています(9 章で詳しく学びます).大きさをもつ物体の場合には,物体の点ごとに回転軸までの距離が変わるため,慣性モーメント I は単純に mr^2 とすることはできず,物体の各微小部分の慣性モーメント $dI = dmr^2$ を物体全体について積分する必要があります.慣性モーメントの具体的な計算方法は第 9 章に譲り,ここでは I がわかっているとして,この回転の運動方程式の応用を少し見ていきましょう.

3 次空間内での回転運動は,一般的に 3 個の回転軸周りの運動として記述されますが,ここでは簡単のため,1 つの軸周りの回転のみを考えましょう.すると,回転軸の向きは指定されますので,角運動量および力のモーメントはベクトルである必要はなくなり,式 (6.2.19) は

$$I\frac{d^2\varphi}{dt^2} = N, \qquad (6.2.20)$$

のように簡略化されます.φ はこの軸周りの回転角を表し,角速度 ω と

$$\omega = \frac{d\varphi}{dt} , \qquad (6.2.21)$$

の関係で結ばれています．式 (6.2.20) が 1 つの軸周りの回転に関する回転の運動方程式となります．この式を 1 自由度のニュートンの運動方程式

$$m\frac{d^2x}{dt^2} = F , \qquad (6.2.22)$$

と較べると，両者はよく似ていて，「質量 m ⇔ 慣性モーメント I」，「位置 x ⇔ 回転角 φ」，「力 F ⇔ 力のモーメント N」の対応があることがわかります（詳しくは表 9.1 を参照してください）．

式 (6.2.20) は前節で学んだ角運動量が従う方程式の特別な場合として導かれましたが，質点の運動の特別な場合として，ニュートンの運動方程式から以下のように導くことも可能です．まず，質量 m をもつ質点は半径 r の円周上を運動するとします．このような系を具体的に実現するためには，質点に対して質量が無視できる硬い針金の先に質点を付け，もう一方の端を頑丈な回転軸に垂直に固定します．この状況で質点に力 $\boldsymbol{F}$ を加えると，回転軸と針金を含む平面に垂直な力の成分（これを F と書くことにします）のみが物体の回転運動に寄与します．この回転軸まわりの物体の回転角を φ とし，物体の運動を極座標で表すことにすると，角度 φ に関する運動方程式は 5.2 節で学んだとおり

$$mr\frac{d^2\varphi}{dt^2} = F , \qquad (6.2.23)$$

となります．両辺に円運動の半径 r を掛けると

$$mr^2\frac{d^2\varphi}{dt^2} = rF . \qquad (6.2.24)$$

ここで，左辺の mr^2 は質点の慣性モーメント I であり，右辺の rF は力のモーメントですから，上式は

$$I\frac{d^2\varphi}{dt^2} = N , \qquad (6.2.25)$$

となり，式 (6.2.20) の回転の運動方程式が導かれたことになります．

6.3 中心力場の運動で保存するもの

物体に働く力が**中心力** (central force) の場合に，角運動量が保存することを学

びます．また，太陽系の惑星の運動について，よく知られた**面積速度**の保存についても学びます．

　次のような具体的な状況を考えてみましょう．太陽のような恒星が1つあり，その恒星を中心に，1個の惑星が周回しています．恒星は惑星に比べて十分質量が大きく，惑星の運動による反跳を受けない（恒星の位置は不変である）とします．恒星を座標の原点にとり，惑星の軌道平面上に設定した極座標 (r, φ) を用いて惑星の運動を表すことにしましょう．前章の式 (5.2.20) と式 (5.2.21) で学んだように運動方程式は

$$m\frac{d^2 r}{dt^2} = F_r + mr\left(\frac{d\varphi}{dt}\right)^2 , \qquad (6.3.1)$$

$$mr\frac{d^2\varphi}{dt^2} = F_\varphi - 2m\frac{dr}{dt}\frac{d\varphi}{dt} , \qquad (6.3.2)$$

となります．ここで m は，もちろん惑星の質量，F_r および F_φ は惑星に働く動径方向および角度方向の力の成分となります．今から考える中心力とは，この単語から想像されるように，惑星に働く力が動径方向に沿っている場合，すなわちそれと直交する角度成分 F_φ はゼロの場合となります．$F_\varphi = 0$ を上の運動方程式に代入し，φ を角速度 $\omega = d\varphi/dt$ で表すと

$$m\frac{d^2 r}{dt^2} = F_r + mr\omega^2 , \qquad (6.3.3)$$

$$mr\frac{d\omega}{dt} = -2m\omega\frac{dr}{dt} , \qquad (6.3.4)$$

となります．この2番目の式は変数分離形の微分方程式ですので，ω および r をそれぞれ左辺と右辺に集めると

$$\frac{d\omega}{\omega} = -\frac{2}{r}\frac{dr}{dt}dt , \qquad (6.3.5)$$

となり，右辺で t から r への積分変数の取替えを行うと

$$\int \frac{d\omega}{\omega} = -2\int \frac{dr}{r} , \qquad (6.3.6)$$

となります．そして，両辺の不定積分をそれぞれ実行すると

$$\log|\omega| = -2\log|r| + C_1 , \qquad (6.3.7)$$

が得られます．ここで C_1 は積分定数です．両辺の $\log$ を払うと

$$\omega = C_2 r^{-2} , \tag{6.3.8}$$

となり（$C_2 = \pm e^{C_1}$ は新しい積分定数），mr^2 を両辺に掛けると

$$mr^2 \omega = C_3 , \tag{6.3.9}$$

（$C_3 = mC_2$）となります．式 (6.3.9) の右辺はもちろん定数であり，左辺 $mr^2\omega$ は前節で学んだ角運動量ですから，この式は中心力場の質点の運動では角運動量が保存することを示しています．物体の力のモーメントを生み出す角度方向の力 F_φ がゼロなのですから，前節で学んだように角運動量が保存することは直感的に明らかだと思います．

　今，この角運動量の値を L とすると，式 (6.3.9) より

$$\omega = \frac{L}{mr^2} . \tag{6.3.10}$$

これを式 (6.3.3) の右辺に代入すると，動径方向の運動を決める方程式は

$$m\frac{d^2 r}{dt^2} = F_r + \frac{L^2}{mr^3} , \tag{6.3.11}$$

となります．右辺第 2 項は遠心力を表します．前章の「地球の自転と野球のボールに働く遠心力・コリオリ力」において回転する座標系を考え，この座標系で物体の運動を記述した場合に慣性力として遠心力やコリオリ力が登場することを示しました．上の式 (6.3.11) は物体の動径方向の運動に着目してるわけですが，動径座標 r とペアである角度変数 φ は物体運動に従い，時々刻々変化をしていることになります．すなわち，動径方向の運動方程式は回転する座標系に乗って記述していることになりますので，遠心力という慣性力が運動方程式に登場するのです．

　最後に，**面積速度の保存**について説明しましょう．前節の式 (6.2.16) で定義したように，面積速度は「角運動量を質量 $2m$ で割ったもの」ですので，今の場合には角運動量が保存しているのであれば，面積速度も保存します．式 (6.3.9) より，面積速度 S は

$$S = \frac{1}{2}r^2 \omega . \tag{6.3.12}$$

と表されます．

6 の演習問題

(解答は 287 ページ.)

6.1 [レベル : イージー] 次の基本ベクトルどうしのベクトル積を，定義式 (6.1.6) に従って計算しよう.

$$(1)\ \boldsymbol{e}_x \times \boldsymbol{e}_y \quad (2)\ \boldsymbol{e}_y \times \boldsymbol{e}_x$$

$$(3)\ \boldsymbol{e}_y \times \boldsymbol{e}_z \quad (4)\ \boldsymbol{e}_z \times \boldsymbol{e}_y$$

$$(5)\ \boldsymbol{e}_z \times \boldsymbol{e}_x \quad (6)\ \boldsymbol{e}_x \times \boldsymbol{e}_z$$

$$(7)\ \boldsymbol{e}_x \times \boldsymbol{e}_x \quad (8)\ \boldsymbol{e}_y \times \boldsymbol{e}_y$$

$$(9)\ \boldsymbol{e}_z \times \boldsymbol{e}_z$$

6.2 [レベル : イージー] 2 つのベクトル $\boldsymbol{a}$ および $\boldsymbol{b}$ が座標成分で与えられた場合のベクトル積の計算公式 (6.1.14) を導こう.

6.3 [レベル : イージー] 次の場合について，2 つのベクトル $\boldsymbol{a}$ と $\boldsymbol{b}$ のベクトル積 $\boldsymbol{a} \times \boldsymbol{b}$ を計算しよう.

$$(1)\ \boldsymbol{a} = (2, -1, -1), \boldsymbol{b} = (1, 2, -3)$$

$$(2)\ \boldsymbol{a} = (1, 0, -1), \boldsymbol{b} = (1, 2, 1)$$

$$(3)\ \boldsymbol{a} = (1, 2, -1), \boldsymbol{b} = (1, -2, 2)$$

6.4 [レベル : イージー] 小球が原点 O のまわりの軌道を周回しています. 軌道上のある点 A$(-1, 1, -2)$ における速度ベクトルが $\boldsymbol{v}_A = (2, 1, -1)$ であるとき，同じく軌道上の点 B$(3, 0, 1)$ における速度ベクトルを求めよう. ただし，小球の原点まわりの角運動量は保存しており，点 B における速さは $\sqrt{6}$ であるとします.

191

コラム

♨ 慣性モーメントと分子の形

本章はじめのフィギュアスケートの例で，スケート選手が姿勢を変えることによって自身の慣性モーメントを変化させ，それによって回転のしやすさを変えている，という話をしました．つまり，質量が同じであっても，形状（正確には回転軸周りの質量分布）が変わると，回転のしやすさが変化するのです．この物体の形状と回転の関係を使った見事な実用例として，分子の形を決定する話を紹介しましょう．

皆さんは高校の化学で，水分子 (H_2O) の構造について学んだことと思います．OH結合の長さは約 1Å で H-O-H の結合角が約 104° ということですが，そもそもこの構造はどのようにして決定したのでしょうか．水分子の大きさに相当する 1Å は 1mm の1000万分の1という超微小サイズですので，肉眼で見ることはもちろん，どんなに倍率の高い光学顕微鏡を用いても原理的に見ることができません．水分子の大きさ約1Å(=0.1nm) は，人間の目が感知することができる「**可視光線 (visible light)**」と呼ばれる光の波長 (380nm〜750nm) よりもさらに数千倍も小さいからです (一般に，光の波長よりも小さいものは，「**回折限界 (diffraction limit)**」を下回るため，通常は光では見ることが出来ないことが知られています).

ではどのようにして分子の形を知ることができたのかといいますと，実はこの章で学んだ慣性モーメントの測定から決定したのです．分子に赤外線領域からマイクロ波領域の光を照射すると，分子はエネルギーを吸収して，回転運動をするようになります．ただし，当てる光は何でもよいわけではなく，ちょうど光の振動電場の周期が分子の回転周期に一致したときだけ，共鳴という現象 (第3章の「強制振動」参照) によって，分子は光を吸収します．分子の回転周期は分子の回転のしやすさ，すなわち慣性モーメントによって厳密に計算できますので，分子が共鳴吸収する光の周波数を実験によって測定すれば，分子の慣性モーメントを逆算することができます．3原子以上から成る分子は，第9章の「剛体」で学ぶように，一般に3個の回転軸を持ちますので，それぞれの軸回りの慣性モーメントを精密に測定することができれば，小〜中程度の大きさの分子であればその構造を決定することができるのです．このような方法で分子の構造を決定する方法は**マイクロ波分光 (microwave spectroscopy)** と呼ばれ，水のような身近な分子だけでなく，宇宙空間のような特殊な環境下における分子 (星間分子) の構造の決定にも役立っています．

(T. S.)

悦びは人生の要素であり，人生の欲求であり，人生の力であり，人生の価値である．
Johannes Kepler

Chap.07
2体問題

これまでは質点が1個の場合を考えてきましたが，この章では質点が2個の場合を考えます．質点の数が2倍になったことで，問題も2倍難しくなるのでしょうか？　それとも，もっと難しくなるのでしょうか？　はたまた，もっと簡単になるのでしょうか?

7.1　1の次は2——2体問題の基礎

これまでは，1つの質点の運動を考えてきました．このとき質点に働く力について考えてみましょう．たとえば，地表付近の質点の運動では質点に重力が働きますが，この重力とは地球が質点に及ぼす引力のことです．作用・反作用の法則を考えると，逆に質点も地球に力を及ぼしていることになります．このことから，質点が地球から重力を受けて加速されると同時に，地球も質点からの力を受けて加速されることがわかります．これまで，地球そのものの運動を考えてこなかったのは，地球の質量が圧倒的に大きいので，地球の加速度は極めて小さくなり，ほとんど無視できたからです．したがって，より正確に物体の運動を考えるには，お互いに力を及ぼし合いながら運動する2つの物体を考える必要があります．このような2つの物体からなる系を **2体系** (two-body system) と呼び，その運動を考えることを2体問題といいます．

7.1.1　質量中心ベクトルと相対ベクトル

それでは実際に2体問題について考えてみましょう．質量が m_1 と m_2 の2つの質点があるとします（図7.1）．それぞれに名前を付けて質点1，質点2としましょう．2つの質点の位置ベクトルはそれぞれ r_1, r_2 とします．この2つの質点はお互いに力を及ぼしあっています．このように，考えている系内で互いに及ぼし合う力のことを**内力** (internal force) と言います．質点2が質点1に及ぼす力を F_{12}, 質点1が質点2に及ぼす力を F_{21} とします．また，質点には内力以外に，考えている系の外部から力が働く場合もあります．このような力を**外力** (external force) と呼びます．質点1に働く外力を F_1, 質点2に働く外力を F_2 とします．

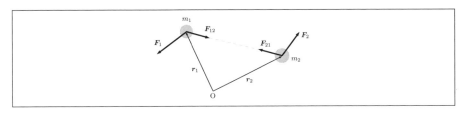

図 **7.1**　2体系に働く力

状況を整理すると，質点1には内力 F_{12} と外力 F_1 が働き，質点2には内力 F_{21}

と外力 $\boldsymbol{F}_2$ が働くことになります．これより，2つの質点の運動方程式を立てると

$$m_1\ddot{\boldsymbol{r}}_1 = \boldsymbol{F}_{12} + \boldsymbol{F}_1 \ , \quad m_2\ddot{\boldsymbol{r}}_2 = \boldsymbol{F}_{21} + \boldsymbol{F}_2 \ , \tag{7.1.1}$$

となります．ここで，1.2.4項でも学んだように，位置ベクトル $\boldsymbol{r}_1$, $\boldsymbol{r}_2$ の上に付いている記号はニュートンの記号と呼ばれ，時間微分を表します．この記号を用いると，ベクトル関数 $\boldsymbol{A}(t)$ の1次，および2次の導関数は

$$\frac{d\boldsymbol{A}(t)}{dt} = \dot{\boldsymbol{A}}(t) \ , \quad \frac{d^2\boldsymbol{A}(t)}{dt^2} = \ddot{\boldsymbol{A}}(t) \ . \tag{7.1.2}$$

この方程式 (7.1.1) を解けば，2つの質点の運動がわかることになります．ところが，これには非常に大きな問題があります．一般に，質点に働く内力は，互いに力を及ぼし合う2つの質点の位置によって変わります．たとえば，質点1に働く内力 $\boldsymbol{F}_{12}$ は質点1の位置 $\boldsymbol{r}_1$ のみならず質点2の位置 $\boldsymbol{r}_2$ によっても変わってしまうのです．そのため，上の運動方程式 (7.1.1) は，どちらも変数として2つの位置ベクトル $\boldsymbol{r}_1$, $\boldsymbol{r}_2$ が現れてしまい，このままでは解くのが非常に難しくなってしまいます．そこで，作用・反作用の法則を用いて，この2式を**質量中心ベクトル** (center of mass vector) $\boldsymbol{r}_{\mathrm{cm}}$ と**相対位置ベクトル** (relative position vector) $\boldsymbol{r}$ についての方程式に書き換えます．ここで，添字の cm は**質量中心** (center of mass) を表します（長さの単位のセンチメートルと勘違いしないように注意してください）．

質量中心ベクトルは，全質量 $M = m_1 + m_2$ を用いると

$$\boldsymbol{r}_{\mathrm{cm}} = \frac{m_1\boldsymbol{r}_1 + m_2\boldsymbol{r}_2}{M} \ , \tag{7.1.3}$$

と定義され，相対位置ベクトルは

$$\boldsymbol{r} = \boldsymbol{r}_2 - \boldsymbol{r}_1 \ , \tag{7.1.4}$$

で定義されます．

2体系において，重力のモーメントがつり合う点を**重心** (center of gravity) と言います．**重心ベクトル** (center of gravity vector) を $\boldsymbol{r}_{\mathrm{G}}$ とすると，重心まわりでの重力のモーメントのつり合いから

$$(\boldsymbol{r}_1 - \boldsymbol{r}_{\mathrm{G}}) \times m_1\boldsymbol{g} + (\boldsymbol{r}_2 - \boldsymbol{r}_{\mathrm{G}}) \times m_2\boldsymbol{g} = 0 \ , \tag{7.1.5}$$

が導かれますが，これは

$$\{m_1\boldsymbol{r}_1 + m_2\boldsymbol{r}_2 - (m_1+m_2)\boldsymbol{r}_\mathrm{G}\} \times \boldsymbol{g} = 0 , \tag{7.1.6}$$

となることから，重心ベクトルが

$$\boldsymbol{r}_\mathrm{G} = \frac{m_1\boldsymbol{r}_1 + m_2\boldsymbol{r}_2}{M} , \tag{7.1.7}$$

となることがわかります（図7.2）．したがって，重心と質量中心は一致することがわかります．以下では，重心と質量中心を区別することなく，その位置ベクトルを $\boldsymbol{r}_\mathrm{G}$ と書くことにします．

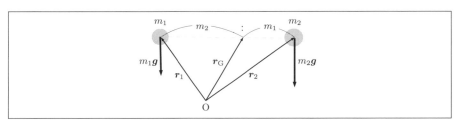

図**7.2** 重心と重力のモーメント

例題 7.1　太陽-地球系の質量中心　　　レベル：イージー

太陽と地球の2体系を考えたとき，その質量中心は太陽の位置からどれだけ離れているでしょうか?

答え

太陽の質量を M，地球の質量を m とします．太陽の位置を原点とし，地球までの距離を X とすると，原点から質量中心までの距離は

$$x_\mathrm{G} = \frac{M \cdot 0 + mX}{M+m} = \frac{mX}{M+m} , \tag{7.1.8}$$

となります．これに $M = 1.99 \times 10^{30}$kg, $m = 5.98 \times 10^{24}$kg, $X = 1.50 \times 10^{11}$m を代入すると

$$x_\mathrm{G} = \frac{5.98 \times 10^{24}\mathrm{kg} \cdot 1.50 \times 10^{11}\mathrm{m}}{1.99 \times 10^{30}\mathrm{kg} + 5.98 \times 10^{24}\mathrm{kg}} = 4.51 \times 10^5 \ \mathrm{m} . \tag{7.1.9}$$

この値は，太陽の半径 6.96×10^8 m より十分小さく，太陽の大きさを考えても太陽 − 地球系の質量中心は太陽中心付近にあると思ってよいでしょう．

7.1.2 並進運動と相対運動

まず，質量中心ベクトルに対する方程式を求めましょう．式 (7.1.7) の両辺を時間について 2 回微分します．質量は時間によらない定数なので，位置ベクトル $\boldsymbol{r}_\mathrm{G}, \boldsymbol{r}_1, \boldsymbol{r}_2$ のみが微分され

$$\ddot{\boldsymbol{r}}_\mathrm{G} = \frac{m_1\ddot{\boldsymbol{r}}_1 + m_2\ddot{\boldsymbol{r}}_2}{M} , \tag{7.1.10}$$

となります．両辺に全質量 M を掛け，質点 1, 2 についての運動方程式 (7.1.1) を用いて $\ddot{\boldsymbol{r}}_1$ と $\ddot{\boldsymbol{r}}_2$ を消去すると

$$M\ddot{\boldsymbol{r}}_\mathrm{G} = \boldsymbol{F}_{12} + \boldsymbol{F}_1 + \boldsymbol{F}_{21} + \boldsymbol{F}_2 , \tag{7.1.11}$$

となります．作用・反作用の法則から $\boldsymbol{F}_{12} = -\boldsymbol{F}_{21}$ であることを使うと

$$M\ddot{\boldsymbol{r}}_\mathrm{G} = \boldsymbol{F}_1 + \boldsymbol{F}_2 , \tag{7.1.12}$$

が得られます．この式は，外力 $\boldsymbol{F}_1 + \boldsymbol{F}_2$ を受けて運動する質量 M の質点の運動方程式に対応し，**並進運動の方程式**や**重心運動の方程式**と呼ばれます．

次に，相対位置ベクトルに対する方程式を求めましょう．式 (7.1.4) の両辺を時間について 2 回微分すると

$$\ddot{\boldsymbol{r}} = \ddot{\boldsymbol{r}}_2 - \ddot{\boldsymbol{r}}_1 , \tag{7.1.13}$$

が得られます．質点 1, 2 の運動方程式 (7.1.1) を用いて右辺を書き換えると

$$\begin{aligned}
\ddot{\boldsymbol{r}} &= \frac{\boldsymbol{F}_{21} + \boldsymbol{F}_2}{m_2} - \frac{\boldsymbol{F}_{12} + \boldsymbol{F}_1}{m_1} \\
&= \left(\frac{1}{m_2} + \frac{1}{m_1}\right)\boldsymbol{F}_{21} + \frac{\boldsymbol{F}_2}{m_2} - \frac{\boldsymbol{F}_1}{m_1} \\
&= \frac{m_1 + m_2}{m_1 m_2}\boldsymbol{F}_{21} + \frac{\boldsymbol{F}_2}{m_2} - \frac{\boldsymbol{F}_1}{m_1} ,
\end{aligned} \tag{7.1.14}$$

となります．ただし，1 行目から 2 行目への式変形では作用・反作用の法則 $\boldsymbol{F}_{12} = -\boldsymbol{F}_{21}$ を使いました．この式を運動方程式と同様な形にするため，**換算質量** (reduced mass) μ を

$$\mu = \frac{m_1 m_2}{m_1 + m_2} , \tag{7.1.15}$$

で定義します．そして，μ を式 (7.1.14) の両辺に掛けると

$$\mu\ddot{\boldsymbol{r}} = \boldsymbol{F}_{21} + \frac{\mu}{m_2}\boldsymbol{F}_2 - \frac{\mu}{m_1}\boldsymbol{F}_1 \ , \tag{7.1.16}$$

となります．この式は，右辺の力を受けて運動する，質量 μ の質点の運動方程式と考えることができ，**相対運動の方程式**と呼ばれます．特に質点 1, 2 に働く外力がゼロ，もしくは重力のように質点の質量に比例する場合は

$$\mu\ddot{\boldsymbol{r}} = \boldsymbol{F}_{21} \ . \tag{7.1.17}$$

7.1.3 全運動量，全運動エネルギー，全角運動量

ここでは，2 体系の物理量について考えてみましょう．特に，2 体系全体の物理量と並進および相対運動との関係をみていきます．はじめに，運動量について考えましょう．2 体系全体の運動量を**全運動量** (total momentum) といい $\boldsymbol{P}$ で表します．全運動量 $\boldsymbol{P}$ は，2 つの質点の運動量 $\boldsymbol{p}_1, \boldsymbol{p}_2$ の和により求められます．つまり

$$\boldsymbol{P} = \boldsymbol{p}_1 + \boldsymbol{p}_2 = m_1\dot{\boldsymbol{r}}_1 + m_2\dot{\boldsymbol{r}}_2 \ , \tag{7.1.18}$$

です．ここで，質量中心の定義式 (7.1.7) より $M\boldsymbol{r}_{\mathrm{G}} = m_1\boldsymbol{r}_1 + m_2\boldsymbol{r}_2$ となることを用いると，全運動量は

$$\boldsymbol{P} = M\dot{\boldsymbol{r}}_{\mathrm{G}} \ , \tag{7.1.19}$$

となることがわかります．これは，全質量 M と質量中心の速度 $\dot{\boldsymbol{r}}_{\mathrm{G}}$ の積になっていることから，並進運動による運動量となります．

次に，2 体系の**全運動エネルギー** (total kinetic energy) K について考えてみましょう．質点 1, 2 の運動エネルギーはそれぞれ $K_1 = \frac{1}{2}m_1\dot{\boldsymbol{r}}_1^2$, $K_2 = \frac{1}{2}m_2\dot{\boldsymbol{r}}_2^2$ となるので，全運動エネルギーは

$$K = K_1 + K_2 = \frac{1}{2}m_1\dot{\boldsymbol{r}}_1^2 + \frac{1}{2}m_2\dot{\boldsymbol{r}}_2^2 \ , \tag{7.1.20}$$

となります．これを並進運動と相対運動からの寄与に分けてみます．式 (7.1.4) と式 (7.1.7) を $\boldsymbol{r}_1$ と $\boldsymbol{r}_2$ の連立方程式とみなして解くと

$$\boldsymbol{r}_1 = \boldsymbol{r}_{\mathrm{G}} - \frac{m_2}{M}\boldsymbol{r} \ , \tag{7.1.21}$$

$$\boldsymbol{r}_2 = \boldsymbol{r}_{\mathrm{G}} + \frac{m_1}{M}\boldsymbol{r} \ , \tag{7.1.22}$$

となります．これを用いると，全運動エネルギーは

$$K = \frac{1}{2}m_1\left(\dot{\boldsymbol{r}}_{\mathrm{G}} - \frac{m_2}{M}\dot{\boldsymbol{r}}\right)^2 + \frac{1}{2}m_2\left(\dot{\boldsymbol{r}}_{\mathrm{G}} + \frac{m_1}{M}\dot{\boldsymbol{r}}\right)^2$$
$$= \frac{1}{2}M\dot{\boldsymbol{r}}_{\mathrm{G}}^2 + \frac{1}{2}\mu\dot{\boldsymbol{r}}^2 , \qquad (7.1.23)$$

となります．右辺第1項は全質量と質量中心の速度で書かれることから**並進運動のエネルギー**に対応します．右辺第2項は換算質量と相対速度で書かれていることから**相対運動のエネルギー**に対応します．したがって，全運動エネルギーは，並進運動のエネルギー K_{G} と相対運動のエネルギー K' の和に等しく

$$K = K_{\mathrm{G}} + K' . \qquad (7.1.24)$$

　同様に，2体系の**全角運動量** (total angular momentum) $\boldsymbol{L}$ を求めてみましょう．質点 1, 2 の角運動量は $\boldsymbol{l}_1 = \boldsymbol{r}_1 \times \boldsymbol{p}_1, \boldsymbol{l}_2 = \boldsymbol{r}_2 \times \boldsymbol{p}_2$ ですから，全角運動量は

$$\boldsymbol{L} = \boldsymbol{r}_1 \times \boldsymbol{p}_1 + \boldsymbol{r}_2 \times \boldsymbol{p}_2$$
$$= \boldsymbol{r}_1 \times m_1\dot{\boldsymbol{r}}_1 + \boldsymbol{r}_2 \times m_2\dot{\boldsymbol{r}}_2 , \qquad (7.1.25)$$

となります．これを式 (7.1.21) と式 (7.1.22) を用いて書き換えると

$$\boldsymbol{L} = \left(\boldsymbol{r}_{\mathrm{G}} - \frac{m_2}{M}\boldsymbol{r}\right) \times m_1\left(\dot{\boldsymbol{r}}_{\mathrm{G}} - \frac{m_2}{M}\dot{\boldsymbol{r}}\right) + \left(\boldsymbol{r}_{\mathrm{G}} + \frac{m_1}{M}\boldsymbol{r}\right) \times m_2\left(\dot{\boldsymbol{r}}_{\mathrm{G}} + \frac{m_1}{M}\dot{\boldsymbol{r}}\right)$$
$$= m_1\boldsymbol{r}_{\mathrm{G}} \times \dot{\boldsymbol{r}}_{\mathrm{G}} - \frac{m_1m_2}{M}\boldsymbol{r}_{\mathrm{G}} \times \dot{\boldsymbol{r}} - \frac{m_1m_2}{M}\boldsymbol{r} \times \dot{\boldsymbol{r}}_{\mathrm{G}} + \frac{m_1m_2^2}{M^2}\boldsymbol{r} \times \dot{\boldsymbol{r}}$$
$$\quad + m_2\boldsymbol{r}_{\mathrm{G}} \times \dot{\boldsymbol{r}}_{\mathrm{G}} + \frac{m_1m_2}{M}\boldsymbol{r}_{\mathrm{G}} \times \dot{\boldsymbol{r}} + \frac{m_1m_2}{M}\boldsymbol{r} \times \dot{\boldsymbol{r}}_{\mathrm{G}} + \frac{m_1^2m_2}{M^2}\boldsymbol{r} \times \dot{\boldsymbol{r}}$$
$$= (m_1 + m_2)\boldsymbol{r}_{\mathrm{G}} \times \dot{\boldsymbol{r}}_{\mathrm{G}} + \frac{m_1m_2(m_1 + m_2)}{M^2}\boldsymbol{r} \times \dot{\boldsymbol{r}}$$
$$= \boldsymbol{r}_{\mathrm{G}} \times M\dot{\boldsymbol{r}}_{\mathrm{G}} + \boldsymbol{r} \times \mu\dot{\boldsymbol{r}} , \qquad (7.1.26)$$

となります．右辺第1項は，質量中心に全質量 M が集まってできる仮想的な質点の，原点のまわりの角運動量に等しくなります．一方，第2項は，質点2の位置にある質量 μ の質点の，質点1のまわりの角運動量に対応します．それぞれ，**質量中心の運動の角運動量** $\boldsymbol{L}_{\mathrm{G}}$ と**相対運動の角運動量** $\boldsymbol{L}'$ とみなせば，全角運動量は

$$\boldsymbol{L} = \boldsymbol{L}_{\mathrm{G}} + \boldsymbol{L}' . \qquad (7.1.27)$$

199

7.1.4 全運動量と全角運動量の時間変化

全運動量 $\boldsymbol{P}$ と全角運動量 $\boldsymbol{L}$ の時間変化について考えましょう．式 (7.1.19) の両辺を時間で微分し，並進運動の方程式 (7.1.12) を使うと

$$\dot{\boldsymbol{P}} = M\ddot{\boldsymbol{r}}_{\mathrm{G}} = \boldsymbol{F}_1 + \boldsymbol{F}_2 , \qquad (7.1.28)$$

となることから，全運動量の時間変化は 2 体系に働く外力のみで決まり，内力にはよらないことがわかります．さらに，外力が働かない ($\boldsymbol{F}_1 = \boldsymbol{F}_2 = 0$) か，その合力がゼロ ($\boldsymbol{F}_1 + \boldsymbol{F}_2 = 0$) 場合には

$$\dot{\boldsymbol{P}} = 0 , \qquad (7.1.29)$$

となり，これは

$$\boldsymbol{P} = 一定 , \qquad (7.1.30)$$

を意味しますから，全運動量が保存することがわかります．これは，質量中心の運動が等速直線運動であることを意味します．

次に，全角運動量の時間変化 $\dot{\boldsymbol{L}}$ をみてみましょう．式 (7.1.26) の両辺を時間で微分すると

$$\begin{aligned}
\dot{\boldsymbol{L}} &= \dot{\boldsymbol{r}}_1 \times m_1\dot{\boldsymbol{r}}_1 + \boldsymbol{r}_1 \times m_1\ddot{\boldsymbol{r}}_1 + \dot{\boldsymbol{r}}_2 \times m_2\dot{\boldsymbol{r}}_2 + \boldsymbol{r}_2 \times m_2\ddot{\boldsymbol{r}}_2 \\
&= \boldsymbol{r}_1 \times m_1\ddot{\boldsymbol{r}}_1 + \boldsymbol{r}_2 \times m_2\ddot{\boldsymbol{r}}_2 ,
\end{aligned} \qquad (7.1.31)$$

となります．ただし，最後の式変形では，互いに平行なベクトルのベクトル積がゼロとなることを使いました．さらに，質点 1, 2 についての運動方程式 (7.1.1) を用いて書き換えると

$$\begin{aligned}
\dot{\boldsymbol{L}} &= \boldsymbol{r}_1 \times (\boldsymbol{F}_{12} + \boldsymbol{F}_1) + \boldsymbol{r}_2 \times (\boldsymbol{F}_{21} + \boldsymbol{F}_2) \\
&= (\boldsymbol{r}_2 - \boldsymbol{r}_1) \times \boldsymbol{F}_{21} + \boldsymbol{r}_1 \times \boldsymbol{F}_1 + \boldsymbol{r}_2 \times \boldsymbol{F}_2 ,
\end{aligned} \qquad (7.1.32)$$

となります．ここで，作用・反作用の法則から $\boldsymbol{F}_{12} = -\boldsymbol{F}_{21}$ となることを用いました．内力 $\boldsymbol{F}_{21}$ は質点 1 が 2 を押す（引く）力ですから，その向きはベクトル $\boldsymbol{r}_2 - \boldsymbol{r}_1$ と平行になります．この結果，全角運動量の時間変化は

$$\dot{\boldsymbol{L}} = \boldsymbol{r}_1 \times \boldsymbol{F}_1 + \boldsymbol{r}_2 \times \boldsymbol{F}_2 , \qquad (7.1.33)$$

となり，外力のモーメントの和に一致します．外力のモーメントの和がゼロのときは

$$\dot{\boldsymbol{L}} = 0 , \qquad (7.1.34)$$

となり，これは

$$\boldsymbol{L} = 一定 , \qquad (7.1.35)$$

を意味しますから，全角運動量は保存します．

7.2 ケプラーからニュートンへ——惑星の運動

ここでは，惑星の運動について学びます．2006年8月に開かれた国際天文学連合 (IAU) の総会で，「惑星の定義」が決定され，冥王星は太陽系外縁天体の1つということになりました．そのため，太陽系には，地球を含めて8個の惑星があります．惑星に働く力として，太陽からの万有引力や，他の惑星等からの万有引力が考えられます．しかし，もっとも大きな惑星である木星でも，太陽質量の約1000分の1しかありません．このため，惑星に働く力は太陽からの引力のみを考えればよい近似になります．このように，惑星の運動は太陽とその惑星の2体問題として扱うことができます．

7.2.1 ケプラーの法則

ケプラー (Johannes Kepler) は，ブラーエ (Tycho Brahe) がその生涯をかけて集めた惑星運動についてのデータを理論的に解析し，惑星運動について，次の3つの法則を発見しました．

第1法則　惑星は太陽を1つの焦点とする楕円軌道を運動する．
第2法則　惑星は面積速度が一定となる速さで運動する．
第3法則　惑星の公転周期の2乗は楕円軌道の長半径の3乗に比例する．

ニュートンは，ケプラーの第3法則から万有引力の法則を導き，これと運動の第2法則（運動方程式）によりケプラーの法則が導けることを示しました．この節では，万有引力の法則と運動の第2法則から，ケプラーの3つの法則を導いていきます．

7.2.2 惑星の運動方程式

　ここでは，惑星の運動を太陽と惑星の 2 体問題と考えた場合，どのような運動方程式に従うか考えます．ただし，太陽系全体としての運動には興味がないので，相対運動として太陽からみた惑星の運動を考えましょう．

　惑星の質量を m_P，太陽の質量を m_S とします．このとき換算質量は

$$\mu = \frac{m_P m_S}{m_P + m_S} , \tag{7.2.1}$$

となります．ただし，惑星の質量は太陽の質量に比べて十分小さいので $(m_P \ll m_S)$ 換算質量は

$$\mu = \frac{m_P}{m_P / m_S + 1} \approx m_P , \tag{7.2.2}$$

と近似することができます．惑星の位置ベクトルを $\boldsymbol{r}_P$，太陽の位置ベクトルを $\boldsymbol{r}_S$ とすると，太陽から見た惑星の位置を表す相対ベクトルは

$$\boldsymbol{r} = \boldsymbol{r}_P - \boldsymbol{r}_S , \tag{7.2.3}$$

となります．太陽が惑星に及ぼす力は，万有引力の法則 (2.4.4) より

$$\boldsymbol{F}(\boldsymbol{r}) = - G \frac{m_P m_S}{r^2} \boldsymbol{e}_r = - G \frac{m_P m_S}{r^3} \boldsymbol{r} , \tag{7.2.4}$$

となります．ここで，$\boldsymbol{e}_r = \boldsymbol{r}/r$ は相対ベクトル $\boldsymbol{r}$ 方向の単位ベクトルを表します．これらを用いると，相対運動の方程式は

$$\mu \ddot{\boldsymbol{r}} = - G \frac{m_P m_S}{r^2} \boldsymbol{e}_r , \tag{7.2.5}$$

となり，中心力による運動の方程式の形になります．

　この方程式を扱うには，太陽を原点とする極座標を用いると便利です．極座標での加速度の表式 (5.2.16) と (5.2.17)（または，式 (5.2.28)）を用いると，相対運動の方程式の r 成分，φ 成分はそれぞれ

$$\mu \left(\ddot{r} - r \dot{\varphi}^2 \right) = - G \frac{m_P m_S}{r^2} , \tag{7.2.6}$$

$$\mu \frac{1}{r} \frac{d}{dt} (r^2 \dot{\varphi}) = 0 , \tag{7.2.7}$$

となります．ここで，φ 成分の式 (7.2.7) から

$$r^2 \dot{\varphi} = h = 一定 , \tag{7.2.8}$$

となることがわかります．

7.2.3 ケプラーの第1法則

ケプラーの第1法則は惑星運動の軌道に関する法則です．この法則以前は，神が創った宇宙は完全であり，完全な図形である円や球でできていると考えられてきました．ケプラー自身も，元々，火星の軌道が真円であることを示そうと解析していたと言われています．このように，惑星の軌道が円ではなく太陽を1つの焦点とする楕円であったことは，コペルニクスの地動説よりも衝撃的な発見であったといえます．

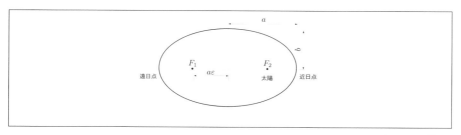

図 **7.3** 楕円

ここで**楕円** (ellipse) とは，図 7.3 に描いたように，一方向につぶれた円であり，幾何学的には，2点 F_1, F_2 からの距離の和が等しい点の集まりとして定義されます．点 F_1, F_2 を楕円の**焦点** (focus, foci) といいます．楕円の形は，**長半径** (major axis, transverse diameter) a と**離心率** (eccentricity) ε を与えることで決まります．離心率とは，焦点が中心からどれくらい離れているかを表す量で，中心から焦点までの距離が εa となるように定義されます．表 7.1 からわかるように，惑星軌道の離心率はかなり小さく，実際の軌道はかなり円に近いものとなります．また，惑星軌道上で太陽にもっとも近づく点を**近日点** (perihelion) といい，もっとも遠ざかる点を**遠日点** (aphelion) といいます．近日点から太陽までの距離は $a(1-\varepsilon)$，遠日点から太陽までの距離は $a(1+\varepsilon)$ と表されます．

運動方程式 (7.2.6) と式 (7.2.8) からケプラーの第1法則を導いてみます．以下の内容は少し難しいので，飛ばして先に進み，後から戻ってきても構いません．また，道に迷わないために，図 7.4 に，運動方程式からケプラーの法則を導くフローチャートを書いておきます．

第1法則は軌道に関する法則です．軌道を求めるには，運動方程式を解き，時

表7.1 惑星の軌道半径と離心率（理科年表より）

	軌道半径 （天文単位）	離心率
水星	0.3871	0.2056
金星	0.7233	0.0068
地球	1.0000	0.0167
火星	1.5237	0.0934
木星	5.2026	0.0485
土星	9.5549	0.0555
天王星	19.2184	0.0463
海王星	30.1104	0.0090

間 t を消去して r と φ の関係を求めます．ここでは，運動方程式を時間 t の微分から方位角（偏角）φ の微分に書き換え，直接，軌道の式 $r = r(\varphi)$ を求めます．式 (7.2.6) に式 (7.2.8) を代入して $\dot{\varphi}$ を消去すると

$$\mu \left(\ddot{r} - \frac{h^2}{r^3} \right) = -G \frac{m_{\mathrm{P}} m_{\mathrm{S}}}{r^2} , \qquad (7.2.9)$$

となります．この式を φ に関する微分方程式に書き換えます．まず，式 (7.2.8) に注意して，r の時間微分 $\dot{r}$ を φ 微分に書き換えます．

$$\dot{r} = \frac{dr}{dt} = \frac{dr}{d\varphi} \frac{d\varphi}{dt} = \dot{\varphi} \frac{dr}{d\varphi} = \frac{h}{r^2} \frac{dr}{d\varphi} . \qquad (7.2.10)$$

さらに，同じように考えると $\ddot{r}$ が得られます．

$$\ddot{r} = \frac{d\dot{r}}{d\varphi} \frac{d\varphi}{dt} = \dot{\varphi} \frac{d}{d\varphi} \left(\frac{h}{r^2} \frac{dr}{d\varphi} \right) = \frac{h^2}{r^2} \frac{d}{d\varphi} \left(\frac{1}{r^2} \frac{dr}{d\varphi} \right) . \qquad (7.2.11)$$

これを式 (7.2.9) に代入し整理すると，φ に関する微分方程式

$$\frac{d}{d\varphi} \left(\frac{1}{r^2} \frac{dr}{d\varphi} \right) - \frac{1}{r} = -G \frac{m_{\mathrm{P}} m_{\mathrm{S}}}{\mu h^2} , \qquad (7.2.12)$$

が得られます．

この微分方程式は，変数を r から，r の逆数

$$u = \frac{1}{r} , \qquad (7.2.13)$$

に変換すると簡単に解くことができます．式 (7.2.13) の両辺を φ で微分すると

$$\frac{du}{d\varphi} = \frac{d}{d\varphi} \left(\frac{1}{r} \right) = -\frac{1}{r^2} \frac{dr}{d\varphi} , \qquad (7.2.14)$$

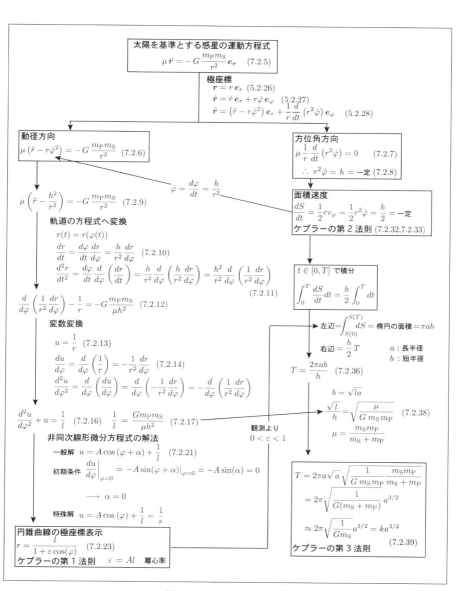

図 7.4 ニュートンの運動方程式からケプラーの法則へ

となり，これを式 (7.2.12) に代入すると

$$-\frac{d}{d\varphi}\left(\frac{du}{d\varphi}\right) - u = -G\frac{m_\mathrm{P}m_\mathrm{S}}{\mu h^2} \ , \tag{7.2.15}$$

つまり

$$\frac{d^2u}{d\varphi^2} + u = \frac{1}{l} \ , \tag{7.2.16}$$

となります．ただし，長さの次元をもつ定数 l は

$$l = \frac{\mu h^2}{Gm_\mathrm{P}m_\mathrm{S}} \ , \tag{7.2.17}$$

で定義されます．

ここで，u についての微分方程式 (7.2.16) は，φ を独立変数とする 2 階非同次線形常微分方程式となっていることを確認してください．この方程式の一般解は，3 章の 103 ページの数学ノート 3.3 で学んだ方法で求めることができます．

ステップ 1. 同次方程式の一般解を求める

微分方程式 (7.2.16) の同次方程式は，右辺をゼロとおいて

$$\frac{d^2u}{d\varphi^2} + u = 0 \ , \tag{7.2.18}$$

となります．これは，単振動の微分方程式と同じ形をしています．そのため，式 (7.2.18) の一般解を u_H と書くことにすると，これは，A と α を 2 つの任意定数として

$$u_\mathrm{H} = A\cos(\varphi + \alpha) \ . \tag{7.2.19}$$

ステップ 2. 非同次方定式の特解を求める

非同次方程式 (7.2.16) の解を u_P として，定数解を仮定してみます．すると u_P の微分はゼロとなることから

$$u_\mathrm{P} = \frac{1}{l} \ , \tag{7.2.20}$$

となります．はじめに仮定したとおり u_P が定数となったので，式 (7.2.20) が求めていた特解になります．

ステップ 3. ステップ 1, 2 で求めた解から非同次方程式の一般解を求める

非同次方程式 (7.2.16) の一般解は，u_H と u_P を足し合わせて

$$u = A\cos(\varphi + \alpha) + \frac{1}{l} ，\tag{7.2.21}$$

となります．$\varphi = 0$ で $du/d\varphi = 0$ とすると

$$\frac{du}{d\varphi} = -A\sin(\varphi + \alpha) ，\tag{7.2.22}$$

より，$\alpha = 0$ となります．また，もう 1 つの定数 A は正の定数とします．これらの条件は，$\varphi = 0$ が近日点に対応する条件になっています．

これで軌道曲線が求まりました．r は u の逆数なので

$$r = \frac{1}{\frac{1}{l} + A\cos\varphi} = \frac{l}{1 + \varepsilon\cos\varphi} ，\tag{7.2.23}$$

となります．ただし $A = \varepsilon/l$ としました．式 (7.2.23) で表される曲線を**円錐曲線** (conic section) といいます．これは，円錐を平面で切ったときの切り口の形に対応し，図 7.5 にあるように円，楕円，放物線，双曲線のいずれかになります．放物線や双曲線は閉じた曲線ではないので，惑星の軌道には対応しません．太陽系が誕生したとき，楕円軌道を回る条件をみたしたものだけが，惑星や彗星として今でも太陽の周りをまわっていることになります．

式 (7.2.23) が楕円を表すことを確認するため，極座標からデカルト座標に変換してみましょう．2 次元極座標とデカルト座標の関係式

$$x = r\cos\varphi ，\quad y = r\sin\varphi ，\quad r = \sqrt{x^2 + y^2} ，\tag{7.2.24}$$

を使うと，式 (7.2.23) は

$$(1 - \varepsilon^2)x^2 + 2l\varepsilon x + y^2 = l^2 ，\tag{7.2.25}$$

となります．この式を x について平方完成すると

$$(1 - \varepsilon^2)\left(x + \frac{l\varepsilon}{1 - \varepsilon^2}\right)^2 + y^2 = \frac{l^2}{1 - \epsilon^2} ，\tag{7.2.26}$$

207

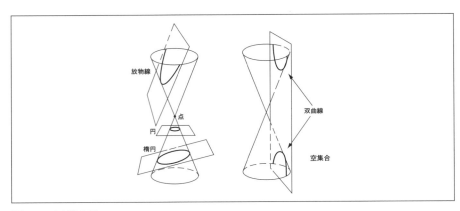

図 **7.5** 円錐曲線

が得られます．これを

$$\frac{\left(x+\frac{l\varepsilon}{1-\varepsilon^2}\right)^2}{\frac{l^2}{(1-\varepsilon^2)^2}} + \frac{y^2}{\frac{l^2}{1-\varepsilon^2}} = 1 , \qquad (7.2.27)$$

のように書き直します．そして，$0 < \varepsilon < 1$ のとき $a = l/(1-\varepsilon^2), b = l/\sqrt{1-\varepsilon^2}$ とすると

$$\frac{(x+\varepsilon a)^2}{a^2} + \frac{y^2}{b^2} = 1 , \qquad (7.2.28)$$

となり，確かに，点 $(-\varepsilon a, 0)$ を中心とし，長軸の長さが $2a$ で，短軸の長さが $2b$ の楕円の式が導かれます．

例題 7.2 円錐曲線　　　　　　　　　　　　　　　レベル：イージー

$\varepsilon = 1$ および $\varepsilon > 1$ のとき，円錐曲線 (7.2.23) はどのような曲線を表すでしょうか？

答え

$\varepsilon = 1$ のとき，式 (7.2.25) は

$$2lx + y^2 = l^2 , \qquad (7.2.29)$$

となり放物線を表します．

$\varepsilon > 1$ のとき，式 (7.2.27) で $a = l/(\varepsilon^2-1), b = l/\sqrt{\varepsilon^2-1}$ とすると

$$\frac{(x - \varepsilon a)^2}{a^2} - \frac{y^2}{b^2} = 1 , \tag{7.2.30}$$

となり双曲線となります.

7.2.4 ケプラーの第2法則

ケプラーの第2法則は，惑星運動の速度に関する法則で，**面積速度一定の法則**とも呼ばれます．面積速度とは，惑星と太陽を結ぶ線分が一定時間に通過する（掃く）面積で定義されます．したがって，惑星の速度は太陽にもっとも近い近日点付近で速く，太陽からもっとも遠い遠日点付近で遅くなります．

ケプラーの第2法則を導いてみましょう．惑星運動の方程式 (7.2.5) は中心力が働く質点の運動方程式です．したがって，6章でみたように，角運動量が保存し面積速度は一定になります．7.2.2項の式 (7.2.8) で示したように

$$r^2 \dot{\varphi} = h , \tag{7.2.31}$$

でした．一方，惑星の面積速度は

$$\frac{dS}{dt} = \frac{1}{2} r v_\varphi = \frac{1}{2} r (r\varphi) = \frac{1}{2} r^2 \dot{\varphi} , \tag{7.2.32}$$

です．したがって，面積速度は

$$\frac{dS}{dt} = \frac{h}{2} , \tag{7.2.33}$$

となり，一定となります.

7.2.5 ケプラーの第3法則

ケプラーの第3法則は，軌道半径と**公転周期** (orbital period) に関する法則で，**調和の法則** (harmonic law) とも呼ばれます．

ケプラーの第3法則を導いてみます．公転周期とは，惑星が太陽のまわりをちょうど1周するのにかかる時間のことです．惑星が1周するとき，惑星と太陽を結ぶ線分が通過する面積は，惑星軌道の楕円の面積に一致します．この間，面積速度は一定なので

$$面積速度 \times 公転周期 = 楕円の面積 , \tag{7.2.34}$$

が成り立ちます．長軸の長さ $2a$，短軸の長さ $2b$ の楕円の面積は πab なので，公転周期を T とすると

$$\frac{h}{2}T = \pi ab ,\tag{7.2.35}$$

となります．よって，公転周期 T は

$$T = \frac{2\pi ab}{h} ,\tag{7.2.36}$$

と表すことができます．7.2.3 項での a, b, l の定義

$$a = \frac{l}{1-\varepsilon^2} , \quad b = \frac{l}{\sqrt{1-\varepsilon^2}} , \quad l = \frac{\mu h^2}{Gm_{\mathrm{P}}m_{\mathrm{S}}} ,\tag{7.2.37}$$

より

$$b = \sqrt{la} , \quad \frac{\sqrt{l}}{h} = \sqrt{\frac{\mu}{Gm_{\mathrm{S}}m_{\mathrm{P}}}} ,\tag{7.2.38}$$

という関係が得られるので，

$$T = 2\pi\sqrt{\frac{\mu}{Gm_{\mathrm{P}}m_{\mathrm{S}}}}\, a^{3/2} = 2\pi\sqrt{\frac{1}{G(m_{\mathrm{P}}+m_{\mathrm{S}})}}\, a^{3/2} \approx 2\pi\sqrt{\frac{1}{Gm_{\mathrm{S}}}} a^{3/2} ,$$
$$\tag{7.2.39}$$

となり，公転周期が長半径の $3/2$ 乗に比例することがわかります．

| 例題 | 7.3 | 木星の公転周期 | レベル：イージー |

表 7.1 から木星の公転周期を求めよう．

答え

木星の公転周期と半径を $T_木, a_木$，地球の公転周期と半径を $T_地, a_地$ とすると，ケプラーの第 3 法則より

$$T_木 = \left(\frac{a_木}{a_地}\right)^{3/2} T_地 = \left(\frac{5.2026\ \text{天文単位}}{1.0000\ \text{天文単位}}\right)^{3/2} \times 1\,\text{年} = 11.867\,\text{年} ,\tag{7.2.40}$$

となります．

7.2.6 惑星の運動と有効ポテンシャル

惑星運動の方程式

$$\mu\left(\ddot{r} - \frac{h^2}{r^3}\right) = -G\frac{m_{\mathrm{P}}m_{\mathrm{S}}}{r^2} ,\tag{7.2.41}$$

に $\dot{r}$ を掛けて時間 t で積分します．つまり，4.2.1 項で学んだエネルギー積分をします．

$$\int \mu \left(\ddot{r} - \frac{h^2}{r^3} \right) \dot{r} dt = -Gm_{\mathrm{P}}m_{\mathrm{S}} \int \frac{\dot{r}}{r^2} dt \ . \tag{7.2.42}$$

この積分は，

$$\frac{d}{dt}(\dot{r}^2) = 2\dot{r}\ddot{r} \ , \quad \dot{r} dt = \frac{dr}{dt} dt = dr \ , \tag{7.2.43}$$

に注意すると，

$$\mu \int \frac{d}{dt} \left(\frac{\dot{r}^2}{2} \right) dt - \mu h^2 \int \frac{dr}{r^3} = -Gm_{\mathrm{P}}m_{\mathrm{S}} \int \frac{dr}{r^2} \ , \tag{7.2.44}$$

と書けます．今，E を積分定数とすると，積分した結果は

$$\frac{1}{2}\mu\dot{r}^2 + \frac{\mu h^2}{2r^2} = \frac{Gm_{\mathrm{P}}m_{\mathrm{S}}}{r} + E \ , \tag{7.2.45}$$

となります．この式は，力学的エネルギーの保存に対応し，積分定数 E が全力学的エネルギーを表します．

今，有効ポテンシャル (effective potential) $V(r)$ を

$$V(r) = -\frac{Gm_{\mathrm{P}}m_{\mathrm{S}}}{r} + \frac{\mu h^2}{2r^2} \ , \tag{7.2.46}$$

で定義すると，式 (7.2.45) は

$$\frac{1}{2}\mu\dot{r}^2 + V(r) = E \ , \tag{7.2.47}$$

となります．ここで，$\mu\dot{r}^2/2 \geq 0$ なので，運動が可能であるためには $E \geq V(r)$ となる必要があります．

図 7.6 のように，r の関数として $V(r)$ のグラフが描けます．ここで，$E_{\mathrm{min.}} < E < 0$ のとき，運動は r が有限の範囲に止まり，惑星の楕円軌道の場合に対応します．一方，$E \geq 0$ の場合は，r は有限の範囲に止まらず，$E = 0$ のときは放物線軌道，$E > 0$ のときは双曲線軌道になります．太陽系誕生時，全エネルギーがある範囲内のものだけが取り残され，地球をはじめとする太陽系の構成員として存在していることになります．

211

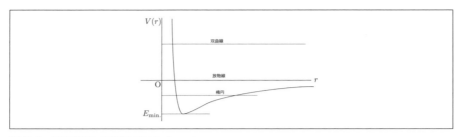

図 7.6 惑星運動の有効ポテンシャル

| 例題 | 7.4 | 惑星の力学的エネルギー | レベル：ミディアム |

惑星運動の力学的エネルギー E と離心率 ε の関係を求めよう．

答え

式 (7.2.47) に式 (7.2.23)，およびその微分を代入し整理すると

$$E = -\frac{Gm_\mathrm{P} m_\mathrm{S}}{2l}(1-\varepsilon^2), \tag{7.2.48}$$

となります．$E < 0$ のとき $\varepsilon < 1$ となり，惑星の軌道は楕円となります．

7.3 ぶつけて調べる相互作用——衝突

ここでは，物体の**衝突** (collision) について学びます．衝突とは，孤立した複数の物体が非常に短い時間に力を及ぼし合う現象のことです．ただしこれまでは，物体の内部構造は考えず質点と近似してきましたが，ここでは物体は内部構造をもつものを考えます．このため，内部構造の変化により衝突の前後で系全体の力学的エネルギーが変化する場合もあります．力学的エネルギーが変化せず保存する場合を**弾性衝突** (elastic collision) と呼び，力学的エネルギーが変化し保存しない場合を**非弾性衝突** (inelastic collision) と呼びます．

衝突の際，必ずしも物体どうしが接触する必要はありません．ボイジャー1号などの惑星探査機は，惑星との**スウィングバイ** (swing-by) により加速しますが，もちろんこのとき惑星と接触してしまっては探査機が壊れてしまいます．スウィングバイでは，探査機と惑星は接触することなく，重力により探査機の進む向きと速さを変えています．

実際の衝突では，物体どうしが互いに及ぼし合う相互作用の詳細はあらかじめわからない場合がほとんどです．ただし，この場合でも，衝突では内力のみを考えるので，ある程度のことを議論することができます．現代の高エネルギー物理学の世界では，電子や陽子等を大型加速器で光速に近い速度まで加速し，互いに衝突させる実験を行っています．このような実験では，衝突後に出てくる粒子の詳細を調べることで，極微の世界で素粒子の間に働く相互作用について調べています[1]．

7.3.1 衝突における運動量，運動エネルギー

図 7.7 は 2 つの物体の衝突の様子を模式的に示したものです．衝突前の質量 m_1 の物体の速度を $\boldsymbol{v}_{1i}$，質量 m_2 の物体の速度を $\boldsymbol{v}_{2i}$ とし，衝突後の質量 m_1 の物体の速度を $\boldsymbol{v}_{1f}$，質量 m_2 の物体の速度を $\boldsymbol{v}_{2f}$ とします．この先，衝突前の物理量に "initial" の頭文字 i，衝突後の物理量に "final" の頭文字 f を付けて区別します．

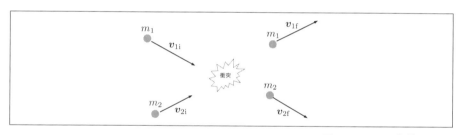

図 **7.7** 2 つの物体の衝突

衝突現象では，孤立した 2 物体を考えるので，物体に働く力は衝突の短時間にお互いに及ぼし合う内力のみです．このため，7.1.4 項でみたように，2 物体の全運動量 $\boldsymbol{P}$ と全角運動量 $\boldsymbol{L}$ は保存します．たとえば，衝突前後の運動量について，次のような関係が成り立ちます．

$$\boldsymbol{P} = m_1\boldsymbol{v}_{1i} + m_2\boldsymbol{v}_{2i} = m_1\boldsymbol{v}_{1f} + m_2\boldsymbol{v}_{2f} . \tag{7.3.1}$$

一方，運動エネルギーは保存するとは限りません．これは，衝突により物体が変形するなど内部エネルギーの増加にエネルギーが使われてしまうためです．内

---
[1] 2012 年 7 月 4 日，欧州合同原子核研究機関 (CERN) は，LHC の衝突実験でヒッグス粒子と見られる新粒子を 99.99998％ の確率で発見したと発表しました．

部エネルギーの変化が無視でき，運動エネルギーが衝突の前後で変化しない場合を弾性衝突といいます．一方，衝突の前後で運動エネルギーが変化する場合を非弾性衝突といいます．特に，衝突後2物体が1つとなって運動する場合を**完全非弾性衝突** (completely inelastic collision) といいます．

7.3.2　1次元の衝突

はじめに，直線上を運動する2物体の衝突を考えましょう．このような衝突のことを1次元の衝突といいます．図7.8は衝突前後の2つの物体の様子を表しています．衝突の前後で全運動量は変化しないので

$$m_1 v_{1i} + m_2 v_{2i} = m_1 v_{1f} + m_2 v_{2f}, \tag{7.3.2}$$

が成り立ちます．この式だけでは，衝突前の速度 v_{1i}, v_{2i} がわかっていても衝突後の速度は決まりません．どちらか一方の衝突後の速度を測定すれば，もう一方の速度を求めることができます．

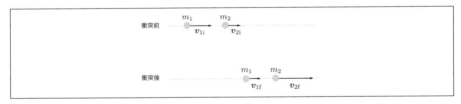

図 **7.8**　1次元の衝突

まずは弾性衝突の場合を考えます．この場合は運動エネルギーが保存するので

$$\frac{1}{2} m_1 v_{1i}^2 + \frac{1}{2} m_2 v_{2i}^2 = \frac{1}{2} m_1 v_{1f}^2 + \frac{1}{2} m_2 v_{2f}^2, \tag{7.3.3}$$

が成り立ちます．この式と運動量保存の式 (7.3.2) を連立させて解けば，衝突後の速度 v_{1f}, v_{2f} が求まります．この計算はかなり大変で，一工夫する必要があります．今，式 (7.3.2) を変形すると

$$m_1 (v_{1i} - v_{1f}) = -m_2 (v_{2i} - v_{2f}), \tag{7.3.4}$$

となります．一方，式 (7.3.3) を変形すると

$$m_1 (v_{1i} - v_{1f})(v_{1i} + v_{1f}) = -m_2 (v_{2i} - v_{2f})(v_{2i} + v_{2f}), \tag{7.3.5}$$

となります．衝突の前後で物体の速度は変化するはずなので，式 (7.3.5) の両辺はゼロではありません．したがって，これら 2 式から

$$v_{1i} + v_{1f} = v_{2i} + v_{2f} , \tag{7.3.6}$$

が成り立つことがわかります．この式を

$$v_{2f} - v_{1f} = -(v_{2i} - v_{1i}) , \tag{7.3.7}$$

と書き換えると，衝突の前後で相対速度の向きは変化しますが大きさは変化しないことがわかります．式 (7.3.2) と式 (7.3.6) より，衝突後の速度は

$$v_{1f} = \frac{(m_1 - m_2)v_{1i} + 2m_2 v_{2i}}{m_1 + m_2} , \quad v_{2f} = \frac{(m_2 - m_1)v_{2i} + 2m_1 v_{1i}}{m_1 + m_2} , \tag{7.3.8}$$

となります．ここで，$m_1 = m_2$ とすると $v_{1f} = v_{2i}, v_{2f} = v_{1i}$ となります．したがって，2 つの物体の質量が等しいとき，1 次元の弾性衝突では速度交換が起こることになります．

次に非弾性衝突の場合を考えます．非弾性衝突の場合は運動エネルギーが保存しないので，式 (7.3.3) は成り立ちません．相対速度の大きさも変化します．その変化の割合を e とすると（ネイピア数ではないことに注意）

$$v_{2f} - v_{1f} = -e(v_{2i} - v_{1i}) , \tag{7.3.9}$$

となります．ここで，e は**反発係数**（coefficient of restitution，はねかえり係数）と呼ばれ，物体の材質によって決まります．式 (7.3.7) からわかるように，$e = 1$ のときが弾性衝突です．非弾性衝突のとき，反発係数は $0 \leq e < 1$ となります．特に $e = 0$ の場合は $v_{1f} = v_{2f}$ となるので，2 物体が一体となって運動する完全非弾性衝突に対応します．非弾性衝突の場合の衝突後の速度は，式 (7.3.2) と式 (7.3.9) を連立させて解き

$$v_{1f} = \frac{(m_1 - em_2)v_{1i} + (1 + e)m_2 v_{2i}}{m_1 + m_2} , \tag{7.3.10}$$

$$v_{2f} = \frac{(m_2 - em_1)v_{2i} + (1 + e)m_1 v_{1i}}{m_1 + m_2} . \tag{7.3.11}$$

例題	7.5	非弾性衝突における運動エネルギーの変化	レベル：イージー

直線上を速度 v_{1i}, v_{2i} で運動する質量 m_1, m_2 の質点が衝突し，速度が v_{1f}, v_{2f} となったとします．反発係数を e とするとき，衝突の前後で変化する運動エネルギーを

215

求めよう.

答え

全運動エネルギーは式 (7.1.23) で表されます. 衝突の前後で質量中心の速度は変化しないので, 相対運動のエネルギーの変化のみ考えればよいことになります. 換算質量を μ とすると全運動エネルギーの変化は

$$\Delta K = K_\mathrm{f} - K_\mathrm{i} = \frac{1}{2}\mu(v_\mathrm{2f} - v_\mathrm{1f})^2 - \frac{1}{2}\mu(v_\mathrm{2i} - v_\mathrm{1i})^2 , \qquad (7.3.12)$$

となります. 式 (7.3.9) を代入すると

$$\Delta K = \frac{1}{2}(e^2 - 1)\mu(v_\mathrm{2i} - v_\mathrm{1i})^2 = -\frac{1}{2}(1 - e^2)\mu(v_\mathrm{2i} - v_\mathrm{1i})^2 , \qquad (7.3.13)$$

となります. ここで, $e = 1$ の弾性衝突のとき, 確かに運動エネルギーは変化しません. 一方, $e = 0$ の完全非弾性衝突では, 相対運動のエネルギーがすべて失われ, 並進運動のエネルギーのみが残ります.

7.3.3 2次元の衝突

2次元の衝突の例として, 弾性衝突による散乱問題を考えます. これは, 静止したターゲットに入射物体をぶつけて, それぞれがどのように飛び去るかをみる問題です. ビリヤードやおはじき遊びなどをイメージするとよいでしょう.

図 7.9 は x 軸に沿って入射した質量 m_1 の物体が, 原点に静止した質量 m_2 の物体に衝突し散乱される様子を表しています. 衝突の前後で運動量は保存するので

$$m_1\boldsymbol{v}_\mathrm{1i} = m_1\boldsymbol{v}_\mathrm{1f} + m_2\boldsymbol{v}_\mathrm{2f} , \qquad (7.3.14)$$

が成り立ちます. この式を成分表示すると, x 成分, y 成分はそれぞれ

$$m_1 v_\mathrm{1i} = m_1 v_\mathrm{1f} \cos\theta + m_2 v_\mathrm{2f} \cos\phi , \qquad (7.3.15)$$

$$0 = m_1 v_\mathrm{1f} \sin\theta - m_2 v_\mathrm{2f} \sin\phi , \qquad (7.3.16)$$

となります. 弾性衝突なので運動エネルギーも保存し

$$\frac{1}{2}m_1 v_\mathrm{1i}^2 = \frac{1}{2}m_1 v_\mathrm{1f}^2 + \frac{1}{2}m_2 v_\mathrm{2f}^2 . \qquad (7.3.17)$$

衝突後の速度を未知数とすると, $v_\mathrm{1f}, v_\mathrm{2f}, \theta, \phi$ の4個が未知となります. 一方, 得られた式は全部で3本です. このため, 未知数のうち少なくとも1つは実験的に求める必要があることがわかります.

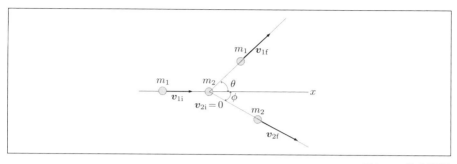

図 **7.9** 散乱問題

2つの物体の質量が等しい場合を考えましょう．この場合には，衝突後の速度の方向について特別な関係が成り立ちます．$m_1 = m_2$ とすると，式 (7.3.14) と式 (7.3.17) は

$$\boldsymbol{v}_{1i} = \boldsymbol{v}_{1f} + \boldsymbol{v}_{2f} , \tag{7.3.18}$$

$$v_{1i}^2 = v_{1f}^2 + v_{2f}^2 , \tag{7.3.19}$$

となります．式 (7.3.18) の両辺を2乗すると

$$v_{1i}^2 = v_{1f}^2 + 2\boldsymbol{v}_{1f} \cdot \boldsymbol{v}_{2f} + v_{2f}^2 , \tag{7.3.20}$$

となり，これと式 (7.3.19) より

$$\boldsymbol{v}_{1f} \cdot \boldsymbol{v}_{2f} = 0 . \tag{7.3.21}$$

したがって，衝突後2つの物体は互いに垂直な方向へ進むことになります．

7.3.4 重心系での衝突

重心系（center of mass system, 質量中心系）とは，2つの物体の質量中心とともに動くことで，質量中心が静止するようにした座標系のことです．これに対し，私たちが通常使っている空間に固定された座標系を**実験室系** (laboratory system) といいます．実験室系に対する重心系の速度は，実験室系での質量中心の速度なので

$$\boldsymbol{V} = \dot{\boldsymbol{r}}_\mathrm{G} = \frac{m_1 \boldsymbol{v}_1 + m_2 \boldsymbol{v}_2}{m_1 + m_2} , \tag{7.3.22}$$

となります．外力が働かない場合，質量中心は等速度で運動するので，実験室系が慣性系なら重心系も慣性系になります．

重心系で 2 物体の衝突を見るとどうなるか考えてみましょう．重心系で考えるメリットの 1 つとして，衝突の様子が簡単になり，見通しがよくなることがあげられます．以下，重心系での物理量には $'$ を付けて実験室系の量と区別します．重心系での全運動量は

$$\boldsymbol{P}' = m_1 \boldsymbol{v}'_1 + m_2 \boldsymbol{v}'_2 = m_1 \dot{\boldsymbol{r}}'_1 + m_2 \dot{\boldsymbol{r}}'_2, \tag{7.3.23}$$

ですが，重心系では質量中心が静止していることから

$$\dot{\boldsymbol{r}}'_\mathrm{G} = \frac{m_1 \dot{\boldsymbol{r}}'_1 + m_2 \dot{\boldsymbol{r}}'_2}{m_1 + m_2} = 0, \tag{7.3.24}$$

なので

$$\boldsymbol{P}' = 0. \tag{7.3.25}$$

このことから

$$\boldsymbol{v}'_2 = -\frac{m_1}{m_2} \boldsymbol{v}'_1, \tag{7.3.26}$$

となるので，重心系では 2 つの物体は常に互いに逆向きに運動するように見えます．つまり，重心系で衝突を観察すると，2 つの物体は互いに逆向きに近付いて衝突し，衝突後互いに逆向きに離れていきます（図 7.10）．

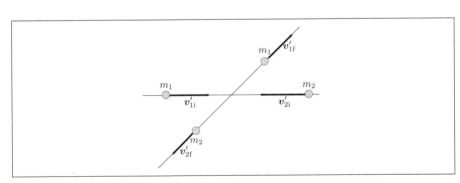

図 **7.10** 重心系での衝突

重心系での速度を実験室系の速度を用いて表してみます．2 つの系での速度は質量中心の速度 $\boldsymbol{V}$ だけ違うはずなので

$$\boldsymbol{v}_1' = \boldsymbol{v}_1 - \boldsymbol{V} = \boldsymbol{v}_1 - \frac{m_1\boldsymbol{v}_1 + m_2\boldsymbol{v}_2}{m_1 + m_2} = \frac{m_2(\boldsymbol{v}_1 - \boldsymbol{v}_2)}{m_1 + m_2}, \quad (7.3.27)$$

$$\boldsymbol{v}_2' = \boldsymbol{v}_2 - \boldsymbol{V} = \boldsymbol{v}_2 - \frac{m_1\boldsymbol{v}_1 + m_2\boldsymbol{v}_2}{m_1 + m_2} = \frac{m_1(\boldsymbol{v}_2 - \boldsymbol{v}_1)}{m_1 + m_2}, \quad (7.3.28)$$

となります．このことからも式 (7.3.26) の関係が成り立つことが確認できます．

| 例題 | 7.6 | 完全非弾性衝突における運動エネルギーの変化 | レベル：ミディアム |

平面上での完全非弾性衝突において運動エネルギーはどれだけ変化するか？

答え

重心系で考えます．衝突後 2 つの物体は同じ速度 $\boldsymbol{v}_\mathrm{f}'$ で運動するので

$$\boldsymbol{P}' = (m_1 + m_2)\boldsymbol{v}_\mathrm{f}' = 0. \qquad \therefore\ \boldsymbol{v}_\mathrm{f}' = 0. \quad (7.3.29)$$

1 次元の場合と同様に相対運動のエネルギーのみ考えればよく，式 (7.3.26) を用いて

$$\Delta K = K_\mathrm{f} - K_\mathrm{i} = 0 - \frac{1}{2}\mu(\boldsymbol{v}_{2\mathrm{i}}' - \boldsymbol{v}_{1\mathrm{i}}')^2 = -\frac{1}{2}\mu\left(\frac{m_1}{m_2} + 1\right)^2 \boldsymbol{v}_{1\mathrm{i}}'^{\,2}. \quad (7.3.30)$$

さらに式 (7.3.27) を用いると

$$\Delta K = -\frac{1}{2}\mu(\boldsymbol{v}_1 - \boldsymbol{v}_2)^2. \quad (7.3.31)$$

7.4　複雑？　単純？　——連成振動

ここでは，**連成振動** (coupled vibration) について学びます．連成振動とは，いくつかの振動する物体が互いに相互作用しているときに起きる振動のことをいいます．たとえば，振り子の先にさらに振り子を付けた 2 重振り子の振動がこれに当たります．また，結晶中の原子の振動なども近似的に連成振動と考えることができます．

7.4.1　連成振動とは？

連成振動の例として，図 7.11 のような 2 つの重り（大きさは無視できる）と 3 本のばねからできた系を考えてみましょう．重りの質量はともに等しく m，ばねはすべて自然長 l_0，ばね定数 k とします．このばねと重りを交互につなぎ，滑ら

かな水平面上で x 軸に沿っておき，両端を壁に固定します．このとき，ばねはすべて自然長であるとします．重りに適当な初期条件を与え，x 軸に沿って運動させると，どんな運動をするでしょうか？

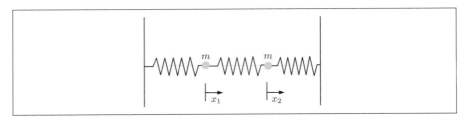

図 **7.11** 連成振動の例

2つの重りを左から重り1，重り2として，それぞれの変位を x_1, x_2 とします．このとき，左端のばねは x_1 だけ伸びています．真ん中のばねは $x_2 - x_1$ だけ伸びています．右端のばねは x_2 だけ縮んでいます．したがって，重り1には左のばねから kx_1 の力が左向きに，真ん中のばねから $k(x_2 - x_1)$ の力が右向きに働くので

$$-kx_1 + k(x_2 - x_1) = -k(2x_1 - x_2) , \tag{7.4.1}$$

の力が働きます．重り2には真ん中のばねから $k(x_2 - x_1)$ の力が左向きに，kx_2 の力が左向きに働くので

$$-k(x_2 - x_1) - kx_2 = k(x_1 - 2x_2) , \tag{7.4.2}$$

の力が働きます．以上から，2つの重りの運動方程式を立てると

$$m\frac{d^2 x_1}{dt^2} = -k(2x_1 - x_2) , \tag{7.4.3}$$

$$m\frac{d^2 x_2}{dt^2} = k(x_1 - 2x_2) , \tag{7.4.4}$$

となり，x_1 と x_2 についての**連立微分方程式** (coupled differential equations) になります．

この2つの方程式は，並進運動と相対運動の方程式に書き換えることで簡単に解くことができます．式 (7.4.3) と式 (7.4.4) の両辺を足し合わせると

$$m\left(\frac{d^2 x_1}{dt^2} + \frac{d^2 x_2}{dt^2}\right) = -k(x_1 + x_2) , \tag{7.4.5}$$

となります．ここで重心座標（の2倍）$X = x_1 + x_2$ を用いると

$$m\frac{d^2X}{dt^2} = -kX ,\qquad(7.4.6)$$

となります．一方，式 (7.4.4) から式 (7.4.3) を引くと

$$m\left(\frac{d^2x_2}{dt^2} - \frac{d^2x_1}{dt^2}\right) = -3k(x_2 - x_1) ,\qquad(7.4.7)$$

となりますが，相対座標 $x = x_2 - x_1$ を用いると

$$m\frac{d^2x}{dt^2} = -3kx ,\qquad(7.4.8)$$

となります．式 (7.4.6) と式 (7.4.8) はともに単振動の方程式になりました．ここで，$\Omega^2 = k/m, \omega^2 = 3k/m$ とすれば，一般解はそれぞれ

$$X = A\cos(\Omega t + \alpha) ,\quad x = B\cos(\omega t + \beta) ,\qquad(7.4.9)$$

となります．4つの定数 A, B, α, β が初期条件から決まる任意定数になります．それぞれの重りの運動は

$$X = x_1 + x_2 ,\quad x = x_2 - x_1 ,\qquad(7.4.10)$$

を連立させて解き

$$x_1 = \frac{X - x}{2} ,\quad x_2 = \frac{X + x}{2} ,\qquad(7.4.11)$$

とすればわかることになります．

　いくつかの初期条件を与えて，振動の様子を具体的に見ていきましょう．2つの重りを右向きに a ずらし，静かに手を離したとします．この場合の初期条件は $x_1(0) = a, x_2(0) = a, \dot{x}_1(0) = 0, \dot{x}_2(0) = 0$ となります．重心座標 X と相対座標 x で書き直すと $X(0) = 2a, x(0) = 0, \dot{X}(0) = 0, \dot{x}(0) = 0$ となり，対応する解として

$$X = 2a\cos(\Omega t) ,\quad x = 0 ,\qquad(7.4.12)$$

が得られます．式 (7.4.11) を用いると

$$x_1 = x_2 = a\cos(\Omega t) ,\qquad(7.4.13)$$

となり，2つの重りは同じ角振動数 Ω で常に同じ向きに振動することになります．

次に，重り1を左向きに a，重り2を右向きに a ずらして静かに手を離したとします．この場合の初期条件は $x_1(0) = -a, x_2(0) = a, \dot{x}_1(0) = 0, \dot{x}_2(0) = 0$ となります．重心座標 X と相対座標 x で書き直すと $X(0) = 0, x(0) = 2a, \dot{X}(0) = 0, \dot{x}(0) = 0$ となり，対応する解として

$$X = 0 , \quad x = 2a\cos(\omega t) , \tag{7.4.14}$$

が得られます．式 (7.4.11) を用いると

$$x_1 = -a\cos(\omega t) , \quad x_2 = a\cos(\omega t) , \tag{7.4.15}$$

となり，2つの重りは同じ角振動数 ω で互いに逆向きに振動することになります．

最後に重り2は動かさずに重り1を右向きに $2a$ ずらし静かに手を離した場合を考えます．この場合の初期条件は $x_1(0) = 2a, x_2(0) = 0, \dot{x}_1(0) = 0, \dot{x}_2(0) = 0$ となります．重心座標 X と相対座標 x で書き直すと $X(0) = 2a, x(0) = -2a, \dot{X}(0) = 0, \dot{x}(0) = 0$ となり，対応する解として

$$X = 2a\cos(\Omega t) , \quad x = -2a\cos(\omega t) , \tag{7.4.16}$$

が得られます．式 (7.4.11) を用いると

$$x_1 = a(\cos(\Omega t) + \cos(\omega t)) , \quad x_2 = a(\cos(\Omega t) - \cos(\omega t)) , \tag{7.4.17}$$

となります．この結果を，$\Omega < \omega$ に注意して，三角関数の和積の公式を用いて書き換えると

$$x_1 = 2a\cos\left(\frac{\omega - \Omega}{2}t\right)\cos\left(\frac{\omega + \Omega}{2}t\right) , \tag{7.4.18}$$

$$x_2 = 2a\sin\left(\frac{\omega - \Omega}{2}t\right)\sin\left(\frac{\omega + \Omega}{2}t\right) , \tag{7.4.19}$$

となります．この場合，重り1は振幅が

$$a_1 = 2a\cos\left(\frac{\omega - \Omega}{2}t\right) , \tag{7.4.20}$$

で時間変動しながら角振動数 $(\omega + \Omega)/2$ で振動し，重り2は振幅が

$$a_2 = 2a\sin\left(\frac{\omega - \Omega}{2}t\right) , \tag{7.4.21}$$

222

で時間変動しながら角振動数 $(\omega + \Omega)/2$ で振動することになります．

2つの重りの振幅の時間変化をグラフに表すと図7.12のようになります．一方の振幅が最大になったとき，他方の振幅がゼロになっていることがわかります．2つの重りはお互いに振動のエネルギーをやりとりしながら振動することになります．

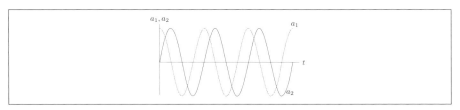

図 **7.12** 連成振動の振幅

ここで，考えている連成振動では，角振動数が Ω と ω の2つの特徴的な振動があることがわかりました．これらの振動のことを連成振動における**基準振動** (normal vibration) といいます．一見，複雑な運動をすると思われる連成振動も，実は単純な単振動の重ね合わせによって作られていたわけです．

7.4.2 基準振動と固有値問題

この基準振動について理解を深めるため，連立微分方程式 (7.4.3) と (7.4.4) をもう少し詳しく見ていきましょう．ただし，以下の内容を理解するには線形代数に関する知識が必要となるので，まだ習っていない方は読み飛ばしても構いません．

微分方程式の特性方程式による解法を参考に，解の形を

$$x_1 = c_1 e^{\lambda t}, \quad x_2 = c_2 e^{\lambda t}, \tag{7.4.22}$$

と仮定して式 (7.4.3) と (7.4.4) に代入します．そして，$e^{\lambda t} \neq 0$ に注意すると，c_1 と c_2 に関する連立方程式

$$\lambda^2 c_1 = -\frac{2k}{m} c_1 + \frac{k}{m} c_2, \tag{7.4.23}$$

$$\lambda^2 c_2 = \frac{k}{m} c_1 - \frac{2k}{m} c_2, \tag{7.4.24}$$

が得られます．これをベクトル

$$\boldsymbol{c} = \begin{pmatrix} c_1 \\ c_2 \end{pmatrix} , \tag{7.4.25}$$

行列

$$\mathbf{A} = \begin{pmatrix} -\frac{2k}{m} & \frac{k}{m} \\ \frac{2k}{m} & -\frac{2k}{m} \end{pmatrix} , \tag{7.4.26}$$

を用いて書くと

$$\mathbf{A}\boldsymbol{c} = \lambda^2 \boldsymbol{c} , \tag{7.4.27}$$

となり，連立微分方程式は**固有値** (eigen value) λ^2 と**固有ベクトル** (eigen vector) $\boldsymbol{c}$ を求める**固有値問題** (eigen value problem) になります．ここで，c_1 と c_2 がともにゼロでない解をもつためには，$\mathbf{E}$ を2次の**単位行列** (identity matrix, unit matrix) として行列 $\mathbf{A} - \lambda^2\mathbf{E}$ の行列式がゼロ，すなわち

$$\det(\mathbf{A} - \lambda^2\mathbf{E}) = \begin{vmatrix} -\frac{2k}{m} - \lambda^2 & \frac{k}{m} \\ \frac{k}{m} & -\frac{2k}{m} - \lambda^2 \end{vmatrix} = 0 , \tag{7.4.28}$$

となればよく，ここから λ^2 を求めると

$$\lambda^2 = -\frac{k}{m} , \quad -\frac{3k}{m} . \tag{7.4.29}$$

つまり

$$\lambda^2 = -\Omega^2 , \quad -\omega^2 . \tag{7.4.30}$$

　このように，基準振動の振動数は固有値問題 (7.4.27) の固有値から決まることになります．固有ベクトル $\boldsymbol{c}$ の成分は，$\lambda^2 = -\Omega^2$ のとき $c_1 = c_2$，$\lambda^2 = -\omega^2$ のとき $c_1 = -c_2$ となるので，連立微分方程式 (7.4.3) と (7.4.4) の解として

$$x_1 = ae^{i\Omega t} , \quad x_2 = ae^{i\Omega t} , \tag{7.4.31}$$

または

$$x_1 = -be^{i\omega t} , \quad x_2 = be^{i\omega t} , \tag{7.4.32}$$

得られます．これらより，より一般的な解として

$$x_1 = ae^{i\Omega t} - be^{i\omega t} , \quad x_2 = ae^{i\Omega t} + be^{i\omega t} , \tag{7.4.33}$$

224

が得られ，連成振動は2つの基準振動により作られていることがわかります．

 数学ノート7.1：固有値・固有ベクトル

ここでは，行列の固有値と固有ベクトルについて説明します．今，一般のn次正方行列$\mathbf{A}$が与えられたとき

$$\mathbf{A}\boldsymbol{x} = \lambda\boldsymbol{x}, \tag{7.4.34}$$

を満たすλを固有値，$\boldsymbol{x}$をその固有値に対応する固有ベクトルといいます．このようなλと$\boldsymbol{x}$を求める問題を固有値問題といいます．式(7.4.34)はn次単位行列$\mathbf{E}$を用いて

$$(\mathbf{A} - \lambda\mathbf{E})\boldsymbol{x} = \mathbf{0}, \tag{7.4.35}$$

と書くことができます．連立1次方程式が解をもつ条件から，**行列式**(determinant)がゼロ，つまり

$$\det(\mathbf{A} - \lambda\mathbf{E}) = 0, \tag{7.4.36}$$

が，式(7.4.34)が$\mathbf{0}$でない解$\boldsymbol{x}$をもつ必要十分条件になります．λについてのn次多項式（特性多項式）を

$$\Phi_{\mathbf{A}}(\lambda) = \det(\lambda\mathbf{E} - \mathbf{A}), \tag{7.4.37}$$

で定義すると，この条件は$\Phi_{\mathbf{A}}(\lambda) = 0$となります．この方程式は行列$\mathbf{A}$の特性方程式と呼ばれ，$n$個の解が固有値$\lambda$になります．固有値が重解をもたないとき，固有ベクトルを並べた行列$\mathbf{P} = (\boldsymbol{x}_1 \cdots \boldsymbol{x}_n)$により，行列$\mathbf{A}$は対角化可能でその対角要素が固有値になります．すなわち

$$\mathbf{P}^{-1}\mathbf{A}\mathbf{P} = \begin{pmatrix} \lambda_1 & & 0 \\ & \ddots & \\ 0 & & \lambda_n \end{pmatrix}, \tag{7.4.38}$$

が成り立ちます．なお，対角化により固有値は変わりませんが，固有ベクトルは基底変換に対応した変換を受けます．

1階の連立微分方程式

$$\frac{d}{dt}\boldsymbol{x}(t) = \mathbf{A}\boldsymbol{x}(t), \tag{7.4.39}$$

は解を$\boldsymbol{x}(t) = e^{\lambda t}\boldsymbol{x}(0)$と仮定すると

$$\mathbf{A}\boldsymbol{x} = \lambda\boldsymbol{x}, \tag{7.4.40}$$

となり行列の固有値問題となります．7.4節では2階の微分方程式のまま固有値問題を考えましたが，一般の高階（連立）線形微分方程式は1階連立微分方程式に書き換えることができます．たとえば，$v_1 = dx_1/dt, v_2 = dx_2/dt$とすると，連立微分方程

式 (7.4.3) と (7.4.4) は

$$\frac{d}{dt}\begin{pmatrix} x_1 \\ v_1 \\ x_2 \\ v_2 \end{pmatrix} = \begin{pmatrix} 0 & 1 & 0 & 0 \\ -\frac{2k}{m} & 0 & \frac{k}{m} & 0 \\ 0 & 0 & 0 & 1 \\ \frac{k}{m} & 0 & -\frac{2k}{m} & 0 \end{pmatrix}\begin{pmatrix} x_1 \\ v_1 \\ x_2 \\ v_2 \end{pmatrix}, \tag{7.4.41}$$

と書き直せます.

7.4 節で得られた 2 つの固有ベクトル

$$\boldsymbol{c} = \begin{pmatrix} 1 \\ -1 \end{pmatrix}, \quad \begin{pmatrix} 1 \\ 1 \end{pmatrix}, \tag{7.4.42}$$

を横に並べると

$$\mathbf{P} = \begin{pmatrix} 1 & 1 \\ -1 & 1 \end{pmatrix}, \tag{7.4.43}$$

となり,式 (7.4.26) の行列 $\mathbf{A}$ は $\mathbf{P}^{-1}\mathbf{AP}$ により対角化されます.また,座標変数 (x_1, x_2) と (X, x) の間には

$$\begin{pmatrix} X \\ x \end{pmatrix} = \mathbf{P}\begin{pmatrix} x_1 \\ x_2 \end{pmatrix}, \tag{7.4.44}$$

が成り立ちます.7.4 節では,重心座標と相対座標に変換することで,行列の対角化をしていたことになります.

7 の演習問題

(解答は 287 ページ.)

7.1 [レベル:イージー] 質量 m の 2 つの質点 1, 2 があるとします.時刻 t における質点 1 の位置ベクトルを $\boldsymbol{r}_1 = \boldsymbol{e}_x + t\,\boldsymbol{e}_y$,質点 2 の位置ベクトルを $\boldsymbol{r}_2 = 2t\,\boldsymbol{e}_x + \boldsymbol{e}_y$ とするとき,次の物理量を計算しよう.

(1) 全運動量 $\boldsymbol{P}$

(2) 全運動エネルギー K,並進運動のエネルギー K_{G},相対運動のエネルギー K'

(3) 原点まわりの全角運動量 $\boldsymbol{L}$,質量中心の角運動量 $\boldsymbol{L}_{\mathrm{G}}$,相対運動の角運動量 $\boldsymbol{L}'$

7.2 [レベル:ミディアム] 質量が m_1 と m_2 の 2 つの質点からなる系に外力が働かないとき,質量中心の角運動量 $\boldsymbol{L}_{\mathrm{G}} = \boldsymbol{r}_{\mathrm{G}} \times (m_1 + m_2)\dot{\boldsymbol{r}}_{\mathrm{G}}$,相対運動の角運動量 $\boldsymbol{L}' = \boldsymbol{r} \times \mu\dot{\boldsymbol{r}}$ がともに保存することを示そう.

7.3 [レベル:ミディアム] 質量がともに m の重り 1, 2 を,ばね定数が k で自然長の長さが l_0 のばねの両端につなぎ,滑らかな水平面の上に置きます.重り 1 を手で抑え,重り 2 を引いて,ばねを a だけ伸ばしてから静かに手を離したとします.このとき,2 つの重りがどのような運動をするか説明しよう.ただし,2 つの重りの運動は同じ直線上で起こるものとします.

7.4 [レベル:イージー] 地球が近日点を通過するときの太陽までの距離と,遠日点を通過するときの距離を,数値を代入して具体的に計算してみよう.

7.5 [レベル:ミディアム] 太陽を 1 つの焦点とする楕円軌道を惑星が運動しています.この惑星の近日点および遠日点における速さを,それぞれ $v_{\mathrm{p}}, v_{\mathrm{a}}$ とします.楕円軌道の離心率を ε とした場合に

$$v_{\mathrm{a}} = \frac{1 - \varepsilon}{1 + \varepsilon}\, v_{\mathrm{p}}\,,$$

の関係が成り立つことを示そう.

227

7.6［レベル：ミディアム］ 地上で物体を水平方向に投げたとき，その物体が地表スレスレを円運動するときの初速度の大きさ（**第1宇宙速度**）を求めよう．また，地上で物体を投げたとき，その物体が再び地上に戻ってこないために必要な初速度の大きさ（**第2宇宙速度**）も求めよう．

7.7［レベル：イージー］ 静止している質量 M のスケートボードに，質量 m の人が速度 v_0 で飛び乗った後，人を乗せたスケートボードは速度 V で進みました．この一連の運動を1次元の運動として考えて，次の問いに答えよう．

(1) 人を乗せたスケートボードが進む速度 V を求めよう．
(2) 人が飛び乗る前後で，減少した運動エネルギーを求めよう．
(3) 運動エネルギーの減少分はどこにいったと考えられるか説明しよう．

7.8［レベル：イージー］ 天井から吊り下げられた質量 M の砂袋に，質量 m の弾丸を速さ v で水平に打ち込んだとします．弾丸は砂袋に瞬間的に突き刺さり，弾丸と砂袋は一体となって動き出し，始めの位置から高さ h のところまで上昇した場合に，次の問いに答えよう．

(1) 弾丸が突き刺さった直後の弾丸と砂袋の速さを求めよう．
(2) 弾丸が突き刺さることで失われたエネルギーを求めよう．
(3) 砂袋に突き刺さる直前の弾丸の速さ v を求めよう．

7.9［レベル：ミディアム］ 質量 m の2個の重りを，ばね定数 $2k$ のばねの両端につなぎます．さらに，それぞれの重りにばね定数 k のばねを取り付け，重りとばねを直線上に並べます．そして，それぞれのばねの両端を壁に固定したとします．このとき，重りは直線上を運動するとして，連成振動における2つの基準振動の角振動数を求めよう．

コラム

☕ 重力波天文学

　2015年9月14日，アメリカの重力波干渉計 LIGO が，はるか14億光年の彼方で起こったブラックホール連星の合体により放出された重力波のシグナルをとらえることに成功しました．これは，アインシュタインによる100年前の予言を確かめるとともに，ブラックホールを「直接」観測したとも考えることができ，人類の成し遂げた偉業の一つと言って良いでしょう．この成果がいかにすごいかは，そのわずか2年後，この観測計画を中心になって進めた3人の研究者，レイナー・ワイス，バリー・バリッシュ，キップ・ソーンがノーベル物理学賞を受賞したことからも分かると思います．

　それでは，重力波とは一体何でしょうか？　本来，重力はこの教科書で学んだニュートンの重力理論ではなく，より正確には，アインシュタインにより考え出された一般相対性理論により記述されます．一般相対性理論に従うと，重力は時間の進み方の違いや空間の伸び縮みといった時空の曲がり具合に対応します．より重力の強い物体ほど，そのまわりの時空が曲がることになります．物体が動くとそれに連れてまわりの時空の曲がり具合も変化していきます．この曲がり具合の変化が光速で伝わると重力波となります．もちろん，私たちが動き回っても重力波が出ていることになりますが，その波は極めて弱いので全く無いとして問題ありません．地球の公転運動でも同様です．強い重力波を出すには，強い重力源が必要です．そこで，ブラックホールや中性子星などの質量が大きく半径の小さな天体が候補となります．宇宙には多くの星が連星として存在し，お互いのまわりを回りながら運動しています．ブラックホールや中性子星も連星となっていることが期待されます．そこで，このようなブラックホール連星や中性子星連星からの重力波の観測を目標に計画が進められてきました．とはいえ，このような連星は私たちの近くにはありません．はるか遠方で発生した重力波は地球に届くまでに減衰してしまい，重力波の観測は大変難しいものとなります．どれくらい難しいかというと，地球と太陽の間の距離が水素原子1個分変化したのをとらえるようなものと例えられます．

　現在，重力波干渉計はアメリカの LIGO グループの2台とヨーロッパの Virgo の計3台が協力して観測する体制が作られています．3台が同時に観測することで重力波源の方向を決めることができます．ただし，メンテナンス等で3台が同時に稼働しているとは限りませんし，より正確な情報を得るためにも更に多くの干渉計による観測ネットワーク構築が計画されています．日本では，スーパーカミオカンデで知られる神岡鉱山に KAGRA と呼ばれる干渉計を建設し，観測を始めようとしています．このように，今まさに重力波天文学の時代，また，光学観測やニュートリノ天文学と協力したマルチメッセンジャー天文学の時代を迎えようとしています．今後どんな発見がなされるのか楽しみですね．

(H. I.)

すでに解かれたすべての問題を解く方法を知りなさい.
Richard P. Feynman

Chap.08
質点系

この章では，n 個の質点がある場合を考えます．2体問題
の次は3体問題を考えるのでは？と思うかもしれません
が，3体問題は解析的に正確に解けないことが数学的に証
明されています．

8.1 2の次はn

1.1.2項でも質点系について学びましたが，ここでは，より具体的に質点系について学びます．質点系とは，多数の質点からなる系のことをいいます．質点の個数は一般にn個とします．このような問題はn体問題と呼ばれることもあります．前章で考えた2体系は，$n = 2$の質点系と考えられますから，2体問題で用いた手法や考え方は質点系においても有用です．たとえば，質点系の運動は2体系と同じように並進運動と相対運動に分けて取り扱うことができます．

8.1.1 質量中心の運動

図8.1に示すように，n個の質点に1からnまで番号を付け，各質点の質量と位置ベクトルを

$$m_i , \quad \boldsymbol{r}_i \quad (i = 1, ..., n) , \tag{8.1.1}$$

とします．ここで，i番目の質点には，それ以外の$n - 1$個の質点から内力が働きます．それらの合力は

$$\sum_{j \neq i}^{n} \boldsymbol{F}_{ij} = \boldsymbol{F}_{i1} + \boldsymbol{F}_{i2} + \cdots + \boldsymbol{F}_{ii-1} + \boldsymbol{F}_{ii+1} + \cdots + \boldsymbol{F}_{in} , \tag{8.1.2}$$

で与えられます．ここで，jについての和は$j = i$を除いて1からnまで足し上げることを意味します．また，i番目の質点に働く外力を$\boldsymbol{F}_i$とすれば，この質点の運動方程式は

$$m_i \ddot{\boldsymbol{r}}_i = \sum_{j \neq i}^{n} \boldsymbol{F}_{ij} + \boldsymbol{F}_i , \tag{8.1.3}$$

となります．同じような式が1番目からn番目の質点に対して成り立ちます．ここで，式(8.1.3)はベクトルを用いて一般的に書いていますが，たとえば3次元デカルト座標を用いて成分に分けると，1つの質点に対してx, y, z成分の3本の方程式が得られます．したがって，n個の質点に対しては，全部で$3n$本の式になります．もしも，nが小さい場合（正確には$n = 2$までと，$n = 3$で質点の質量に制限がある場合）には解析的に解くことができますが，$n = 2000$億 〜 4000億個の星を含む銀河のように，nが大きい場合には，これらの式を同時に解くのはほぼ不可能です．そこで，2体問題の場合を参考に，質点系全体としての運動を表す質量中心の運動を考えてみましょう．

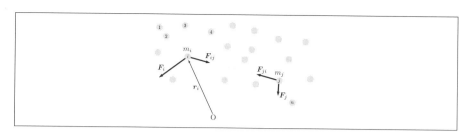

図 8.1　質点系

まず，質点系の質量中心の表式を求めてみます．はじめに，$n=2$，すなわち 2 体問題のときの質量中心は

$$r_{G2} = \frac{m_1 r_1 + m_2 r_2}{m_1 + m_2}, \tag{8.1.4}$$

でした．3 体問題の場合は，2 個の質点の質量中心と 3 番目の質点から作られると考え

$$r_{G3} = \frac{(m_1+m_2)r_{G2} + m_3 r_3}{(m_1+m_2)+m_3} = \frac{m_1 r_1 + m_2 r_2 + m_3 r_3}{m_1 + m_2 + m_3}, \tag{8.1.5}$$

となります．この考え方を繰り返すと，一般の n の場合には

$$r_G = \frac{m_1 r_1 + m_2 r_2 + \cdots + m_n r_n}{m_1 + m_2 + \cdots + m_n} = \frac{\sum_{i=1}^n m_i r_i}{\sum_{i=1}^n m_i} = \frac{1}{M} \sum_{i=1}^n m_i r_i, \tag{8.1.6}$$

となります．ここで，全質量を次のように定義しました．

$$M = m_1 + m_2 + \cdots + m_n = \sum_{i=1}^n m_i. \tag{8.1.7}$$

例題　8.1　3 質点の質量中心　　　　　　　　　　　レベル：イージー

図のような 3 質点の質量中心の座標を求めよう．

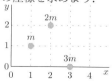

答え

$$x_{\mathrm{G}} = \frac{m \cdot 1 + 2m \cdot 2 + 3m \cdot 3}{m + 2m + 3m} = \frac{7}{3} , \tag{8.1.8}$$

$$y_{\mathrm{G}} = \frac{m \cdot 1 + 2m \cdot 2 + 3m \cdot 0}{m + 2m + 3m} = \frac{5}{6} . \tag{8.1.9}$$

式 (8.1.6) に M を掛けると

$$M\boldsymbol{r}_{\mathrm{G}} = \sum_{i=1}^{n} m_i \boldsymbol{r}_i , \tag{8.1.10}$$

となります．この式の両辺を t で2回微分して，式 (8.1.3) を代入すると

$$M\ddot{\boldsymbol{r}}_{\mathrm{G}} = \sum_{i=1}^{n} m_i \ddot{\boldsymbol{r}}_i = \sum_{i=1}^{n} \left(\sum_{j \neq i}^{n} \boldsymbol{F}_{ij} + \boldsymbol{F}_i \right) = \sum_{i=1}^{n} \sum_{j \neq i}^{n} \boldsymbol{F}_{ij} + \sum_{i=1}^{n} \boldsymbol{F}_i , \tag{8.1.11}$$

となります．右辺の内力の項は，作用・反作用の法則 $\boldsymbol{F}_{ij} = -\boldsymbol{F}_{ji}$ を用いると

$$
\begin{aligned}
\sum_{i=1}^{n} \sum_{j \neq i}^{n} \boldsymbol{F}_{ij} &= \sum_{j \neq 1}^{n} \boldsymbol{F}_{1j} + \sum_{j \neq 2}^{n} \boldsymbol{F}_{2j} + \cdots + \sum_{j \neq n}^{n} \boldsymbol{F}_{nj} \\
&= \quad\;\; \boldsymbol{F}_{12} \;\; + \boldsymbol{F}_{13} \;\; + \boldsymbol{F}_{14} + \ldots + \boldsymbol{F}_{1,n-1} + \boldsymbol{F}_{1n} \\
&\quad + \boldsymbol{F}_{21} \qquad\;\; + \boldsymbol{F}_{23} \;\; + \boldsymbol{F}_{24} + \ldots + \boldsymbol{F}_{2,n-1} + \boldsymbol{F}_{2n} \\
&\quad + \boldsymbol{F}_{31} \;\; + \boldsymbol{F}_{32} \qquad\;\; + \boldsymbol{F}_{34} + \ldots + \boldsymbol{F}_{3,n-1} + \boldsymbol{F}_{3n} \\
&\quad + \ldots \\
&\quad + \boldsymbol{F}_{n1} \;\; + \boldsymbol{F}_{n2} \;\; + \boldsymbol{F}_{n3} \;\; + \boldsymbol{F}_{n4} + \ldots + \boldsymbol{F}_{n,n-1} \\
&= 0 ,
\end{aligned}
\tag{8.1.12}
$$

となります．作用・反作用の関係にある内力をすべて足したのですから，ゼロになるのは当然です．したがって，式 (8.1.11) で与えられる質点系の質量中心についての運動方程式は

$$M\ddot{\boldsymbol{r}}_{\mathrm{G}} = \sum_{i=1}^{n} m_i \ddot{\boldsymbol{r}}_i = \sum_{i=1}^{n} \boldsymbol{F}_i , \tag{8.1.13}$$

となります．2体問題のときに式 (7.1.12) で示したときと同様に，質量中心の運動は外力のみで決まることになります．

| 例題 | 8.2 | 質量中心の加速度 | レベル：イージー |

例題 8.1 の 3 質点のうち，質量 m に大きさ f の力が $+x$ 方向に，$2m$ に $2f$ の力が $+y$ 方向に，$3m$ に $3f$ の力が $-x$ 方向に働くとき，質量中心の加速度を求めよう．

答え

$$\ddot{\boldsymbol{r}}_\mathrm{G} = \frac{1}{M} \sum_{i=1}^{3} \boldsymbol{F}_i = \frac{1}{M} \left(f\boldsymbol{e}_x + 2f\boldsymbol{e}_y - 3f\boldsymbol{e}_x \right) = -\frac{1}{3}\frac{f}{m}\boldsymbol{e}_x + \frac{1}{3}\frac{f}{m}\boldsymbol{e}_y \ .$$

8.1.2 質量中心に関する定理

2 体問題では，式 (7.1.4) や式 (7.1.16) のように，質点 1 から見た質点 2 の運動として相対運動を扱いました．質点系ではどれか 1 つの質点を特別視するのではなく，質量中心から見た運動として相対運動を扱います．

今，i 番目の質点の位置を，質量中心から見た位置ベクトルを $\boldsymbol{r}_i'$ で表すと

$$\boldsymbol{r}_i' = \boldsymbol{r}_i - \boldsymbol{r}_\mathrm{G} \ , \tag{8.1.14}$$

となります．ここで，両辺に m_i を掛けて，すべての i について足し合わせると

$$\begin{aligned}
\sum_{i=1}^{n} m_i \boldsymbol{r}_i' &= \sum_{i=1}^{n} m_i \left(\boldsymbol{r}_i - \boldsymbol{r}_\mathrm{G} \right) \\
&= \sum_{i=1}^{n} m_i \boldsymbol{r}_i - \left(\sum_{i=1}^{n} m_i \right) \boldsymbol{r}_\mathrm{G} \\
&= M\boldsymbol{r}_\mathrm{G} - M\boldsymbol{r}_\mathrm{G} = 0 \ , \tag{8.1.15}
\end{aligned}$$

となります．これは，質量中心を原点としたときの質量中心の位置を求めていることになるので，ゼロになるのは当然だとわかるでしょう．ゼロの微分はもちろんゼロになるので

$$\sum_{i=1}^{n} m_i \boldsymbol{r}_i' = 0 \ , \qquad \sum_{i=1}^{n} m_i \dot{\boldsymbol{r}}_i' = 0 \ , \qquad \sum_{i=1}^{n} m_i \ddot{\boldsymbol{r}}_i' = 0 \ , \tag{8.1.16}$$

が成り立ちます．これらは，**質量中心に関する定理**と呼ばれます．

8.1.3 質点系の全運動量

次に，質点系の全運動量 $\boldsymbol{P}$ を求めてみましょう．各質点の運動量 $\boldsymbol{p}_i = m_i \dot{\boldsymbol{r}}_i$ をすべて足し合わせると

$$P = \sum_{i=1}^{n} p_i = \sum_{i=1}^{n} m_i \dot{r}_i = M\dot{r}_{\mathrm{G}} , \qquad (8.1.17)$$

となり，7.1.3 項で扱った 2 体問題の場合の式 (7.1.19) と同様な結果が得られます．この結果は，「質点系の運動量の総和は，質量中心にすべての質量が集中してできた，質量 M の「質点」の運動量に等しい」ということを意味しています．

全運動量 P を時間 t で微分し，質量中心の運動方程式 (8.1.13) を用いると

$$\frac{dP}{dt} = M\ddot{r}_{\mathrm{G}} = \sum_{i=1}^{n} F_i , \qquad (8.1.18)$$

が得られます．これは，「質点系の全運動量の時間変化は，外力の和に等しい」ことを意味しています．したがって，外力の和がゼロのときは

$$\dot{P} = 0 , \qquad \therefore \ P = \text{一定} , \qquad (8.1.19)$$

となり，質点系の全運動量が保存します．このときの質量中心の運動は，等速直線運動です．

8.1.4 質点系の全角運動量

ここでは，質点系の全角運動量 L を求めてみましょう．今，i 番目の質点の角運動量 l_i は

$$l_i = r_i \times p_i = r_i \times m_i \dot{r}_i , \qquad (8.1.20)$$

ですから，全角運動量は

$$L = \sum_{i=1}^{n} l_i = \sum_{i=1}^{n} r_i \times m_i \dot{r}_i , \qquad (8.1.21)$$

となります．質量中心 r_{G} とそれに相対的なベクトル r_i' を用いると，$r_i = r_{\mathrm{G}} + r_i'$ ですから

$$L = \sum_{i=1}^{n} \left(r_{\mathrm{G}} + r_i' \right) \times m_i \left(\dot{r}_{\mathrm{G}} + \dot{r}_i' \right) \qquad (8.1.22)$$

$$= \left(\sum_{i=1}^{n} m_i \right) r_{\mathrm{G}} \times \dot{r}_{\mathrm{G}} + r_{\mathrm{G}} \times \left(\sum_{i=1}^{n} m_i \dot{r}_i' \right)$$

$$+ \left(\sum_{i=1}^{n} m_i r_i' \right) \times \dot{r}_{\mathrm{G}} + \sum_{i=1}^{n} r_i' \times m_i \dot{r}_i' \qquad (8.1.23)$$

$$= \boldsymbol{r}_{\mathrm{G}} \times M\dot{\boldsymbol{r}}_{\mathrm{G}} + \sum_{i=1}^{n} \boldsymbol{r}_i' \times m_i \dot{\boldsymbol{r}}_i' , \tag{8.1.24}$$

となります．この式の導出では，質量中心に関する定理（式 (8.1.16)）を用いました．

ここで

$$\boldsymbol{L}_{\mathrm{G}} = \boldsymbol{r}_{\mathrm{G}} \times \boldsymbol{P} , \qquad \boldsymbol{L}' = \sum_{i=1}^{n} \boldsymbol{r}_i' \times m_i \dot{\boldsymbol{r}}_i' , \tag{8.1.25}$$

を定義します．$\boldsymbol{L}_{\mathrm{G}}$ は，原点のまわりの質量中心の角運動量です．また，$\boldsymbol{L}'$ は，質量中心のまわりの全質点の角運動量です．これらを用いると，式 (8.1.24) は

$$\boldsymbol{L} = \boldsymbol{L}_{\mathrm{G}} + \boldsymbol{L}' , \tag{8.1.26}$$

となります．つまり，「質点系の全角運動量 $\boldsymbol{L}$ は，原点のまわりの質量中心の角運動量 $\boldsymbol{L}_{\mathrm{G}}$ と，質量中心のまわりの全質点の角運動量 $\boldsymbol{L}'$ の和に分けられる」ことがわかります．

例題	8.3	3 質点の角運動量	レベル：ミディアム

例題 8.1 の 3 つの質点が y 方向に速さ 1 で動き出したとき，原点まわりの全角運動量 $\boldsymbol{L}$，質量中心の角運動量 $\boldsymbol{L}_{\mathrm{G}}$，質量中心まわりの角運動量 $\boldsymbol{L}'$ を計算しよう（単位は省略）．

答え

時刻 t における質量 $m, 2m, 3m$ の質点の位置ベクトルは，それぞれ $\boldsymbol{r}_1 = \boldsymbol{e}_x + (1 + t)\boldsymbol{e}_y, \boldsymbol{r}_2 = 2\boldsymbol{e}_x + (2 + t)\boldsymbol{e}_y, \boldsymbol{r}_3 = 3\boldsymbol{e}_x + t\boldsymbol{e}_y$ となります．速度ベクトルはすべて等しく $\boldsymbol{v}_1 = \boldsymbol{v}_2 = \boldsymbol{v}_3 = \boldsymbol{e}_y$ です．したがって全角運動量は

$$\boldsymbol{L} = m\,\boldsymbol{r}_1 \times \boldsymbol{v}_1 + 2m\,\boldsymbol{r}_2 \times \boldsymbol{v}_2 + 3m\,\boldsymbol{r}_3 \times \boldsymbol{v}_3$$
$$= m\,\boldsymbol{e}_z + 4m\,\boldsymbol{e}_z + 9m\,\boldsymbol{e}_z = 14m\,\boldsymbol{e}_z .$$

質量中心の位置ベクトルと速度ベクトルは

$$\boldsymbol{r}_{\mathrm{G}} = \frac{7}{3}\,\boldsymbol{e}_x + \left(\frac{5}{6} + t\right)\boldsymbol{e}_y , \quad \boldsymbol{v}_{\mathrm{G}} = \boldsymbol{e}_y ,$$

となるので，質量中心の角運動量は

$$\boldsymbol{L}_{\mathrm{G}} = 6m\,\boldsymbol{r}_{\mathrm{G}} \times \boldsymbol{v}_{\mathrm{G}} = 14m\,\boldsymbol{e}_z .$$

質量中心から見ると各質点の速度はゼロなので，質量中心まわりの角運動量もゼロ，つまり

$$\boldsymbol{L}' = 0 ,$$

となり，この場合も $\boldsymbol{L} = \boldsymbol{L}_{\mathrm{G}} + \boldsymbol{L}'$ が成立します.

全角運動量の時間変化

　ここでは，全角運動量の時間変化について考えてみます．式 (8.1.21) を時間 t で微分すると

$$\frac{d\boldsymbol{L}}{dt} = \sum_{i=1}^{n} \dot{\boldsymbol{r}}_i \times m_i \dot{\boldsymbol{r}}_i + \sum_{i=1}^{n} \boldsymbol{r}_i \times m_i \ddot{\boldsymbol{r}}_i , \tag{8.1.27}$$

となりますが，$\dot{\boldsymbol{r}}_i \times \dot{\boldsymbol{r}}_i = 0$ であることと，式 (8.1.3) を用いると

$$\frac{d\boldsymbol{L}}{dt} = \sum_{i=1}^{n} \boldsymbol{r}_i \times \boldsymbol{F}_i + \sum_{i=1}^{n} \sum_{j \neq i}^{n} \boldsymbol{r}_i \times \boldsymbol{F}_{ij} , \tag{8.1.28}$$

となります．ここで，右辺第 2 項を展開して書くと

$$\sum_{i=1}^{n} \sum_{j \neq i}^{n} \boldsymbol{r}_i \times \boldsymbol{F}_{ij} \tag{8.1.29}$$

$$= \sum_{j \neq 1}^{n} \boldsymbol{r}_1 \times \boldsymbol{F}_{1j} + \sum_{j \neq 2}^{n} \boldsymbol{r}_2 \times \boldsymbol{F}_{2j} + \cdots + \sum_{j \neq n}^{n} \boldsymbol{r}_n \times \boldsymbol{F}_{nj}$$

$$
\begin{aligned}
= \quad & & \boldsymbol{r}_1 \times \boldsymbol{F}_{12} & +\boldsymbol{r}_1 \times \boldsymbol{F}_{13} & +\boldsymbol{r}_1 \times \boldsymbol{F}_{14} & + \ldots + \boldsymbol{r}_1 \times \boldsymbol{F}_{1n} \\
& +\boldsymbol{r}_2 \times \boldsymbol{F}_{21} & & +\boldsymbol{r}_2 \times \boldsymbol{F}_{23} & +\boldsymbol{r}_2 \times \boldsymbol{F}_{24} & + \ldots + \boldsymbol{r}_2 \times \boldsymbol{F}_{2n} \\
& +\boldsymbol{r}_3 \times \boldsymbol{F}_{31} & +\boldsymbol{r}_3 \times \boldsymbol{F}_{32} & & +\boldsymbol{r}_3 \times \boldsymbol{F}_{34} & + \ldots + \boldsymbol{r}_3 \times \boldsymbol{F}_{3n} \\
& & \cdots & & & \\
& +\boldsymbol{r}_n \times \boldsymbol{F}_{n1} & +\boldsymbol{r}_n \times \boldsymbol{F}_{n2} & +\boldsymbol{r}_n \times \boldsymbol{F}_{n3} & +\boldsymbol{r}_n \times \boldsymbol{F}_{n4} & \cdots
\end{aligned}
\quad ,
\tag{8.1.30}$$

となりますが，たとえば図 8.2 のような場合は

$$\boldsymbol{r}_1 \times \boldsymbol{F}_{12} + \boldsymbol{r}_2 \times \boldsymbol{F}_{21} = (\boldsymbol{r}_1 - \boldsymbol{r}_2) \times \boldsymbol{F}_{12} = 0 , \tag{8.1.31}$$

となります．ここで，作用・反作用の法則より $\boldsymbol{F}_{21} = -\boldsymbol{F}_{12}$ であることと，$(\boldsymbol{r}_1 - \boldsymbol{r}_2) /\!/ \boldsymbol{F}_{12}$ であることを用いました．このような関係が，式 (8.1.30) の対称成分に対して成り立つので

$$\sum_{i=1}^{n}\sum_{j\neq i}^{n} \boldsymbol{r}_i \times \boldsymbol{F}_{ij} = 0, \tag{8.1.32}$$

が得られます.以上より

$$\frac{d\boldsymbol{L}}{dt} = \sum_{i=1}^{n} \boldsymbol{r}_i \times \boldsymbol{F}_i = \sum_{i=1}^{n} \boldsymbol{N}_i = \boldsymbol{N}, \tag{8.1.33}$$

となります.ここで,i 番目の質点に働く力のモーメントを $\boldsymbol{N}_i = \boldsymbol{r}_i \times \boldsymbol{F}_i$ で定義しました.式 (8.1.33) より,「全角運動量 $\boldsymbol{L}$ の時間変化は,おのおのの質点に働く外力のモーメントの和に等しい」ことがわかります.

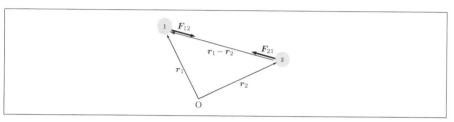

図 **8.2** 質点系に働く内力

また,外力のモーメントの和がゼロのとき

$$\dot{\boldsymbol{L}} = 0, \quad \therefore \quad \boldsymbol{L} = \text{一定}, \tag{8.1.34}$$

となり,全角運動量は保存します.

質量中心のまわりの角運動量の時間変化

ここでは,質量中心のまわりの角運動量 $\boldsymbol{L}'$ の時間変化を見てみましょう.今,式 (8.1.25) の $\boldsymbol{L}'$ を時間 t で微分すると

$$\frac{d\boldsymbol{L}'}{dt} = \sum_{i=1}^{n} \dot{\boldsymbol{r}}'_i \times m_i \dot{\boldsymbol{r}}'_i + \sum_{i=1}^{n} \boldsymbol{r}'_i \times m_i \ddot{\boldsymbol{r}}'_i, \tag{8.1.35}$$

となります.ここで,$\dot{\boldsymbol{r}}'_i \times \dot{\boldsymbol{r}}'_i = 0$ と $\boldsymbol{r}'_i = \boldsymbol{r}_i - \boldsymbol{r}_\mathrm{G}$ を用いると

$$\frac{d\boldsymbol{L}'}{dt} = \sum_{i=1}^{n} \boldsymbol{r}'_i \times m_i \ddot{\boldsymbol{r}}_i - \left(\sum_{i=1}^{n} m_i \boldsymbol{r}'_i\right) \times \ddot{\boldsymbol{r}}_\mathrm{G}, \tag{8.1.36}$$

が得られます．また，式 (8.1.3) と質量中心に関する定理（式 (8.1.16)）を用いると

$$\frac{d\boldsymbol{L}'}{dt} = \sum_{i=1}^{n} \boldsymbol{r}_i' \times \boldsymbol{F}_i + \sum_{i=1}^{n}\sum_{j \neq i}^{n} \boldsymbol{r}_i' \times \boldsymbol{F}_{ij} , \tag{8.1.37}$$

となります．ここで右辺第 2 項は式 (8.1.29) と同じように計算するとゼロになりますから，結局

$$\frac{d\boldsymbol{L}'}{dt} = \sum_{i=1}^{n} \boldsymbol{r}_i' \times \boldsymbol{F}_i , \tag{8.1.38}$$

が得られます．つまり，「質量中心のまわりの角運動量の時間変化は，質量中心のまわりの外力のモーメントの和によって決まる」ことがわかります．

8.1.5 質点系の全運動エネルギー

質点系の全運動エネルギーは，各質点の運動エネルギーの和をとって

$$K = \sum_{i=1}^{n} \frac{1}{2} m_i \dot{\boldsymbol{r}}_i^2 , \tag{8.1.39}$$

で与えられます．ここで，$\boldsymbol{r}_i = \boldsymbol{r}_\mathrm{G} + \boldsymbol{r}_i'$ なので

$$K = \frac{1}{2}\left(\sum_{i=1}^{n} m_i\right)\dot{\boldsymbol{r}}_\mathrm{G}^2 + \dot{\boldsymbol{r}}_\mathrm{G} \cdot \left(\sum_{i=1}^{n} m_i \dot{\boldsymbol{r}}_i'\right) + \sum_{i=1}^{n} \frac{1}{2} m_i \dot{\boldsymbol{r}}_i'^{\,2} , \tag{8.1.40}$$

となりますが，全質量の定義式 (8.1.7) や質量中心に関する定理（式 (8.1.16)）を用いると

$$K = \frac{1}{2} M \dot{\boldsymbol{r}}_\mathrm{G}^2 + \sum_{i=1}^{n} \frac{1}{2} m_i \dot{\boldsymbol{r}}_i'^{\,2} = K_\mathrm{G} + K' , \tag{8.1.41}$$

が得られます．ここで，右辺第 1 項は，質量中心に全質量が集中した質点の運動エネルギーと考えられます．また，右辺第 2 項は，質量中心のまわりの相対運動の運動エネルギーと考えられます．これより，「質点系の全運動エネルギーは，質量中心の運動エネルギーと，全質点の質量中心に対する相対運動の運動エネルギーの和に分解される」ことがわかりました．

8.1.6 重力のモーメント

質点系に働く重力のモーメントについて調べてみましょう．はじめに，質量中心まわりの重力のモーメント $\boldsymbol{N}_\mathrm{G}'$ を計算してみます．各質点に対して重力は同じ

方向に働き，i番目の質点に働く重力は

$$\boldsymbol{F}_i = m_i \boldsymbol{g} \ , \tag{8.1.42}$$

なので

$$\boldsymbol{N}_{\mathrm{G}}' = \sum_{i=1}^{n} \boldsymbol{r}_i' \times m_i \boldsymbol{g} = 0 \ . \tag{8.1.43}$$

ここでも，質量中心に関する定理（式 (8.1.16)）を用いました．重力のモーメントがつり合う点が重心でしたから，質点系においても質量中心と重心は一致します．また $\dot{\boldsymbol{L}}'$ を求める場合には，外力には一様な重力は含めなくてよく，外力が一様な重力のみの場合には，$\dot{\boldsymbol{L}}' = 0$ となるので，$\boldsymbol{L}'$ は保存されます．

次に，原点まわりの重力のモーメントを計算してみます．各質点の原点のまわりの重力のモーメントの和をとると

$$\boldsymbol{N}_{\mathrm{G}} = \sum_{i=1}^{n} \boldsymbol{r}_i \times m_i \boldsymbol{g} = \boldsymbol{r}_{\mathrm{G}} \times M\boldsymbol{g} \ , \tag{8.1.44}$$

となります．ここでも，$\boldsymbol{r}_i = \boldsymbol{r}_{\mathrm{G}} + \boldsymbol{r}_i'$ と質量中心に関する定理 (式 (8.1.16)) を用いました．これから，重力のみが働いている場合の全角運動量の時間変化率は

$$\frac{d\boldsymbol{L}}{dt} = \boldsymbol{r}_{\mathrm{G}} \times M\boldsymbol{g} \ , \tag{8.1.45}$$

となります．つまり，式 (8.1.44) と式 (8.1.45) の計算結果からわかるように「重力のみが有効に働いているときの全角運動量の時間変化率は，質量中心に全質量が集中した「質点」が受ける重力のモーメントに等しい」ことになります．

8.1

2の次はn

8 の演習問題

（解答は 288 ページ.）

8.1 [レベル：イージー] 例題 8.1 の 3 つの質点のうち，質量が m と $2m$ のものが y 方向に速さ 1 で，質量が $3m$ のものが $-y$ 方向に速さ 1 で動き出したとき，次の量を計算しよう（単位は省略）.

(1) 全運動エネルギー K，並進運動のエネルギー K_G，相対運動のエネルギー K'

(2) 全角運動量 $\boldsymbol{L}$，原点のまわりの質量中心の角運動量 $\boldsymbol{L}_G$，質量中心のまわりの角運動量 $\boldsymbol{L}'$

8.2 [レベル：イージー] 質量 $3m$ の物体が速度 $\boldsymbol{V} = V\boldsymbol{e}_x$ で運動中に質量 m の 3 つの物体に分裂したとします. 1 つは速度 $\boldsymbol{v}_1 = -V\boldsymbol{e}_x$ で，残りの 2 つは同じ速さで互いに垂直な方向に運動したとき，残りの 2 つの速さ v_2 を求めよう.

8.3 [レベル：イージー] 地上から打ち上げられた花火が，上空で静止した瞬間に爆発し，3 つの小片に分裂したとします. 小片の運動量を $\boldsymbol{p}_1$, $\boldsymbol{p}_2$, $\boldsymbol{p}_3$ とするとき，$\boldsymbol{p}_2$ と $\boldsymbol{p}_3$ のなす角 α を p_1, p_2, p_3 で表そう.

8.4 [レベル：ハード] ロケットは，燃料を燃やしてできる燃焼ガスを後方に高速度で噴射しながら加速します. この加速の仕組みを，ロケットを本体と燃料からなる質点系と考えてみましょう. ロケットは，連続的に燃焼ガスを噴出して飛行しますが，ここではわかりやすいように，はじめ離散的に考え，のちに連続極限をとることにします. また 1 次元の問題として扱い，ベクトル表記を用いないことにします. 今，質量 m で速度 v で飛行しているロケットが，短い時間 Δt の間に，質量 Δm のガスを速度 $v - v_0$ で噴射したとします. ここで v_0 はロケットと燃焼ガスの相対速度です. これによって，ロケットの質量が $m - \Delta m$ になり，速度が $v + \Delta v$ へ増加します.

(1) 燃料の噴射前後で系の運動量は保存します. 運動量保存則を書こう.

(2) (1) で求めた運動量保存則を展開し，$\Delta m \Delta v \ll 1$ として

$$m\Delta v = v_0 \Delta m , \tag{8.1.46}$$

242

の関係が得られることを示そう.

(3) 毎秒当たりの燃料消費量を c とし，ロケットの初期質量を m_0 とした場合，時刻 t でのロケットの質量は $m = m_0 - ct$ となります．(2) で求めた式の両辺を Δt で割って，$\Delta t \to 0$ の極限をとると

$$\frac{dv}{dt} = \frac{c\,v_0}{m_0 - c\,t}, \tag{8.1.47}$$

となることを示そう.

(4) 初期条件が，$t = 0$ で $v = 0$ で与えられる場合に，(3) の微分方程式の解を求めよう.

(5) ロケットの運動エネルギーの増加量を求め，この増加量がどこからきたのか説明しよう．ただし，ここではわかりやすいように離散的に考えてよいことにします．つまり，Δm や Δv を含む表式のままでかまいません.

8.5 ［レベル：ミディアム］ 質量 m の n 個の質点が，等しいばね（自然長 l_0, ばね定数 k）で直線状につながれているとします．また，運動は 1 次元（x 方向のみ）とします．このとき，以下の問に答えよう.

(1) 質量中心の位置 x_G を求めよう.

(2) 1 番目，2 番目，...，i 番目，...，$n-1$ 番目，n 番目の質点の運動方程式を求めよう.

(3) すべての質点の運動方程式を足し上げることによって質量中心の運動方程式を求め，質量中心が等速直線運動することを説明しよう．必要であれば, 全質量を M と書くことにしよう.

243

コラム

☕ コンピュータの中の宇宙

　宇宙物理学の研究では，コンピュータによるシミュレーションが重要な役割を担っています．というのも，惑星や銀河が生まれてくる様子を実験室で作ってみたり，望遠鏡をのぞいて見てみることはできません．そこで，宇宙について研究している人々は，コンピュータの中に仮想的に宇宙を作り上げて，そこで「実験」や「観測」をしているのです．

　コンピュータの中に宇宙を作り出す方法の1つに，N 体シミュレーションがあります．惑星の形成が見たければその元となる微惑星を，銀河団のような宇宙の大規模構造を見たければ銀河1つひとつを「粒子」として，多体問題を考えます．粒子に働く力は他の粒子からの万有引力です．より正確に再現するため，ガスや暗黒物質を取り入れて計算することもあります．

　かつてのコンピュータでは数百個の粒子を扱うだけでも大変でしたが，現在では，スーパーコンピュータや多体問題専用計算機を使って，100億個以上の粒子を用いたシミュレーションが行われるようになってきました．このままコンピュータの進化が続けば，現在の宇宙を正確に再現したり，将来の宇宙の姿を鮮やかに描き出したりする日がくるかもしれません．

　もちろん，実際に観測されるのは宇宙の過去の姿なので，研究者の関心は過去の天体現象に集まっています．その中でも，特に注目を集めているものの一つが，宇宙の一番星，ファーストスターです．

　太陽のような恒星は，銀河中のガスや塵が集まり生まれました．このガスや塵は，それ以前に存在した恒星が燃え尽き，超新星爆発によりまき散らしたものです．星の内部では水素やヘリウムの核融合により炭素や鉄などの元素が作られるので，太陽のもとになったガスにもこれらの元素が含まれます．私たちの体を作っている炭素などの元素はこのようにして作られたと考えられています．恒星の中には水素やヘリウム以外の元素を余り含まないものもあります．これらの星は，ガスが超新星爆発で十分に汚染される前に作られた比較的長寿命な星と考えられています．このように，恒星は後から生まれたものほど水素やヘリウム以外の元素を多く含むことになります．では，一番初めに生まれた星，ファーストスターはどうなるでしょう？　もちろん，水素とヘリウムだけで出来た星となるはずです．ファーストスターがどのような星だったのかは，その後の星形成に大きな影響を与えます．現在のシミュレーションではその質量は太陽の数十倍から数百倍まで諸説あります．

　一方，天体観測の技術も年々進化しており，2015 年にはろくぶんぎ座のコスモスフィールドと呼ばれる領域に水素とヘリウムだけでできた銀河が発見されました．この銀河がそこに含まれる星で輝いているなら，それはまさにファーストスターとなります．ちなみに，この天体の発見者はサッカー好きのポルトガル人で，コスモス赤方偏移7（Cosmos Redshift 7）の頭文字を取って「CR7」の愛称がつけられました．　　（H. I.）

$(a + b^n)/n = x$ ゆえに神は存在します.

Leonhard Euler

Chap.09
剛体

この章では，剛体の運動について学びます．剛体とは，固
くて形を変えない物体で，互いの距離が不変な質点系と
考えることができます．では，剛体の運動と質点の運動の
もっとも大きな違いは何でしょう？ それは剛体自身の回
転運動にあります．

9.1 大きさのある物体の運動を考えよう

これまでは，物体を大きさや形を無視して，質点として扱ってきました．ここでは，大きさや形のある広がった物体の運動を考えます．このような物体は，空間内のある領域に連続的に分布しているものと考え，連続体として取り扱います．連続体の中で特に固くて形を変えないものを剛体といいます．ここでは剛体の運動を学びます．

9.1.1 連続体の物理量

「細かく分けて足す」，これが連続体を取り扱うときの基本的な考え方です．連続体は細かく分割することで質点の集まり，すなわち質点系として考えることができます．ただし，質点系では各質点についての和を考えましたが，連続体では無限に小さな微小要素についての和，すなわち積分を考えることになります．このため，連続体や剛体を調べるときは，質点系で得られた表式がほぼそのまま，もしくは簡単な置き換えにより使用することができます．

連続体を n 個の要素（区画）に分割して，1 から n まで番号を付けます．そして，図 9.1 に示すように，i 番目の要素の体積を ΔV_i，要素内のある 1 点の位置ベクトルを r_i とします．r_i における連続体の密度を $\rho(r_i)$ とすると，i 番目の要素の質量 ΔM_i は

$$\Delta M_i \approx \rho(r_i)\Delta V_i , \tag{9.1.1}$$

と近似できます．これを n 個の要素についてすべて足し合わせ，分割を無限に細かく $(n \to \infty)$ すれば，連続体の質量は

$$M = \lim_{n \to \infty} \sum_{i=1}^{n} \Delta M_i = \lim_{n \to \infty} \sum_{i=1}^{n} \rho(r_i)\Delta V_i = \int \rho(r)\, dV , \tag{9.1.2}$$

と表されます．ただし，積分領域は連続体全体となります．この結果を質点系の全質量 $M = \sum_i m_i$ と比較すると，質点系と連続体の間には，

$$m_i \longleftrightarrow \rho(r)dV , \tag{9.1.3}$$

$$\sum_i \longleftrightarrow \int , \tag{9.1.4}$$

のような対応関係があることがわかります．ここで，$\rho(r)dV$ は微小質量要素と呼ばれます．

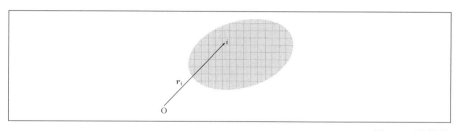

図 9.1 連続体

上の対応関係を元に，連続体の物理量に対する表式を求めていきましょう．

- 連続体の体積 V

  連続体の体積は，微小体積要素をすべて足し合わせることによって得られます．つまり，体積積分

  $$V = \lim_{n\to\infty} \sum_{i=1}^{n} \Delta V_i = \int dV , \qquad (9.1.5)$$

  で得られます．

- 質量中心

  連続体の質量中心は，質点系での質量中心の定義式 (8.1.6) に対して，式 (9.1.5) の対応関係を用いると

  質点系　　$\bm{r}_{\mathrm{G}} = \dfrac{1}{M} \sum_{i=1}^{n} \bm{r}_i m_i ,$ 　　　　　　　　　　　(9.1.6)

  連続体　　$\bm{r}_{\mathrm{G}} = \dfrac{1}{M} \lim_{n\to\infty} \sum_{i=1}^{n} \bm{r}_i \rho(\bm{r}_i) \Delta V_i = \dfrac{1}{M} \int \bm{r} \rho(\bm{r}) \, dV .$ 　(9.1.7)

- 質量中心に関する定理

  質点系の場合と同様に，連続体でも質量中心に関する定理が成り立ちます．それらの間には

  質点系　　$\sum_{i=1}^{n} m_i \bm{r}'_i = \sum_{i=1}^{n} m_i (\bm{r}_i - \bm{r}_{\mathrm{G}}) = 0 ,$ 　　　　　　(9.1.8)

  連続体　　$\int \bm{r}' \rho(\bm{r}) \, dV = \int (\bm{r} - \bm{r}_{\mathrm{G}}) \rho(\bm{r}) \, dV = 0 ,$ 　(9.1.9)

  の関係があります．ここで，$\bm{r}' = \bm{r} - \bm{r}_{\mathrm{G}}$ は，図 9.2 に示すように，質量中心から見た位置ベクトルです．

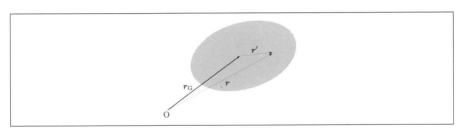

図 9.2 質量中心と変位ベクトル

- 全運動量
  連続体の全運動量は，微小質量要素 $\rho(\boldsymbol{r})dV$ に速度 $\dot{\boldsymbol{r}}$ を掛けて積分すると得られます．つまり

$$\text{質点系}\quad \boldsymbol{P} = \sum_{i=1}^{n} m_i \dot{\boldsymbol{r}}_i = M\dot{\boldsymbol{r}}_G , \tag{9.1.10}$$

$$\text{連続体}\quad \boldsymbol{P} = \int \dot{\boldsymbol{r}} \rho(\boldsymbol{r}) dV = M\dot{\boldsymbol{r}}_G , \tag{9.1.11}$$

であり，質点系の場合と一致します．

- 原点のまわりの全角運動量
  原点まわりの全角運動量は，位置ベクトル $\boldsymbol{r}$ と微小運動量要素 $\dot{\boldsymbol{r}}\rho(\boldsymbol{r})dV$ のベクトル積を積分することで得られます．つまり

$$\text{質点系}\quad \boldsymbol{L} = \sum_{i=1}^{n} \boldsymbol{r}_i \times m_i \dot{\boldsymbol{r}}_i , \tag{9.1.12}$$

$$\text{連続体}\quad \boldsymbol{L} = \int \rho(\boldsymbol{r})\, \boldsymbol{r} \times \dot{\boldsymbol{r}}\, dV . \tag{9.1.13}$$

- 連続体に作用する外力
  今，k 個の外力 $\boldsymbol{F}_1, \ldots, \boldsymbol{F}_k$ が，連続体の有限個の点 $\boldsymbol{r}_1, \ldots, \boldsymbol{r}_k$ に働いているとき，すべての外力の和は

$$\boldsymbol{F} = \sum_{j=1}^{k} \boldsymbol{F}_j , \tag{9.1.14}$$

になります．ただし，外力が重力の場合は，少し特殊な事情があります．重力は連続体のすべての部分に，その部分の質量に比例した大きさで，鉛直

下向きに働きます．今，重力加速度ベクトルを $\boldsymbol{g}$ とすると，微小質量要素 $\rho(\boldsymbol{r})dV$ に働く重力は $\boldsymbol{g}\rho(\boldsymbol{r})dV$ となるので，物体に働く全重力を $\boldsymbol{F}_g$ と書くことにすると

$$\boldsymbol{F}_g = \int \boldsymbol{g}\rho(\boldsymbol{r})dV = \boldsymbol{g}\int \rho(\boldsymbol{r})dV = M\boldsymbol{g}\,, \qquad (9.1.15)$$

で与えられます．ここでは，重力加速度ベクトルは定ベクトルなので，積分の外に出せることを使いました．

● 連続体に作用する外力のモーメント（原点のまわり）

今，k 個の外力 $\boldsymbol{F}_1, \ldots, \boldsymbol{F}_k$ が，連続体の有限個の点 $\boldsymbol{r}_1, \ldots, \boldsymbol{r}_k$ に働いているとき，原点のまわりの外力のモーメントの和は

$$\boldsymbol{N} = \sum_{j=1}^{k} \boldsymbol{r}_j \times \boldsymbol{F}_j\,, \qquad (9.1.16)$$

で与えられます．ここでも，外力として重力のみが働く場合を考えてみます．連続体に働く原点まわりの重力のモーメントは，微小質量要素 $\rho(\boldsymbol{r})dV$ に働く原点まわりの重力のモーメント $\boldsymbol{r}\times\boldsymbol{g}\rho(\boldsymbol{r})dV$ を積分して

$$\boldsymbol{N}_g = \int \boldsymbol{r}\times\boldsymbol{g}\rho(\boldsymbol{r})\,dV \qquad (9.1.17)$$

$$= \left(\int \boldsymbol{r}\rho(\boldsymbol{r})\,dV\right)\times\boldsymbol{g} \qquad (9.1.18)$$

$$= \left(\int (\boldsymbol{r}_{\mathrm{G}} + \boldsymbol{r}')\rho(\boldsymbol{r})\,dV\right)\times\boldsymbol{g} \qquad (9.1.19)$$

$$= \boldsymbol{r}_{\mathrm{G}}\times\left(\int \rho(\boldsymbol{r})\,dV\right)\boldsymbol{g} + \left(\int \boldsymbol{r}'\rho(\boldsymbol{r})\,dV\right)\times\boldsymbol{g} \qquad (9.1.20)$$

$$= \boldsymbol{r}_{\mathrm{G}}\times M\boldsymbol{g}\,, \qquad (9.1.21)$$

となります．ここで，式 (9.1.9) で与えられる質量中心に対する定理を用いました．また，式 (9.1.21) の導出過程では，重力加速度ベクトルを積分の外に出すとき（式 (9.1.17) から式 (9.1.18) へ移るとき）に，ベクトル積の順序が入れ替わらないように注意する必要があります．質点系の場合と同様に，原点のまわりの重力のモーメントは，質量中心に全質量が集中した「質点」が受ける重力のモーメントに等しくなります．

例題 9.1 連続体の質量中心　　　　　　　　　　　　レベル：ミディアム

図のように，質量 M，等しい2辺の長さが a の一様な密度の直角二等辺三角形の板の質量中心を求めよう．

答え

図のように座標軸をとり，面密度を σ とすると

$$x_G = \frac{1}{M}\int x\sigma dS = \frac{\sigma}{M}\iint x\,dxdy = \frac{\sigma}{M}\int_0^a \left\{\int_0^x x\,dy\right\}dx$$
$$= \frac{\sigma}{M}\int_0^a \left\{x\int_0^x dy\right\}dx = \frac{\sigma}{M}\int_0^a x^2 dx = \frac{\sigma}{M}\left[\frac{x^3}{3}\right]_0^a = \frac{\sigma a^3}{3M}, \quad (9.1.22)$$

$$y_G = \frac{1}{M}\int y\sigma dS = \frac{\sigma}{M}\iint y\,dxdy = \frac{\sigma}{M}\int_0^a \left\{\int_0^x y\,dy\right\}dx$$
$$= \frac{\sigma}{M}\int_0^a \left[\frac{y^2}{2}\right]_0^x dx = \frac{\sigma}{2M}\int_0^a x^2 dx = \frac{\sigma}{2M}\left[\frac{x^3}{3}\right]_0^a = \frac{\sigma a^3}{6M}. \quad (9.1.23)$$

ここで，$\sigma = 2M/a^2$ を代入すると

$$x_G = \frac{2}{3}a, \quad y_G = \frac{1}{3}a. \quad (9.1.24)$$

9.1.2 剛体の運動方程式

ここからは，剛体の運動について考えていきます．剛体とは，十分固く形を変えない物体のことです．もちろん，現実の物体は力が働けばほんのわずかでも形を変えてしまいますが，変形が十分小さければ剛体と近似して取り扱うことができます．

はじめに，剛体の運動を記述するのに必要な変数の数，すなわち剛体運動の自由度について考えてみましょう．図9.3に剛体を簡略化して示しておきます．剛体内のある1点の位置を決めても，剛体の位置は決まりません．なぜなら，剛体はその点のまわりで，自由に回転できてしまうからです．剛体内の別の点をもう1つ指定しても，まだ剛体の位置は決まりません．なぜなら，剛体はこの2点を

通る直線を軸として回転してしまうからです．さらに，この直線上にない点を1つ指定することでやっと，剛体の位置は1つに定まります．3次元空間で，これら3つの点の位置を記述するためには，それぞれ3成分必要ですから，全部で9個の変数が必要になります．ところが，剛体は形を変えないので，3点が作る三角形の3つの辺の長さは一定です．このため，9個の変数の間には3本の条件式が成り立つことになります．したがって，剛体運動の自由度は9から3を引いて6個になります．

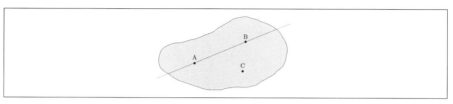

図 9.3 剛体の自由度

剛体の自由度が6個であることを，剛体の運動から理解してみます．剛体の運動も質点系と同じように，質量中心の並進運動と質量中心に対する相対運動になります．ただし，剛体は形を変えないため，たとえば相対運動は，質量中心まわりの回転運動になります．並進運動は質量中心の3つの座標により記述されます．回転運動を記述するには，図9.4に示すように，まず，回転軸の向きを決めるのに2つの変数が必要です．たとえば，3次元極座標での天頂角 θ と方位角 φ がこれに相当します．さらに回転軸まわりの回転角が必要です．したがって，並進運動に3個，回転運動に3個の変数が必要になり，合わせて6個の自由度になります．

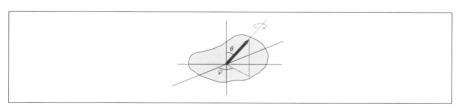

図 9.4 剛体の回転

質量中心の並進運動の方程式は，質点系の場合と同じように

$$M\ddot{\boldsymbol{r}}_{\mathrm{G}} = M\boldsymbol{g} + \sum_{j=1}^{k} \boldsymbol{F}_j , \qquad (9.1.25)$$

となります．ここでは，右辺の外力は，重力とその他の外力に分けて書いてあります．質量中心まわりの回転運動を記述する方程式も，質点系の場合と同じように

$$\frac{d\boldsymbol{L}'}{dt} = \sum_{j=1}^{k} \boldsymbol{r}_j' \times \boldsymbol{F}_j , \qquad (9.1.26)$$

となります．質量中心は重力のモーメントがつり合う点なので，右辺にある外力のモーメントでは重力のモーメントは含まれていません．

回転運動として，原点まわりの回転を考えることも可能です．この場合は，式 (9.1.26) の代わりに原点まわりの角運動量の時間変化を考えます．このときは，回転運動の方程式は

$$\frac{d\boldsymbol{L}}{dt} = \boldsymbol{r}_{\mathrm{G}} \times M\boldsymbol{g} + \sum_{j=1}^{k} \boldsymbol{r}_j \times \boldsymbol{F}_j . \qquad (9.1.27)$$

$\boxed{\alpha\beta\gamma}$ 数学ノート 9.1：多重積分

連続体の物理量を計算するときに，**多重積分** (multiple integral) を用います．ここでは，この多重積分について説明します．

1 変数の関数 $f(x)$ の定積分は数学ノート 3.1 で学んだように xy 平面上で $y = f(x)$, $x = a$, $x = b$ および x 軸で囲まれる図形の（符号を含めた）面積になります．この考え方を多変数の関数に適用したものが多重積分です．したがって，多重積分は空間中での図形の体積と関係します．

xy 平面上の有界な領域 D で定義される 2 変数の関数 $f(x, y)$ を考えます．領域 D を格子状に切り多数の長方形の小領域に分けます．各小領域の面積 $\Delta S_{ij} = \Delta x_i \Delta y_j$ と少領域内の点 (x_i, y_j) での関数値 $f(x_i, y_j)$ の積 $f(x_i, y_j)\Delta S_{ij}$ を足し合わせ，格子をどんどん細かくします．この極限が存在すれば，その値は $z = f(x, y)$ が作る曲面と領域 D との間の立体の体積に等しくなります．これを $\iint_D f(x, y)dS$ と書き，この積分を領域 D における関数 $f(x, y)$ の **2 重積分** (double integral) といいます．dS は面積要素と呼ばれます．2 重積分は，大ざっぱにいうと，関数 $f(x, y)$ と面積要素 dS を掛けて足し合わせることを意味しています．また，同様な考え方で 3 重積分や 4 重

積分などの多重積分を考えることもできます.

2重積分は累次積分の方法により具体的に計算できます. これは, まず1つの積分変数について積分を行い, 次に, もう1つの積分変数について積分を行う方法です. たとえば図9.5の $y = g(x)$ と $y = h(x)$ で囲まれた領域における関数 $f(x, y)$ の2重積分は

$$\iint_D f(x,y)dxdy = \int_a^b \left\{ \int_{h(x)}^{g(x)} f(x,y)dy \right\} dx . \tag{9.1.28}$$

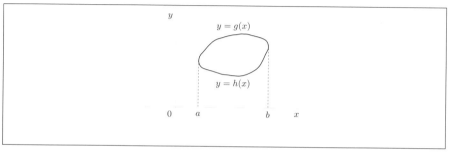

図 9.5　$y = g(x)$ と $y = h(x)$ で囲まれた領域における関数 $f(x, y)$ の2重積分

9.2　つり合う剛体, 回転する剛体

ここでは, 力のモーメントや**固定軸**をもつ剛体の運動について学びます.

9.2.1　力のモーメントと剛体のつり合い

ここでは, 剛体のつり合いについて考えます. 剛体がつり合っているとき, 剛体の全運動量と原点まわりの全角運動量は時間的に変化せず一定となります. したがって, 式 (9.1.25) と式 (9.1.27) から, 剛体のつり合いの条件は

1. 剛体に働く外力の和がゼロ

$$M\bm{g} + \sum_{j=1}^k \bm{F}_j = 0 . \tag{9.2.1}$$

2. 剛体に働く原点まわりの力のモーメントの和がゼロ

$$r_G \times Mg + \sum_{j=1}^{k} r_j \times F_j = 0 \ . \tag{9.2.2}$$

このように,剛体がつり合うためには外力だけではなく,外力のモーメントもつり合う必要があります.

つり合いの条件に外力のモーメントが必要な理由は,次のように理解できます.剛体に大きさが同じで向きが反対の2つの力が働いているとします.質点にこのような2力が働くと,2つの力の作用点は一致し力はつり合います.剛体の場合,2つの力の作用点は必ずしも一致しません.もし,図9.6のように2力の作用線が異なると,剛体は仮に静止していても回転運動を始めるはずです.したがって,剛体がつり合うためには外力のモーメントのつり合いが必要になるのです.

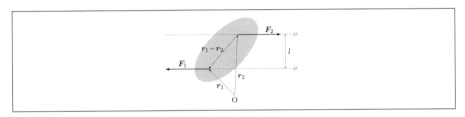

図 9.6　偶力

ここで考えた,大きさが等しく向きが逆で作用線が異なる2力のことを**偶力** (couple) といいます.剛体の異なる2点 r_1, r_2 に F_1, $F_2(= -F_1)$ が働くとき,この2つの力の原点まわりの力のモーメントの和は

$$N = r_1 \times F_1 + r_2 \times F_2 = (r_1 - r_2) \times F_1 \ , \tag{9.2.3}$$

となります.ベクトル $r_1 - r_2$ は原点のとり方によらないので,偶力のモーメントも原点のとり方によらず,どの点のまわりでも同じになります.また,2力の作用線の間の距離を l とすると,偶力のモーメントの大きさは

$$N = lF_1 = lF_2 \ . \tag{9.2.4}$$

9.2.2　固定軸まわりの回転運動

ここでは,剛体の運動としてもっとも簡単な,固定軸まわりの回転運動を考え

てみます．たとえば，回転ドアやアナログ時計の針の運動がこれにあたります．固定軸まわりで剛体が回転するとき，その運動は固定軸まわりの回転角で記述されます．したがって，この運動の自由度は1となり，必要な方程式は1つとなります．固定軸を z 軸とすると，回転運動の方程式は

$$\dot{L}_z = N_z , \tag{9.2.5}$$

となります．ここで，L_z は角運動量の z 成分を表し，z 軸まわりの角運動量と呼ばれることもあります．

図 9.7 のように固定軸まわりの回転角を φ とすると，式 (9.2.5) は φ についての微分方程式になるはずです．3 次元**円筒座標**を用いて L_z を計算し，φ についての方程式を求めてみます．円筒座標は，2 次元極座標に 3 次元デカルト座標の z 成分を加えたものです．3 次元デカルト座標と円筒座標には

$$\xi = \sqrt{x^2 + y^2} , \quad \tan\varphi = \frac{y}{x} , \quad z = z , \tag{9.2.6}$$

の対応関係があります．

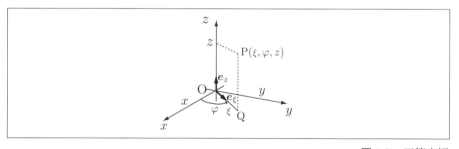

図 **9.7** 円筒座標

円筒座標では，固定軸まわりの回転運動で剛体の各点の z 座標は変化せず，軸からの距離も一定なので ξ 座標も変化しません．したがって，位置ベクトル

$$\boldsymbol{r} = \xi \boldsymbol{e}_\xi + z \boldsymbol{e}_z , \tag{9.2.7}$$

の時間微分は

$$\dot{\boldsymbol{r}} = \xi \dot{\boldsymbol{e}}_\xi = \xi \dot{\varphi} \boldsymbol{e}_\varphi , \tag{9.2.8}$$

となります．ここで，ξ は一定であることと，ξ 方向の基本ベクトルの時間微分は2次元極座標の場合と同様に，$\dot{e}_\xi = \dot{\varphi} e_\varphi$ となることを使いました．これらを用いると

$$\boldsymbol{r} \times \dot{\boldsymbol{r}} = \begin{vmatrix} \boldsymbol{e}_\xi & \boldsymbol{e}_\varphi & \boldsymbol{e}_z \\ \xi & 0 & z \\ 0 & \xi\dot{\varphi} & 0 \end{vmatrix} = -z\xi\dot{\varphi}\,\boldsymbol{e}_\xi + \xi^2\dot{\varphi}\,\boldsymbol{e}_z \ , \tag{9.2.9}$$

となるので

$$\boldsymbol{L} = \int \rho(\boldsymbol{r})(-z\xi\dot{\varphi}\,\boldsymbol{e}_\xi + \xi^2\dot{\varphi}\,\boldsymbol{e}_z)\,dV \ , \tag{9.2.10}$$

となります．原点まわりの角運動量の z 成分は，角速度 $\dot{\varphi}$ が剛体の各点で共通であることに注意すると

$$L_z = \int \rho(\boldsymbol{r})\xi^2\dot{\varphi}\,dV = \left(\int \xi^2\rho(\boldsymbol{r})\,dV\right)\dot{\varphi} = I_z\,\dot{\varphi} \ , \tag{9.2.11}$$

となります．ここで

$$I_z = \int \xi^2\rho(\boldsymbol{r})\,dV = \int (x^2+y^2)\rho(\boldsymbol{r})\,dV \ , \tag{9.2.12}$$

は，z 軸のまわりの慣性モーメントと呼ばれます．これは，z 軸からの距離の2乗 (x^2+y^2) に微小質量要素 $\rho(\boldsymbol{r})\,dV$ を掛けて剛体全体で積分すると得られる量で，剛体の密度，剛体の形，回転軸の位置に依存します．

　以上より，固定軸をもつ剛体の運動方程式は

$$I_z\frac{d^2\varphi}{dt^2} = N_z = (\boldsymbol{r}_{\mathrm{G}} \times M\boldsymbol{g})_z + \sum_{j=1}^{k}(\boldsymbol{r}_j \times \boldsymbol{F}_j)_z \ , \tag{9.2.13}$$

となります．これは

$$\text{慣性モーメント} \times \text{角加速度} = \text{外力のモーメント} \ , \tag{9.2.14}$$

という形をしていて，質点の運動方程式

$$m\frac{d^2\boldsymbol{r}}{dt^2} = \boldsymbol{F} \ , \qquad \text{慣性質量} \times \text{加速度} = \text{外力} \ , \tag{9.2.15}$$

とよく似た形となっています．質点の運動では，慣性質量 m は動かしにくさ（慣性の大きさ）を表していました．同じように考えると，固定軸のまわりの剛体の回転では，慣性モーメント I_z は回しにくさ（慣性の大きさ）を表すといえます．

固定軸をもつ剛体の運動エネルギーを計算してみます．剛体中の各点は半径 ξ，角速度 $\dot{\varphi}$ の円運動をするので，その速さは $v = \xi\dot{\varphi}$ となります．したがって，質量要素 $\rho(\boldsymbol{r})dV$ の運動エネルギーは

$$\frac{1}{2}\left(\rho(\boldsymbol{r})dV\right)(\xi\dot{\varphi})^2 = \frac{1}{2}\left(\xi^2\rho(\boldsymbol{r})dV\right)\dot{\varphi}^2 , \qquad (9.2.16)$$

となるので，剛体全体の運動エネルギーは

$$K = \frac{1}{2}\left(\int \xi^2\rho(\boldsymbol{r})\,dV\dot{\varphi}^2\right) = \frac{1}{2}\left(\int \xi^2\rho(\boldsymbol{r})\,dV\right)\dot{\varphi}^2 = \frac{1}{2}I_z\dot{\varphi}^2 , \qquad (9.2.17)$$

となります．この表式も，質点の運動エネルギー

$$K = \frac{1}{2}m\dot{r}^2 , \qquad (9.2.18)$$

とよく似た形をしていることがわかります．質点の運動と固定軸まわりの剛体の回転運動の間の対応関係は，表 9.1 にまとめられます．

表 9.1　質点の並進運動と固定軸をもつ剛体の回転運動

質点の並進運動		固定軸をもつ剛体の回転運動	
慣性質量	m	慣性モーメント	I_z
力	$\boldsymbol{F}$	力のモーメント	N_z
位置	$\boldsymbol{r}$	回転角	φ
速度	$\boldsymbol{v} = \dot{\boldsymbol{r}}$	角速度	$\omega = \dot{\varphi}$
加速度	$\boldsymbol{a} = \dot{\boldsymbol{v}} = \ddot{\boldsymbol{r}}$	角加速度	$\dot{\omega} = \ddot{\varphi}$
運動量	$\boldsymbol{p} = m\boldsymbol{v} = m\dot{\boldsymbol{r}}$	角運動量	$L_z = I_z\omega = I_z\dot{\varphi}$
運動方程式	$m\ddot{\boldsymbol{r}} = \boldsymbol{F}$	運動方程式	$I_z\ddot{\varphi} = N_z$
運動エネルギー	$\dfrac{1}{2}m\,v^2$	運動エネルギー	$\dfrac{1}{2}I_z\,\dot{\varphi}^2$

9.3　素早く回転するには？——慣性モーメント

ここでは，慣性モーメントの具体的な計算方法を学びます[1]．また，**回転半径** (radius of gyration) についても学びます．

高飛び込みの選手は，10m の高さの飛び込み台から水面に達するまで，ときには 4 回転以上回転します．フィギュアスケートでは，演技の終盤で，ゆっくりとし

---

[1] 6.1 節での説明もよく思い出してください．

たスピンからどんどん回転を速くし観客を盛り上げます．このように高速で回転するとき，選手たちはどのような工夫をしているのでしょう．前節でわかったように，回転運動には慣性モーメントが関係し，慣性モーメントの値が大きいほど回転運動は起こりにくくなります．よって，高速回転を得るために，選手たちは自身の慣性モーメントを小さくしているはずです．実際にさまざまな形をした剛体の慣性モーメントを計算し，どうすれば慣性モーメントを小さくできるのか考えてみます．

9.3.1 慣性モーメントに関する定理

はじめに，慣性モーメントを計算するときに便利な2つの定理を学びます．

平行軸の定理

質量 M の剛体の z 軸のまわりの慣性モーメントを I，質量中心を通り z 軸に平行な z_G 軸のまわりの慣性モーメントを I_G，z 軸と z_G 軸との距離を h とするとき

$$I = I_G + Mh^2 , \tag{9.3.1}$$

が成り立ちます．この様子を，図 9.8 に示します．

（証明）z 軸上に原点 O をとり x, y 座標を導入すると，I は

$$I = \int (x^2 + y^2) \rho(\boldsymbol{r}) \, dV , \tag{9.3.2}$$

と表されます．今，x, y を重心座標 x_G, y_G と重心からの変位 x', y' を用いて表すと

$$x = x_G + x' , \quad y = y_G + y' , \tag{9.3.3}$$

となるので，I は

$$
\begin{aligned}
I &= \int \left\{ (x_G + x')^2 + (y_G + y')^2 \right\} \rho(\boldsymbol{r}) \, dV \\
&= \int \left\{ x_G^2 + y_G^2 + 2(x_G x' + y_G y') + x'^2 + y'^2 \right\} \rho(\boldsymbol{r}) \, dV \\
&= (x_G^2 + y_G^2) \int \rho(\boldsymbol{r}) \, dV + 2x_G \int x' \rho(\boldsymbol{r}) \, dV \\
&\quad + 2y_G \int y' \rho(\boldsymbol{r}) \, dV + \int (x'^2 + y'^2) \rho(\boldsymbol{r}) \, dV ,
\end{aligned}
\tag{9.3.4}
$$

258

となります．ここで，連続体の質量中心に関する定理 (9.1.9) から
$$\int x' \rho(\boldsymbol{r})\,dV = \int y' \rho(\boldsymbol{r})\,dV = 0 \ , \tag{9.3.5}$$
となるので
$$I = (x_G^2 + y_G^2) \int \rho(\boldsymbol{r})\,dV + \int (x'^2 + y'^2)\rho(\boldsymbol{r})\,dV \tag{9.3.6}$$
$$= h^2 M + I_G \ , \tag{9.3.7}$$
が得られます．（証明終）

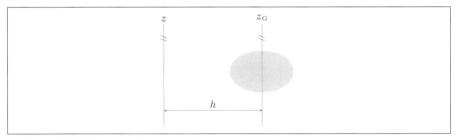

図 **9.8** 平行軸の定理

この定理から，慣性モーメントは，剛体を質点で近似したときの慣性モーメント Mh^2 と，質量中心まわりの慣性モーメント I_G の和となることがわかります．

平板剛体に関する定理

平板状の剛体の任意の 1 点 O を通り板に垂直に z 軸，平板内に O を通り互いに垂直な x 軸，y 軸をとる．今，x, y, z 軸まわりの慣性モーメントをそれぞれ I_x, I_y, I_z とすると
$$I_z = I_x + I_y \ , \tag{9.3.8}$$
が成り立ちます．この様子を，図 9.9 に示します．

（証明）

この板状剛体の面密度（単位面積あたりの質量）を $\sigma(\boldsymbol{r})$ とします．式 (9.2.12) で密度 $\rho(\boldsymbol{r})$ を面密度 $\sigma(\boldsymbol{r})$，体積要素 dV を面積要素 dS に置き換えると
$$I_z = \int (x^2 + y^2)\sigma(\boldsymbol{r})\,dS = \int x^2 \sigma(\boldsymbol{r})\,dS + \int y^2 \sigma(\boldsymbol{r})\,dS \ , \tag{9.3.9}$$

となります．一方，x軸およびy軸まわりの慣性モーメントは平板上で$z=0$となるので

$$I_x = \int (y^2 + z^2)\, \sigma(\boldsymbol{r})\, dS = \int y^2 \sigma(\boldsymbol{r})\, dS, \tag{9.3.10}$$

$$I_y = \int (z^2 + x^2)\, \sigma(\boldsymbol{r})\, dS = \int x^2 \sigma(\boldsymbol{r})\, dS, \tag{9.3.11}$$

となり

$$I_z = I_x + I_y, \tag{9.3.12}$$

が成り立ちます．（証明終）

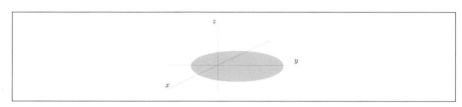

図 **9.9** 平板剛体に関する定理

9.3.2 慣性モーメントの計算

密度が一様で形の対称性が高いとき，剛体の慣性モーメントは，比較的簡単に計算できます．以下では，具体的にいくつかの例について慣性モーメントを計算してみます．考え方の基本は，やはり細かく分けて足すこと，すなわち微小要素の慣性モーメントを剛体全体で積分することにあります．慣性モーメントの定義式 (9.2.12) から，微小要素の慣性モーメントは

$$dI = (\text{軸からの距離})^2 (\text{微小質量要素}). \tag{9.3.13}$$

(1) 細長い棒

図 9.10 のように質量 M，長さ l の細い棒の中央を通り，棒に垂直な軸のまわりの慣性モーメントを求めます．棒の中央を原点 O とし，棒に沿って z 軸をとります．棒の線密度（単位長さあたりの質量）は $\lambda = M/l$ なので，微小質量要素は

$$\lambda dz = \frac{M}{l} dz, \tag{9.3.14}$$

となります.棒上の点の x 軸からの距離は z 座標の大きさに一致するので,微小要素の x 軸のまわりの慣性モーメントは

$$dI_x = z^2 \frac{M}{l} dz , \qquad (9.3.15)$$

となり,x 軸のまわりの慣性モーメントは

$$I_x = \int_{-\frac{l}{2}}^{\frac{l}{2}} z^2 \frac{M}{l} dz = \frac{M}{l} \left[\frac{1}{3} z^3 \right]_{-\frac{l}{2}}^{\frac{l}{2}} = \frac{M}{3l} \left(\frac{l^3}{8} + \frac{l^3}{8} \right) = \frac{M}{12} l^2 , \qquad (9.3.16)$$

となります.同様に y 軸のまわりの慣性モーメントは

$$I_y = I_x = \frac{M}{12} l^2 , \qquad (9.3.17)$$

となります.ここでは,棒は細く z に垂直な方向の広がりは無視できるので

$$I_z = 0 . \qquad (9.3.18)$$

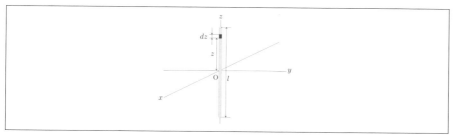

図 **9.10** 細長い棒

(2) 長方形の薄い板

質量 M,辺の長さが a, b の長方形の板の中心を通り板に垂直な軸および辺に平行な軸まわりの慣性モーメントを求めます.図 9.11 のように座標軸をとります.板の面密度は $\sigma = M/ab$,面積要素は $dS = dxdy$ となるので,微小要素の x 軸のまわりの慣性モーメントは

$$dI_x = y^2 \sigma dS = \frac{M}{ab} y^2 dxdy , \qquad (9.3.19)$$

となります．積分領域は $x = [-a/2, a/2], y = [-b/2, b/2]$ となるので，x 軸のまわりの慣性モーメントは

$$I_x = \frac{M}{ab} \int_{-\frac{a}{2}}^{\frac{a}{2}} \left\{ \int_{-\frac{b}{2}}^{\frac{b}{2}} y^2 dy \right\} dx \tag{9.3.20}$$

$$= \frac{M}{ab} \left\{ \int_{-\frac{a}{2}}^{\frac{a}{2}} dx \right\} \left\{ \int_{-\frac{b}{2}}^{\frac{b}{2}} y^2 dy \right\} \tag{9.3.21}$$

$$= \frac{M}{ab} [x]_{-\frac{a}{2}}^{\frac{a}{2}} \left[\frac{y^3}{3} \right]_{-\frac{b}{2}}^{\frac{b}{2}} \tag{9.3.22}$$

$$= \frac{M}{12} b^2, \tag{9.3.23}$$

となります．y 軸のまわりの慣性モーメントも同様な計算により

$$I_y = \frac{M}{12} a^2. \tag{9.3.24}$$

z 軸のまわりの慣性モーメントは平板剛体に関する定理 (9.3.8) を使い

$$I_z = I_x + I_y = \frac{M}{12} \left(a^2 + b^2 \right). \tag{9.3.25}$$

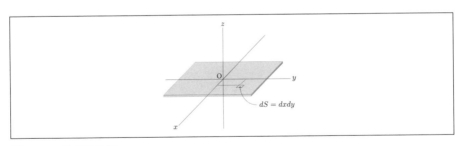

図 **9.11** 長方形の板

(3) 直方体

質量 M，辺の長さが a, b, c の直方体の中心を通り各辺に平行な軸まわりの慣性モーメントを求めます．図 9.12 のように座標軸をとります．直方体の密度は $\rho = M/abc$, 体積要素は $dV = dxdydz$ となるので，微小要素の z 軸のまわりの

慣性モーメントは
$$dI_z = (x^2+y^2)\rho dV = \frac{M}{abc}(x^2+y^2)dxdydz, \quad (9.3.26)$$
となります。積分領域は $x=[-a/2, a/2], y=[-b/2, b/2], z=[-c/2, c/2]$ となるので，z 軸のまわりの慣性モーメントは

$$I_z = \rho \int (x^2+y^2)dV = \rho \left(\int x^2 dV + \int y^2 dV \right) \quad (9.3.27)$$
$$= \frac{M}{abc}\left(\int_{-\frac{a}{2}}^{\frac{a}{2}} x^2 dx \int_{-\frac{b}{2}}^{\frac{b}{2}} dy \int_{-\frac{c}{2}}^{\frac{c}{2}} dz + \int_{-\frac{a}{2}}^{\frac{a}{2}} dx \int_{-\frac{b}{2}}^{\frac{b}{2}} y^2 dy \int_{-\frac{c}{2}}^{\frac{c}{2}} dz \right) \quad (9.3.28)$$
$$= \frac{M}{abc}\left(\frac{a^3 bc}{12} + \frac{ab^3 c}{12} \right) = \frac{M}{12}(a^2+b^2). \quad (9.3.29)$$

同様な計算により
$$I_x = \frac{M}{12}\left(b^2+c^2\right), \quad I_y = \frac{M}{12}\left(c^2+a^2\right). \quad (9.3.30)$$

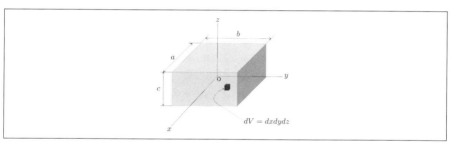

図 **9.12** 　直方体

(4) 円輪

質量 M，半径 a の細い線でできた円形の輪（円輪）の中心を通る軸のまわりの慣性モーメントを求めます．図 9.13 のように座標軸をとります．円輪の線密度は $\lambda = M/2\pi a$，2 次元極座標を用いると線素は $dl = ad\varphi$ となるので，微小要素の z 軸のまわりの慣性モーメントは

$$dI_z = a^2 \lambda dl = \frac{Ma^2}{2\pi} d\varphi, \quad (9.3.31)$$

となります．円輪全体について足し合わせるには，φについて0から2πまで積分すればよいので

$$I_z = \int_0^{2\pi} \frac{Ma^2}{2\pi} d\varphi = Ma^2 . \tag{9.3.32}$$

x軸およびy軸のまわりの慣性モーメントは，平板剛体に関する定理(9.3.8)より

$$I_z = I_x + I_y , \tag{9.3.33}$$

ですが，対称性から

$$I_x = I_y , \tag{9.3.34}$$

の関係があるので

$$I_x = I_y = \frac{I_z}{2} = \frac{M}{2}a^2 . \tag{9.3.35}$$

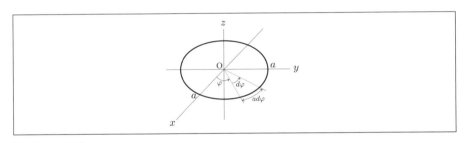

図 **9.13**　円輪

(5) 円板

質量M，半径aの円板の中心を通る軸のまわりの慣性モーメントを求めます．図 9.14 のように座標軸をとります．円板の面密度は$\sigma = M/\pi a^2$，2次元極座標を用いると面積要素は$dS = \xi d\xi d\varphi$となるので，微小要素のz軸のまわりの慣性モーメントは

$$dI_z = \xi^2 \sigma dS = \frac{M}{\pi a^2} \xi^3 d\xi d\varphi , \tag{9.3.36}$$

となります．円盤全体について足し合わせるには，ξについて0からaまで，φについて0から2πまで積分すればよいので，

$$I_z = \frac{M}{\pi a^2} \int_0^{2\pi} \left\{ \int_0^a \xi^3 d\xi \right\} d\varphi = \frac{M}{\pi a^2} \left\{ \int_0^a \xi^3 d\xi \right\} \left\{ \int_0^{2\pi} d\varphi \right\} \tag{9.3.37}$$

$$= \frac{M}{\pi a^2} \cdot \frac{a^4}{4} \cdot 2\pi = \frac{M}{2}a^2 . \tag{9.3.38}$$

x 軸および y 軸のまわりの慣性モーメントは，円輪の場合と同様に考えて

$$I_x = I_y = \frac{I_z}{2} = \frac{M}{4}a^2 . \tag{9.3.39}$$

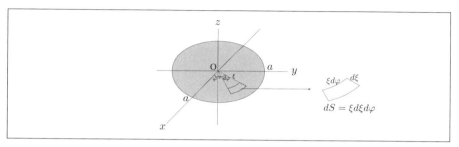

図 **9.14** 円板

(6) 円柱

　質量 M，半径 a，高さ l の円柱の中心を通る軸のまわりの慣性モーメントを求めます．図 9.15 のように，円柱の中心軸に沿って z 軸，円柱の中心を通り z 軸に垂直に x 軸をとります．円柱の密度は $\rho = M/\pi a^2 l$，3 次元円筒座標を用いると体積要素は $dV = \xi d\xi d\varphi dz$ となるので，微小要素の z 軸のまわりの慣性モーメントは

$$dI_z = \xi^2 \rho dV = \frac{M}{\pi a^2 l}\xi^3 d\xi d\varphi dz , \tag{9.3.40}$$

となります．円柱全体について足し合わせるには，ξ について 0 から a まで，φ について 0 から 2π まで，z について $-l/2$ から $l/2$ まで積分すればよいので

$$I_z = \frac{M}{\pi a^2 l} \left\{ \int_0^a \xi^3 d\xi \right\} \left\{ \int_0^{2\pi} d\varphi \right\} \left\{ \int_{-\frac{l}{2}}^{\frac{l}{2}} dz \right\} \tag{9.3.41}$$

$$= \frac{M}{\pi a^2 l} \cdot \frac{a^4}{4} \cdot 2\pi \cdot l = \frac{M}{2}a^2 . \tag{9.3.42}$$

　次に，x 軸のまわりの慣性モーメントを求めます．x 軸から剛体の各点までの距離が $\sqrt{z^2 + \xi^2 \sin^2 \varphi}$ となることを用いて計算することもできますが，ここで

は，平行軸の定理 (9.3.1) を用いた計算法を紹介します．ここでは，円柱を厚さ dz の円板に分け，各円板の慣性モーメントを足し合わせて求めます．はじめに，円板の中心を通り x 軸に平行な軸（x' 軸）を考えます．この軸まわりの慣性モーメントは，円板の質量が $dM = \frac{dz}{l}M$ となることから

$$dI_{x'} = \frac{1}{4}dMa^2 = \frac{Ma^2}{4l}dz , \tag{9.3.43}$$

となります．平行軸の定理を用いると，この円板の x 軸のまわりの慣性モーメントは

$$dI_x = dI_{x'} + dMz^2 = \frac{M}{l}\left(\frac{a^2}{4} + z^2\right)dz , \tag{9.3.44}$$

となります．したがって，円柱の x 軸のまわりの慣性モーメントは

$$I_x = \int dI_x = \int_{-\frac{l}{2}}^{\frac{l}{2}} \frac{M}{l}\left(\frac{a^2}{4} + z^2\right)dz = \frac{M}{4}\left(a^2 + \frac{l^2}{3}\right) . \tag{9.3.45}$$

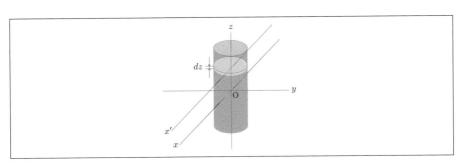

図 9.15　円柱

(7) 球

質量 M，半径 a の球の中心を通る軸のまわりの慣性モーメントを求めます．図 9.16 のように球の中心を原点として x, y, z 軸をとります．球の密度を ρ とすると各軸のまわりの慣性モーメントは

$$I_x = \rho\int(y^2 + z^2)dV , \quad I_y = \rho\int(z^2 + x^2)dV , \quad I_z = \rho\int(x^2 + y^2)dV , \tag{9.3.46}$$

と書けます．原点まわりの球対称性を用いると，$I_x = I_y = I_z$ となるので，上の 3 つの式を足し合わせると

$$I_x + I_y + I_z = \rho \int 2(x^2 + y^2 + z^2)dV , \quad (9.3.47)$$

つまり

$$3I_x = 2\rho \int (x^2 + y^2 + z^2)dV = 2\rho \int r^2 dV , \quad (9.3.48)$$

となります．3 次元極座標の体積要素は式 (5.3.31) に示したように $dV = r^2 \sin\theta dr d\theta d\varphi$ なので

$$\begin{aligned} I_x &= \frac{2}{3}\rho \int\int\int r^4 \sin\theta dr d\theta d\varphi \\ &= \frac{2}{3}\rho \int_0^a r^4 dr \int_0^\pi \sin\theta d\theta \int_0^{2\pi} d\varphi \end{aligned} \quad (9.3.49)$$

$$= \frac{2}{3}\rho \left[\frac{r^5}{5}\right]_0^a [-\cos\theta]_0^\pi [\varphi]_0^{2\pi} = \frac{8\pi\rho a^5}{15} , \quad (9.3.50)$$

となります．球の密度 $\rho = 3M/4\pi a^3$ を用いると

$$I_x = I_y = I_z = \frac{2M}{5}a^2 . \quad (9.3.51)$$

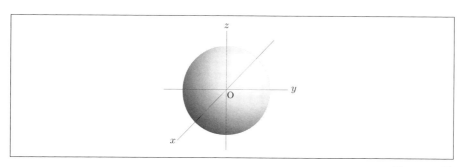

図 **9.16** 球

9.3.3 回転半径

9.3.2 項の (1)〜(7) の計算で，長方形の板と直方体の z 軸のまわりの慣性モーメント（式 (9.3.25) と式 (9.3.29)）は同じ表式になりました．また，円板と円柱も

z軸のまわりの慣性モーメント（式 (9.3.38) と式 (9.3.42)）は同じ表式です．このように，慣性モーメントの大きさに，軸に沿った方向の広がりは影響しないことがわかります．慣性モーメントを決めるのは，軸に垂直な方向の広がりです．高飛び込みやフィギアスケートの選手は，膝を抱え込んだり腕を体に引き付けたりして自身の慣性モーメントを小さくしているのです．軸からの広がりの程度を表す量として回転半径 k があります．これは

$$I = Mk^2 , \tag{9.3.52}$$

すなわち

$$k = \sqrt{\frac{I}{M}} , \tag{9.3.53}$$

で定義されます．

この定義からわかるように，ある剛体の慣性モーメントは，剛体の全質量が軸から k だけ離れた場所に集まった場合の慣性モーメントと等しくなります．たとえば，半径 a の一様密度の剛体球の場合，中心を通る軸のまわりの回転半径は

$$k = \sqrt{\frac{2}{5}}a . \tag{9.3.54}$$

9.4 滑る，転がる，どちらが速い？——剛体の平面運動

ここでは剛体の具体的な運動として，**実体振り子** (physical pendulum) について学びます．また，**剛体の平面運動**として，斜面を剛体が転がり降りたり，滑り降りたりする現象についても学びます．

9.4.1 実体振り子

実体振り子（剛体振り子）とは，水平な固定軸でつるされた剛体による振り子です．したがって，実体振り子の運動は，9.2.2 項で考えた固定軸まわりの回転運動として扱うことができます．

図 9.17 のように，水平な固定軸を z 軸とし，鉛直下向きに x 軸，水平に y 軸をとります．

ただし，原点 O は，剛体の質量中心ベクトル $\boldsymbol{r}_\mathrm{G}$ が z 成分をもたず，xy 平面内に含まれるようにとることにします．質量中心の位置ベクトル $\boldsymbol{r}_\mathrm{G} = (x_\mathrm{G}, y_\mathrm{G}, z_\mathrm{G})$

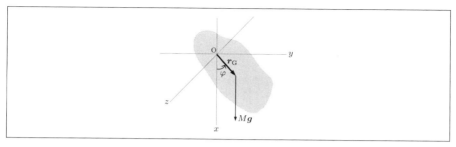

図 9.17 実体振り子

が x 軸となす角を φ とすると，剛体の運動方程式は，式 (9.2.13) と同じで

$$I_z\ddot{\varphi} = N_z . \tag{9.4.1}$$

ここで，I_z は z 軸まわりの慣性モーメント，N_z は原点まわりの力のモーメントの z 成分を表します．剛体に働く力は重力 $M\boldsymbol{g}$ と軸からの抗力 $\boldsymbol{F}$ があります．軸からの抗力は原点まわりのモーメントをもたないので，重力からの寄与のみを考えると，剛体に働く力のモーメントは

$$N_z = [\boldsymbol{r}_\mathrm{G} \times M\boldsymbol{g}]_z = [(x_\mathrm{G}\boldsymbol{e}_x + y_\mathrm{G}\boldsymbol{e}_y) \times Mg\boldsymbol{e}_x]_z = -Mgy_\mathrm{G} , \tag{9.4.2}$$

となります．原点 O から質量中心までの距離を d とすると，運動方程式は

$$I_z\ddot{\varphi} = -Mgd\sin\varphi , \tag{9.4.3}$$

となります．この方程式は，$\varphi \ll 1$ のとき

$$I_z\ddot{\varphi} = -Mgd\varphi , \tag{9.4.4}$$

となり（ここで $d\varphi$ は d と φ の積で，微小角 $d\varphi$ でないことに注意してください），単振動の方程式となります．一般解は A, α を任意定数として

$$\varphi = A\cos(\omega t + \alpha) , \tag{9.4.5}$$

と表されます．角振動数 ω は

$$\omega = \sqrt{\frac{Mgd}{I_z}} , \tag{9.4.6}$$

となるので，実体振り子の振動の周期は

$$T = 2\pi\sqrt{\frac{I_z}{Mgd}} = 2\pi\frac{k_z}{\sqrt{gd}} , \tag{9.4.7}$$

となります．ここで，k_z は z 軸のまわりの回転半径です．

このように，実体振り子の周期は単振り子の場合と違い，原点から質量中心までの距離，質量，慣性モーメントに依存します．音楽で使用するメトロノームは，質量中心の位置や慣性モーメントを変えることで，さまざまな周期に対応しています．

実体振り子の周期と同じ周期になる単振り子の長さを，**相当単振り子の長さ** l_E と呼びます．式 (3.4.34) と式 (9.4.7) より

$$2\pi\sqrt{\frac{I_z}{Mgd}} = 2\pi\sqrt{\frac{l_E}{g}} , \tag{9.4.8}$$

となることから

$$l_E = \frac{I_z}{Md} = \frac{k_z^2}{d} , \tag{9.4.9}$$

で表されます．

実体振り子の質量中心を通り z 軸に平行な軸まわりの慣性モーメントを I_G とすると，平行軸の定理より

$$I_z = I_G + Md^2 , \tag{9.4.10}$$

となるので，相当単振り子の長さは

$$l_E = \frac{I_G}{Md} + d = \frac{k_G^2}{d} + d , \tag{9.4.11}$$

となります．ただし，k_G は質量中心を通り z 軸に平行な軸まわりの回転半径です．図 9.18 のように，原点 O と質量中心を通る直線上で，O から距離 l_E の点を O′ とします．次に，O′ を通り z 軸に平行な軸（z' 軸）で振動させたとき，振動の周期がどうなるか見てみましょう．

O′ から質量中心までの距離を d' とすると

$$l_E = d + d' = \frac{k_z^2}{d} , \tag{9.4.12}$$

となります．平行軸の定理から

$$\frac{I_z}{M} = \frac{I_G}{M} + d^2 , \qquad k_z^2 = k_G^2 + d^2 , \tag{9.4.13}$$

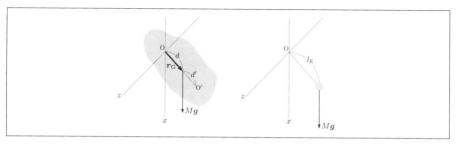

図 **9.18** 実体振り子と相当単振り子の長さ

が得られます．式 (9.4.12) と式 (9.4.13) より

$$dd' = k_z^2 - d^2 = k_G^2 , \tag{9.4.14}$$

となることがわかります．一方，z' 軸を固定軸としたときの相当単振り子の長さは

$$l'_E = \frac{k_G^2}{d'} + d' = d + d' = l_E , \tag{9.4.15}$$

となり，元の固定軸の場合と一致します．したがって，どちらの軸を固定軸としても実体振り子は同じ周期で振動することになります．

9.4.2 剛体の平面運動

剛体のすべての点がある平面に平行に運動するとき，これを **剛体の平面運動** といいます．例としては，斜面を転がる円柱やヨーヨーの運動があげられます．剛体の質量中心は平面内を運動するので並進運動の自由度は 2，回転軸はこの平面に垂直なので回転運動の自由度は 1 となり，全部で自由度は最大で 3 となります．

剛体の平面運動の例として，斜面を滑らずに転がる円柱の運動を考えましょう．水平面からの角度 θ の斜面を，質量 M，半径 a の一様密度の円柱が滑らずに転がり降りるとします．このとき剛体に働く力は重力，斜面からの垂直抗力に加えて斜面との間の静止摩擦力があります．なぜ動摩擦力ではなく静止摩擦力なのかというと，剛体は滑らないとしたので，斜面との接点では常に静止しているためです．もちろん，滑り降りるときに摩擦力が働けば，それは動摩擦力になります．

図 9.19 のように斜面に沿って下向きに x 軸，斜面に垂直に y 軸をとります．このとき，剛体に働く重力 $M\boldsymbol{g}$，垂直抗力 $\boldsymbol{N}$，静止摩擦力 $\boldsymbol{R}$ はそれぞれ

$$Mg = Mg\sin\theta e_x - Mg\cos\theta e_y , \tag{9.4.16}$$

$$N = Ne_y , \tag{9.4.17}$$

$$R = -Re_x , \tag{9.4.18}$$

と表せます．したがって，並進運動の方程式は

$$M\ddot{x} = Mg\sin\theta - R , \tag{9.4.19}$$

となります．円柱の中心軸まわりの力のモーメントに重力と垂直抗力は寄与しないので，その大きさは aR となります．中心軸まわりの回転角を時計回りを正として φ とすると，回転運動の方程式は

$$I_G\ddot{\varphi} = aR , \tag{9.4.20}$$

となります．ここで，I_G は円柱の中心軸のまわりの慣性モーメントで

$$I_G = \frac{1}{2}Ma^2 . \tag{9.4.21}$$

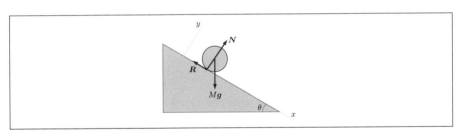

図 9.19　斜面を転がる円柱

　今，変数 x と φ に加えて静止摩擦力の大きさ R が未知の量です．一方，得られた方程式は式 (9.4.19) と式 (9.4.20) の2本しかありません．この問題を解くためには，もう1つ条件式が必要です．その条件式は，円柱が滑らずに転がる条件から得られます．円柱が滑らずに転がるとき，中心軸まわりに φ 回転すると，質量中心は $a\varphi$ 進むはずなので，図 9.20 に示すように，条件式

$$x = a\varphi , \tag{9.4.22}$$

が成り立ちます．もちろん，両辺を時間微分した

$$\dot{x} = a\dot{\varphi}, \qquad \ddot{x} = a\ddot{\varphi}, \tag{9.4.23}$$

も成り立ちます．まとめると，次の3つの式

$$M\ddot{x} = Mg\sin\theta - R, \tag{9.4.24}$$

$$I_\mathrm{G}\ddot{\varphi} = aR, \tag{9.4.25}$$

$$\ddot{x} = a\ddot{\varphi}, \tag{9.4.26}$$

を連立させて解けば，円柱の並進運動の加速度が求まります．

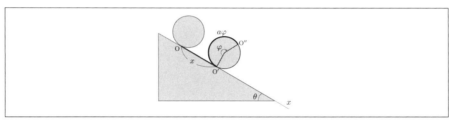

図 9.20 転がる円柱の移動距離と回転角

式 (9.4.26) を式 (9.4.25) に代入して $\ddot{\varphi}$ を消去すると

$$R = \frac{I_\mathrm{G}}{a^2}\ddot{x}, \tag{9.4.27}$$

となり，これを式 (9.4.24) に代入して整理すると，円柱の並進運動の加速度は

$$\ddot{x} = \frac{g\sin\theta}{1 + \frac{I_\mathrm{G}}{Ma^2}} = \frac{g\sin\theta}{1 + \frac{k_\mathrm{G}^2}{a^2}} = \frac{2}{3}g\sin\theta, \tag{9.4.28}$$

となります．ここで，k_G は中心軸のまわりの回転半径です．同じ円柱が，滑らかな斜面を転がらずに滑り降りるときの加速度は，質点の場合と等しく $g\sin\theta$ となります．したがって，円柱が転がり降りるときの加速度は，滑り降りるときの加速度より小さくなります．

転がらずに滑り降りるより，滑らずに転がり降りるほうが遅くなるのはなぜでしょう．その理由を力学的エネルギーの視点から考えてみましょう．滑らずに転

がり降りるとき，円柱の運動エネルギーは

$$K = \frac{1}{2}M\dot{x}^2 + \frac{1}{2}I_{\mathrm{G}}\dot{\varphi}^2 , \qquad (9.4.29)$$

となり，並進運動のエネルギーと回転運動のエネルギーの和になります．このため，転がらずに滑り降りるときにはポテンシャル・エネルギーがすべて並進運動のエネルギーになるのに対し，滑らずに転がり降りるときは同じポテンシャル・エネルギーが並進運動と回転運動のエネルギーに分配され，回転運動の分だけ並進運動のエネルギーが少なくなります．これに関連して，次のようなおもしろい実験があります．生卵とゆでたまごを斜面に沿って同時に転がすとどちらが速く転がるでしょう？　机の上で卵を回転させるとゆでたまごのほうが速く回転するので，ゆでたまごのほうが速く転がり降りると思うかもしれませんが，実は，生卵のほうが速いのです．斜面を転がり降りるとき，生卵は殻だけ回転して中身は固まっていないので回転しません．一方，ゆでたまごは中身も回転するので，中身の回転運動のエネルギーの分だけ，ゆでたまごの並進運動のエネルギーが少なくなるのです．

例題 **9.2** **斜面を転がる中空円筒**　　　　　　　　　　　　　　**レベル：イージー**

質量 M，半径 a の円筒が水平面からの角度 θ の斜面を滑らずに転がり降りるときの加速度を求めよう．

答え

円筒の中心軸のまわりの慣性モーメントは $I_{\mathrm{G}} = Ma^2$ です（演習問題 9.5）．これを式 (9.4.28) に代入すると，並進運動の加速度は $\ddot{x} = \frac{1}{2}g\sin\theta$ となります．円柱より円筒のほうが慣性モーメントが大きく，より回転運動が起こりにくいため，並進運動の加速度が小さくなります．

例題 **9.3** **ヨーヨー**　　　　　　　　　　　　　　　　　　　**レベル：ミディアム**

質量 M，質量中心まわりの慣性モーメント I_{G}，軸の半径 a のヨーヨーがあります．ヨーヨーに長さ l の糸を巻き付け静かに手を離したときの，ヨーヨーの落下運動の加速度と最下点での速度を求めよう．

答え

鉛直下向きに z 軸をとり，中心軸まわりの回転角を φ とします．ヨーヨーには鉛直下向きに大きさ Mg の重力，鉛直上向きに大きさ T の張力が働くので，並進運動，

回転運動の方程式，および糸と軸が滑らない条件は

$$M\ddot{z} = Mg - T \ , \tag{9.4.30}$$

$$I_{\mathrm{G}}\ddot{\varphi} = aT \ , \tag{9.4.31}$$

$$z = a\varphi \ , \tag{9.4.32}$$

となります．これを連立させ解くと，ヨーヨーの並進運動の加速度は

$$\ddot{z} = \frac{g}{1 + \frac{I_{\mathrm{G}}}{Ma^2}} \ , \tag{9.4.33}$$

となります．よって，ヨーヨーの運動は垂直な「斜面」を転がる運動と言えます．
　最下点での速度をvとすると，力学的エネルギー保存の法則より

$$\frac{1}{2}Mv^2 + \frac{1}{2}I_{\mathrm{G}}\left(\frac{v}{a}\right)^2 = Mgl \ , \tag{9.4.34}$$

となります．これより

$$v = \sqrt{\frac{2gl}{1 + \frac{I_{\mathrm{G}}}{Ma^2}}} \ . \tag{9.4.35}$$

9.5 コマの首振り運動

　ここでは固定点をもつ剛体の回転運動として，コマの**首振り運動**について学びます．コマの首振り運動とは，回転しているコマの回転軸が傾いているとき，回転軸が一定の傾きのままゆっくりと向きを変える運動のことです．回転している物体の回転軸が向きを変える運動のことを，**歳差運動** (precession) ともいいます．

　普通のコマは，軸まわりに対称に作られています．このようなコマを対称コマと言います．以下では，図 9.21 のように質量 M，軸まわりの慣性モーメント I の対称コマが，回転軸を鉛直方向から角度 θ だけ傾け，地面との接点を固定点として回転する運動を考えます．コマの対称軸まわりの角速度を ω，歳差運動の角速度を Ω とします．また，コマの質量中心の高さを l とします．

　コマの固定点まわりの角運動量を $\boldsymbol{L}$，固定点まわりの力のモーメントを $\boldsymbol{N}$ とすると，回転運動の方程式は

$$\frac{d\boldsymbol{L}}{dt} = \boldsymbol{N} \ , \tag{9.5.1}$$

です．コマが高速で回転し歳差運動は十分ゆっくりであるとすると $(\omega \gg \Omega)$，歳

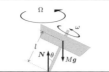

図 9.21 対称コマの歳差運動

差運動による角運動量は無視できるので，角運動量 L は，対称軸まわりの角運動量で近似できます．したがって，角運動量の向きは対称軸に沿った方向で，大きさは

$$L = I\omega , \qquad (9.5.2)$$

となります．コマに働く力は質量中心に働く重力 $M\boldsymbol{g}$ と固定点に働く床からの抗力 $-M\boldsymbol{g}$ です．この2つの力は同じ大きさで互いに逆向きなので偶力になります．そのモーメントは大きさが

$$N = Mgl\sin\theta , \qquad (9.5.3)$$

で，向きは鉛直方向と $\boldsymbol{L}$ に垂直になります．したがって，角運動量の微小変位ベクトル $d\boldsymbol{L} = \boldsymbol{N}dt$ の向きは $\boldsymbol{N}$ の向きと一致し，$\boldsymbol{L}$ に垂直で水平方向を向くことになります．このことから，角運動量ベクトル $\boldsymbol{L}$ が一定の傾きのまま回転することや，対称軸も同様に回転することがわかります．

図 9.22 のように $\angle\mathrm{PO'Q}$ を $d\varphi$ とすると

$$|d\boldsymbol{L}| = \mathrm{O'P}d\varphi = L\sin\theta d\varphi = I\omega\sin\theta d\varphi , \qquad (9.5.4)$$

となり，$|d\boldsymbol{L}| = |\boldsymbol{N}|dt$ から

$$I\omega\sin\theta d\varphi = Mgl\sin\theta dt , \qquad (9.5.5)$$

となります．$\Omega = d\varphi/dt$ であることに注意すれば，歳差運動の角速度は

$$\Omega = \frac{Mgl}{I\omega} = \frac{gl}{k^2\omega} , \qquad (9.5.6)$$

となります．歳差運動の角速度は，質量中心の高さ l が大きいほど大きく，対称軸まわりの回転半径 k や回転の角速度 ω が大きいほど小さくなります．

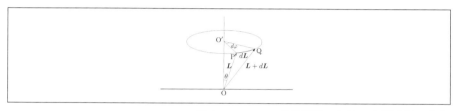

図 9.22 コマの歳差運動における角運動量の変化

　地球の自転軸は公転面に対して約 23.4°傾いています．実は，この傾きは非常にゆっくりですが変化しています．変化の原因は地球の歳差運動によるものです．地球は赤道方向に少し膨らんだ楕円体となっており，月と太陽の引力の影響で歳差運動をしているのです．その周期は約 26000 年と非常に長く，我々は地球の自転軸の変化を感じることはできません．北天で地球の自転軸の方向にある星を北極星といいます．21 世紀の現在，北極星はこぐま座の α 星，ポラリスですが，これも未来永劫不変のものではないのです．北極星の役割をする星は，地球の歳差運動のため数千年ごとに移り変わっていきます．

9 の演習問題

(解答は 288 ページ．)

9.1［レベル：ミディアム］ 天井からつるした長さ l の糸の先に，長さ L で質量 M の一様な棒がつながれています．棒の他端に別の糸を付け，その糸が水平になるようにしながら力 F で引いたとします（図 9.23）．棒がつり合いの状態にあるとき，糸および棒が鉛直線となす角をそれぞれ α, β とします．このとき，α, β の間に成り立つ関係を求めよう．

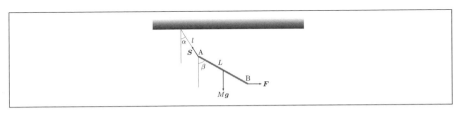

図 **9.23** 問題 9.1

9.2［レベル：ミディアム］ 一様な長さ L，質量 M の棒を，水平な床と鉛直で滑らかな壁に立てかけたとします．棒を徐々に傾け，棒と壁の角度が θ になったとき，棒が滑り始めました（図 9.24）．このとき，棒と床の間の静止摩擦係数 μ を求めよう．ただし，重力加速度の大きさを g とします．

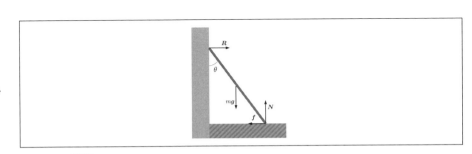

図 **9.24** 問題 9.2

9.3 [レベル：イージー] 図 9.25 のような半径 R の円から半径 $R/2$ の円をくり抜いてできる一様な板の質量中心の位置を求めよう．

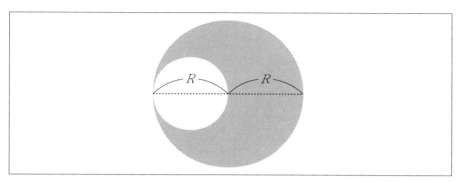

図 9.25 問題 9.3

9.4 [レベル：イージー] 次のような剛体の慣性モーメントを求めよう．

(1) 質量 M，長さ l の一様な棒の，端点を通り棒に垂直な軸まわりの慣性モーメント．
(2) 質量 M，辺の長さが a, b の長方形の板の，頂点を通り板に垂直な軸まわりの慣性モーメント．

9.5 [レベル：イージー] 図 9.26 のような，質量 M，半径 a，長さ l の中空円筒の中心を通り円筒に垂直な軸の周りの慣性モーメント I_x と，中心を通り円筒に平行な軸のまわりの慣性モーメント I_z を求めよう．

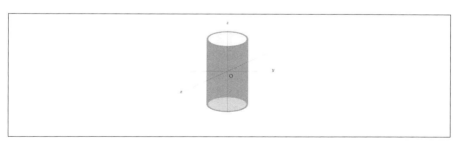

図 9.26 問題 9.5

9.6 [レベル：イージー] 角速度 ω_1 でスピンしていたフィギアスケートの選手が，腕を引き付け慣性モーメントを I_1 から $I_2 (< I_1)$ に変化させ，回転の速度を変化させました．

(1) 腕を引き付けた後の角速度 ω_2 を求めよう．また，このとき回転は速くなったか遅くなったか説明しよう．

(2) 回転運動のエネルギーはどれだけ変化したか求めよう．

9.7 [レベル：ミディアム] 質量が M と m の重りが，半径 a の摩擦のない滑車を通してひもでつながれています．重りを静かに放したところ，質量 M の重りが時間 t の間に h だけ下がりました．ここで，ひもは滑らないものとします．このとき，滑車の慣性モーメント I を求めよう．

9.8 [レベル：イージー] 長さ l，質量 m の一様な剛体棒の中央に，棒と直交するように回転軸を取り付けて回転させました．回転の角速度を ω とするとき，剛体棒の回転軸まわりの慣性モーメント I，角運動量の大きさ L，回転運動のエネルギー K を求めよう．

9.9 [レベル：ミディアム] 長さ l で質量が無視できる針金に，質量 m，半径 a の一様な金属球を取り付けてできる実体振り子の振動周期を求めよう．

9.10 [レベル：ミディアム] 野球のバットでボールを打つとき，手に衝撃を受けないような打点をスイートスポットといいます．このスイートスポットについて，バットを一様な棒で近似して考えてみましょう．滑らかな水平面上に質量 M，長さ l の一様な棒があるとします．棒の質量中心を通り棒に垂直な軸まわりの慣性モーメントは $Ml^2/12$ です．棒の中心から距離 a のところに，きわめて短時間の撃力で棒に垂直に力積 $F\Delta t$ を与えたとします．このとき，以下の問いに答えよう（図 9.27）．

(1) 力積がすべて運動量に変化したとして，棒の並進運動の速度 v を求めよう．

(2) 質量中心まわりの**角力積**（力のモーメントの時間積分，angular impulse）$aF\Delta t$ が，すべて棒の質量中心まわりの角運動量に変化したとして，質量中心まわりの回転の角速度 ω を求めよう．

(3) 撃力を加えた点とは逆側の，中心から距離 $l/4$ の点が撃力を加えた直後動かなかった．この動かなかった点をもったとき，撃力を加えた点がスイートスポットになります．このとき，a を求めよう．

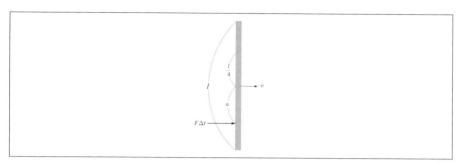

図 **9.27** 問題 9.10

9.11［レベル：ハード］ 質量 M，半径 a のボーリング球を回転させずに初速度 v_0 で滑らせたところ，やがて球は滑らずに転がり出しました．球は一様な剛体であり，中心まわりの慣性モーメントは $2Ma^2/5$ とします．また，球と床の動摩擦係数を μ'，重力加速度の大きさを g とします．このとき，以下の問いに答えよう．

(1) 球は動摩擦力を受けながら並進運動します．球の並進運動の速度を v として，並進運動の方程式を立てよう．
(2) 球は動摩擦力による力のモーメントを受けながら中心まわりで回転運動をします．回転の角速度を ω として，回転運動の方程式を立てよう．
(3) 初期条件を $v(0) = v_0, \omega(0) = 0$ として並進および回転の運動方程式を解き，時刻 t における並進速度 v および角速度 ω を求めよう．
(4) 球が滑らずに転がり始めるのはいつか説明しよう．

コラム

☕ オイラー

オイラー (Leonhard Euler 1707.4.15–1783.9.18) は，史上もっとも多産な数学者といわれています．オイラーの数学的能力は「人が呼吸をするように，何の苦労もなく計算した」と表現されるほどでした．また，論文を書き上げるスピードも非常に速く，印刷前の論文が山のように積み上げられていたといわれています．これらの研究成果は数学や物理学の多くの分野と関連していて，この教科書でも出てきたオイラーの公式やオイラーの等式，オイラーの定数，オイラー関数，オイラーの運動方程式，オイラー法，オイラー角，オイラーの多面体定理など，皆さんも，オイラーの名前の付いた公式や定理をいろいろなところで目にしたことがあると思います．（ちなみに，オイラーの公式と同等の式はオイラーよりも早くイギリスの数学者，ロジャー・コーツによって発見されています．このように実際の発見者と法則の名前が違うことは科学法則ではよくあり，「科学的発見に第一発見者の名前がつくことはない」という法則としてスティグラーの法則と呼ばれていますが，この法則自体，発見者はスティグラーではないそうです．）これだけ多くの業績を残しただけでもすごいのですが，オイラーは，なんと，人生の最後の 17 年間は視力を完全に失いながらも，ペースを落とすことなく仕事を続けたそうです．

当時のヨーロッパでは，大学は科学研究の中心地とはなっていませんでした．その代わりに，いろいろな王立の学士院が科学研究を行う研究機関の役割を果たしていました．オイラーは，はじめロシアのサンクト・ペテルブルク学士院に招かれます．その後，プロイセンのベルリン学士院に招かれ 20 数年間を過ごした後，59 歳のとき，エカテリーナ 2 世の招喚に応じて再びサンクト・ペテルブルクに戻りました．学士院の会員の報酬は国王から支払われるので，当然，会員は国家に直接的に役に立つ成果を求められます．実際オイラーも，たとえば，年金制度について考えさせられたこともあったようです．しかしながら，当時の国王たちはなかなか賢く，たまに必要なものについて指示するだけで，残りの時間は会員たちに自由に研究をさせていたようです．基礎科学の発展が，応用科学や工学技術の進展につながることを知っていたのでしょう．

この章のはじめにあげたオイラーの言葉は，フランスの哲学者ディドロとの間にあった有名な話の中でオイラーが語ったものです．部下たちに無神論を説いてまわるディドロに飽き飽きしたエカテリーナ 2 世が，オイラーにディドロを黙らせるように命令しました．オイラーは，ディドロにでたらめの数式で神の存在を証明してみせます．数学についての知識がないディドロは当惑し，見事に黙り込んでしまったそうです．　　(H. I.)

演習問題の略解

1章

1.1 $e_x \cdot e_x = |e_x||e_x|\cos(0) = 1 \cdot 1 \cdot 1 = 1$, $e_x \cdot e_y = |e_x||e_y|\cos(\pi/2) = 1 \cdot 1 \cdot 0 = 0$.
他の計算も同様.

1.2 (1) $\sqrt{14}$ (2) $\sqrt{14}$ (3) 7 (4) $\pi/3$ (5) $5e_x - e_y + 4e_z$ (6) $-e_x + 3e_y + 2e_z$
(7) 0 (8) $\pi/2$

1.3 (1) 互いに平行 (2) 互いに直交 (3) 互いに直交

1.4 $r = 2e_x + 2e_y + 2\sqrt{2}e_z$.

1.5 $\Delta r = -4e_y + 3e_z$, $|\Delta r| = 5$.

1.6 $v = bt\,e_x + c\,e_y$, $a = b\,e_x$, $|v(2)| = \sqrt{(2b)^2 + c^2}$, $|a(2)| = |b|$.

1.7

(1) $f'(x) = \lim_{\Delta x \to 0} \dfrac{(x + \Delta x + a) - (x + a)}{\Delta x} = \lim_{\Delta x \to 0} \dfrac{\Delta x}{\Delta x} = 1$.

(2) $f'(x) = \lim_{\Delta x \to 0} \dfrac{\sin(x + \Delta x) - \sin x}{\Delta x} = \lim_{\Delta x \to 0} \dfrac{2\cos[(2x + \Delta x)/2]\sin(\Delta x/2)}{\Delta x}$
$= \lim_{\Delta x \to 0} \cos\left(x + \dfrac{\Delta x}{2}\right) \dfrac{\sin(\Delta x/2)}{\Delta x/2} = \cos(x)$.

(3) $f'(x) = \lim_{\Delta x \to 0} \dfrac{1/(x + \Delta x) - 1/x}{\Delta x} = \lim_{\Delta x \to 0} \dfrac{-1}{x(x + \Delta x)} = -\dfrac{1}{x^2}$.

(4) $f'(x) = \lim_{\Delta x \to 0} \dfrac{e^{x + \Delta x} - e^x}{\Delta x} = \lim_{\Delta x \to 0} e^x \dfrac{e^{\Delta x} - 1}{\Delta x} = e^x \lim_{\Delta x \to 0} \dfrac{e^{\Delta x} - 1}{\Delta x} = e^x$.

(5) $f'(x) = \lim_{\Delta x \to 0} \dfrac{\cos(x + \Delta x) - \cos x}{\Delta x} = \lim_{\Delta x \to 0} \dfrac{-2\sin[(2x + \Delta x)/2]\sin(\Delta x/2)}{\Delta x}$
$= \lim_{\Delta x \to 0} \left[-\sin\left(x + \dfrac{\Delta x}{2}\right)\right] \dfrac{\sin(\Delta x/2)}{\Delta x/2} = -\sin(x)$.

(6) $f'(x) = \lim_{\Delta x \to 0} \dfrac{a^{x + \Delta x} - a^x}{\Delta x} = a^x \lim_{\Delta x \to 0} \dfrac{e^{\Delta x \log a} - 1}{\Delta x}$
$= a^x \log a \lim_{h \to 0} \dfrac{e^h - 1}{h} = a^x \log a$.

(7) $f'(x) = \lim_{\Delta x \to 0} \dfrac{\log(x + \Delta x) - \log x}{\Delta x} = \lim_{\Delta x \to 0} \dfrac{\log(1 + \Delta x/x)}{\Delta x}$
$= \lim_{h \to 0} \dfrac{\log(1 + h)}{hx} = \dfrac{1}{x} \lim_{h \to 0} \log(1 + h)^{\frac{1}{h}} = \dfrac{1}{x} \log e = \dfrac{1}{x}$.

1.8 $\dot{A} = \boldsymbol{A} \cdot \dot{\boldsymbol{A}}/A = 0$ より $\boldsymbol{A} \cdot \dot{\boldsymbol{A}} = 0$. したがって, $\boldsymbol{A}$ と $\dot{\boldsymbol{A}}$ は直交.

2章

2.1 以下の図では，力の大きさのみを書いています．

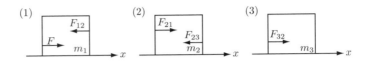

(4) 各々の運動方程式は，$m_1\ddot{x}_1 = F - F_{21}$，$m_2\ddot{x}_2 = F_{21} - F_{23}$，$m_3\ddot{x}_3 = F_{32}$．
(5) ブロックはxの正の方向に加速しているため，$F > F_{21} > F_{32} > 0$．
(6) 各々のブロックの加速度は同じ．
(7) Fによっては$m_1 + m_2 + m_3$，F_{21}によっては$m_2 + m_3$，F_{32}によってはm_3．

2.2 以下の図では，力の大きさのみを書いています．

(3) 物体 m に対する運動方程式は，$m\ddot{z}_\mathrm{m} = N - mg$．
(4) 物体 M に対する運動方程式は，$M\ddot{z}_\mathrm{M} = N' - N - Mg$．
(5) $\ddot{z}_\mathrm{m} = \ddot{z}_\mathrm{M} = 0$ より，$N = mg$，$N' = (M+m)g$．

2.3

(1) $(1+x)^a = 1 + ax + \dfrac{a(a-1)}{2!}x^2 + \dfrac{a(a-1)(a-2)}{3!}x^3$
$\qquad + \dfrac{a(a-1)(a-2)(a-3)}{4!}x^4 + \dfrac{a(a-1)(a-2)(a-3)(a-4)}{5!}x^5 + \cdots$

a が自然数 n の場合は，二項級数を使って

$$(1+x)^n = \sum_{k=0}^{n} \frac{n!}{k!(n-k)!}x^k = \sum_{k=0}^{n} {}_nC_k x^k .$$

(2) $\sin(x) = x - \dfrac{1}{3!}x^3 + \dfrac{1}{5!}x^5 \cdots = \sum_{k=0}^{\infty} \dfrac{(-1)^k}{(2k+1)!}x^{2k+1}$．

(3) $\cos(x) = 1 - \dfrac{1}{2!}x^2 + \dfrac{1}{4!}x^4 \cdots = \sum_{k=0}^{\infty} \dfrac{(-1)^k}{(2k)!}x^{2k}$．

(4) $e^x = 1 + x + \dfrac{1}{2!}x^2 + \dfrac{1}{3!}x^3 + \dfrac{1}{4!}x^4 + \dfrac{1}{5!}x^5 \cdots = \sum_{k=0}^{\infty} \dfrac{1}{k!}x^k$．

(5) $\quad \log(1+x) = x + \dfrac{-1}{2!}x^2 + \dfrac{2}{3!}x^3 + \dfrac{-3 \cdot 2}{4!}x^4 + \dfrac{4 \cdot 3 \cdot 2}{5!}x^5 \cdots = \displaystyle\sum_{k=1}^{\infty} \dfrac{(-1)^{k+1}}{k}x^k$.

(6) $\quad e^{ix} = 1 + ix + \dfrac{-1}{2!}x^2 + \dfrac{-i}{3!}x^3 + \dfrac{1}{4!}x^4 + \dfrac{i}{5!}x^5 \cdots$

$\qquad = \left(1 - \dfrac{1}{2!}x^2 + \dfrac{1}{4!}x^4 + \dots\right) + i\left(x - \dfrac{1}{3!}x^3 + \dfrac{1}{5!}x^5 + \dots\right)$

$\qquad = \cos(x) + i\sin(x)$.

2.4　数値を直接代入して計算すると

$$g = \frac{GM}{(R+h)^2} = \frac{6.672 \times 10^{-11}\,\mathrm{N \cdot m^2/kg^2} \times 5.98 \times 10^{24}\,\mathrm{kg}}{(6.38 \times 10^6\,\mathrm{m} + 3.5786 \times 10^7\,\mathrm{m})^2} = 0.224\,\mathrm{m/s^2}$$.

マクローリン展開を用いると

$$g \approx \frac{6.672 \times 10^{-11}\,\mathrm{N \cdot m^2/kg^2} \times 5.98 \times 10^{24}\,\mathrm{kg}}{(3.5786 \times 10^7\,\mathrm{m})^2}\left(1 - 2\frac{6.38 \times 10^6\,\mathrm{m}}{3.5786 \times 10^7\,\mathrm{m}}\right)$$
$$= 0.200\,\mathrm{m/s^2}$$.

表にまとめたように，$x = R/h$ の高次の項まで展開すれば改善され，マクローリン展開をしないで求めた結果に一致します．

表　高度約 $35786\,\mathrm{km}$ での重力加速度 g の値とマクローリン展開

展開次数	x	x^2	x^3	x^4	x^5
$g\,[\mathrm{m/s^2}]$	0.230	0.223	0.225	0.224	0.224

3章

3.1　A と B を任意定数として，(1) $x = at^3/6m + bt^2/2m + At + B$ ．(2) $x = Ae^{\beta t} + Be^{-\beta t}$ ．(3) $x = A\cos(\omega t + B)$ ，$x = A\sin(\omega t + B)$ ，$x = A\cos(\omega t) + B\sin(\omega t)$ ，$x = Ae^{\omega t} + Be^{-\omega t}$ ．

3.2　$z = -gt^2/2 + z_0$ ．**3.3**　$z = -gt^2/2 + v_0 t$ ．**3.4**　$z = -gt^2/2 - v_0 t + z_0$ ．

3.5　$x = v_0 t$ ，$z = -gt^2/2 + z_0$ ．**3.6**　$x = (gt^2\sin\theta)/2 + v_0 t$ ．

3.7　$x = -\mu' gt^2/2 + v_0 t$ ．**3.8**　$x = v_0 m(1 - e^{-\frac{\alpha}{m}t})/\alpha$ ．

3.9　(1) $v = v_0 e^{-\frac{\alpha}{m}t}$ ．(2) $v = v_0/[1 + (v_0\beta t/m)]$ ．(3) $\alpha/\beta = v_0\log 2$ ．(4) 省略．

3.10　A と B を任意定数として，(1) $x = Ae^{2t} + Be^{3t}$ ．(2) $x = (At + B)e^{-2t}$ ．

(3) $x = Ae^{(2+2i)t} + Be^{(2-2i)t}$ ，または，$x = Ae^{2t}\cos(2t + B)$ ．

3.11　A と B を任意定数として，(1) $x = Ae^{-t} + Be^{-2t} + \frac{1}{2}t - \frac{3}{4}$ ．(2) $x = A + Be^{2t} - 3t$ ．

3.12 $x = A \cos(\omega t)$，ただし，$\omega^2 = 2k/m$．

3.13 $z = m^2 g \left(e^{-\frac{\alpha}{m}t} - 1 \right) / \alpha^2 + mgt/\alpha$．

3.14 $x = F\{1 - (\gamma t + 1)e^{-\gamma t}\}/m\omega_0^2$，ただし，$\gamma = \alpha/2m, \omega_0 = \sqrt{k/m}$．

4章

4.1 どの経路を通っても重力がした仕事は $2mga$．

4.2 経路 C_1 で $W_1 = 2ka^2$．経路 C_2 で $W_2 = \pi ka^2/2$．経路 C_3 で $W_3 = ka^2$．

4.3 (1) 非保存力．(2) 保存力．(3) 非保存力．(4) 保存力．(5) 保存力．

4.4 $\dfrac{1}{2}mv^2 = \dfrac{1}{2}mv_0^2 + \dfrac{1}{3}ax^3 - \mu' mgx$．

4.5 仕事は $W = ka^2$ で，速さは $\sqrt{2k/m}\, a$．

4.6 保存力なので，力がした仕事は経路に依らず $W_1 = W_2 = k/2$．

4.7 (1) 摩擦力のした仕事は $-\mu' mgh \cot \theta$．(2) 点 O での物体の速さは $\sqrt{2gh(1 - \mu' \cot \theta)}$．(3) 進んだ距離は $(1/\mu' - \cot \theta)h$．

4.8 (1) ばねの復元力 $\boldsymbol{F}(\boldsymbol{r}) = -k\,\boldsymbol{r}$．(2) 万有引力 $\boldsymbol{F}(\boldsymbol{r}) = -G\dfrac{mM}{r^2}\,\boldsymbol{e}_r$．

4.9 (1) 失ったエネルギー Q は

$$Q = \frac{m^2 g^2}{\alpha} \left[T + \frac{2m}{\alpha} \left(e^{-\frac{\alpha}{m}T} - 1 \right) - \frac{m}{2\alpha} \left(e^{-\frac{2\alpha}{m}T} - 1 \right) \right]．$$

(2) $T \to \infty$ の極限をとると

$$\lim_{T \to \infty} Q = \frac{m^2 g^2}{\alpha} T．$$

$T \to \infty$ で質点の速度は

$$\lim_{T \to \infty} v(T) = \lim_{T \to \infty} \frac{mg}{\alpha} \left(1 - e^{-\frac{\alpha}{m}T} \right) = \frac{mg}{\alpha}，$$

となり等速直線運動．そのため，時間 T の間に落下する距離は，mgT/α．このとき，重力と粘性抵抗力はつり合うので，粘性抵抗力の大きさは mg（負号を含めて考えると $-mg$）．したがって，粘性抵抗力のする仕事は

$$W = -mg \times \frac{mgT}{\alpha} = -\frac{m^2 g^2}{\alpha} T．$$

質点は，この値の負号を逆にした分だけエネルギーを失い $\displaystyle\lim_{T \to \infty} Q$ と一致．

5章

5.1 物体に働く力がゼロとなるので，物体は直前の速度を維持．したがって，図5.2 のベクトル $\boldsymbol{v}$ の向きに飛び出します．

5.2 行列 $\mathbf{R}$ およびベクトル $\boldsymbol{r}$ の成分をそれぞれ

$$\mathbf{R} = \begin{pmatrix} a(t) & b(t) \\ c(t) & d(t) \end{pmatrix}，\quad \boldsymbol{r} = \begin{pmatrix} x(t) \\ y(t) \end{pmatrix}，$$

とすると，

$$\mathbf{R} \cdot \boldsymbol{r} = \begin{pmatrix} a(t)x(t) + b(t)y(t) \\ c(t)x(t) + d(t)y(t) \end{pmatrix} .$$

これより，$\mathbf{R} \cdot \boldsymbol{r}$ の各成分は，行列 $\mathbf{R}$ の成分とベクトル $\boldsymbol{r}$ の成分の掛け算で表されるので，$\mathbf{R} \cdot \boldsymbol{r}$ の微分は積の微分の公式を満たします．

5.3　遠心力は，回転の中心から物体の位置に向かう方向に働きます．遠心力は物体の速度ベクトル $\boldsymbol{v}$ に垂直で図中の右向きに働きます．遠心力の大きさは $m|\boldsymbol{r}|\omega^2$，コリオリ力の大きさは $2m\omega|\boldsymbol{v}|$ になります．

5.4　地球の自転の周期を 24 時間とすると，角速度は $\omega = 7.27 \times 10^{-5}\,\mathrm{rad/s}$．地球の赤道半径 $r = 6380\,\mathrm{km}$ とすると，質量 $m = 50\,\mathrm{kg}$ の人に赤道付近に働く遠心力の大きさは，$mr\omega^2 = 1.69\,\mathrm{N}$．よって，重力加速度の大きさを $9.8\,\mathrm{m/s^2}$ とすると，この人は遠心力の影響で $1.7 \times 10^{-1}\,\mathrm{kg}$ 軽くなる．

6章

6.1　解答は略（数学ノート 6.1 を参照）．

6.2　$\boldsymbol{a} = a_x\boldsymbol{e}_x + a_y\boldsymbol{e}_y + a_z\boldsymbol{e}_z$ および $\boldsymbol{b} = b_x\boldsymbol{e}_x + b_y\boldsymbol{e}_y + b_z\boldsymbol{e}_z$ として，$\boldsymbol{a} \times \boldsymbol{b}$ を $\boldsymbol{e}_x$，$\boldsymbol{e}_y$，$\boldsymbol{e}_z$ どうしの積で展開．あとは基本ベクトルどうしのベクトル積の結果 [式 (6.1.10) および (6.1.11)] を用いて地道に計算する．

6.3　(1) $(5, 5, 5)$．　(2) $(2, -2, 2)$．　(3) $(2, -3, -4)$．

6.4　$\boldsymbol{v}_\mathrm{B} = (1, -1, 2)$ または $\boldsymbol{v}_\mathrm{B} = (-2, -1, 1)$．

7章

7.1　(1) $\boldsymbol{P} = m\dot{\boldsymbol{r}}_1 + m\dot{\boldsymbol{r}}_2 = 2m\boldsymbol{e}_x + m\boldsymbol{e}_y$．　(2) $K = \frac{1}{2}m\dot{\boldsymbol{r}}_1^2 + \frac{1}{2}m\dot{\boldsymbol{r}}_2^2 = \frac{5}{2}m$．質量中心ベクトルは $\boldsymbol{r}_\mathrm{G} = \frac{\boldsymbol{r}_1 + \boldsymbol{r}_2}{2} = \frac{2t+1}{2}\boldsymbol{e}_x + \frac{t+1}{2}\boldsymbol{e}_y$，となるので $K_\mathrm{G} = \frac{1}{2}(2m)\dot{\boldsymbol{r}}_\mathrm{G}^2 = \frac{5}{4}m$．相対位置ベクトルは $\boldsymbol{r} = \boldsymbol{r}_2 - \boldsymbol{r}_1$，換算質量は $\mu = \frac{1}{2}m$ なので $K' = \frac{1}{2}\mu\dot{\boldsymbol{r}}^2 = \frac{5}{4}m$．　(3) $\boldsymbol{L} = m\boldsymbol{r}_1 \times \dot{\boldsymbol{r}}_1 + m\boldsymbol{r}_2 \times \dot{\boldsymbol{r}}_2 = -m\boldsymbol{e}_z$，$\boldsymbol{L}_\mathrm{G} = 2m\boldsymbol{r}_\mathrm{G} \times \dot{\boldsymbol{r}}_\mathrm{G} = -\frac{1}{2}m\boldsymbol{e}_z$，$\boldsymbol{L}' = \mu\boldsymbol{r} \times \dot{\boldsymbol{r}} = -\frac{1}{2}m\boldsymbol{e}_z$．

7.2　$\dot{\boldsymbol{L}} = \dot{\boldsymbol{r}}_\mathrm{G} \times (m_1 + m_2)\dot{\boldsymbol{r}}_\mathrm{G} + \boldsymbol{r}_\mathrm{G} \times (m_1 + m_2)\ddot{\boldsymbol{r}}_\mathrm{G} = 0$，$\dot{\boldsymbol{L}} = \dot{\boldsymbol{r}} \times \mu\dot{\boldsymbol{r}} + \boldsymbol{r} \times \mu\ddot{\boldsymbol{r}} = \boldsymbol{r} \times \boldsymbol{F}_{21} = 0$．

7.3　$x_1 = \frac{a}{2} - \frac{a}{2}\cos\omega t$，$x_2 = l_0 + \frac{a}{2} + \frac{a}{2}\cos\omega t$．

7.4　近日点：$1.471 \times 10^{11}\,\mathrm{m}$．　遠日点：$1.521 \times 10^{11}\,\mathrm{m}$．

7.5　面積速度一定の法則より $\frac{1}{2}a(1-\varepsilon)v_p = \frac{1}{2}a(1+\varepsilon)v_a$．したがって，$v_a = \frac{1-\varepsilon}{1+\varepsilon}v_p$．

7.6　地球の質量を M，物体の質量を m とします．$M \gg m$ なので換算質量は $\mu = m$ としてかまいません．物体は地球からの重力で地球半径 R の等速円運動をすると考えると $m\frac{v_1^2}{R} = G\frac{Mm}{R^2}$ となります．したがって，$\sqrt{\frac{GM}{R}} \approx 7.9\,\mathrm{km/s}$．物体が地球に戻ってこないとき力学的エネルギーは $E = \frac{1}{2}mv^2 - G\frac{Mm}{R} \geq 0$ です．したがって，$v_2 = \sqrt{\frac{2GM}{R}} \approx 11.2\,\mathrm{km/s}$．

7.7 (1) $V = \frac{m}{m+M}v_0$ ． (2) $\frac{1}{2}\frac{mM}{m+M}v_0^2$ ． (3) 靴底とスケートボードの間の摩擦により熱エネルギーに変換された．

7.8 (1) $\frac{m}{m+M}v$ ． (2) $\frac{1}{2}\frac{mM}{m+M}v^2$ ． (3) $v = \frac{\sqrt{2gh}(m+M)}{m}$ ．

7.9 $\sqrt{k/m}$ ， $\sqrt{5k/m}$ ．

8章

8.1 (1) $k = 3m$ ，$k_G = 0$ ，$k' = 3m$ ． (2) $\boldsymbol{L} = -4m\boldsymbol{e}_z$ ，$\boldsymbol{L}_G = 0$ ，$\boldsymbol{L}' = -4m\boldsymbol{e}_z$ ．

8.2 $v_2 = 2\sqrt{2}V$ ．

8.3 $\cos\alpha = (p_1^2 - p_2^2 - p_3^2)/(2p_2p_3)$ ．

8.4 (1) $mv = \Delta m(v - v_0) + (m - \Delta m)(v + \Delta v)$ ． (2) $mv = (\Delta m)v - (\Delta m)v_0 + mv + m\Delta v - (\Delta m)v - \Delta m\Delta v$ より $m\Delta v = v_0\Delta m$ ． (3) $m\frac{dv}{dt} = v_0\frac{dm}{dt}$ に $m = m_0 - ct$, $\frac{dm}{dt} = c$ を代入して $\frac{dv}{dt} = \frac{cv_0}{m_0 - ct}$ ． (4) $v = v_0\log\left(\frac{m_0}{m_0 - ct}\right)$ ． (5) $\Delta K = \left(\frac{1}{2}(m - \Delta m)(v + \Delta v)^2 + \frac{1}{2}\Delta m(v - v_0)^2\right) - \frac{1}{2}mv^2 \approx \frac{1}{2}\Delta mv_0^2$ ．燃料の化学エネルギーの一部が燃焼を通じてロケットの運動エネルギーに変換された．

8.5 (1) $x_G = \frac{\sum_{i=1}^n x_i}{n}$ ． (2) $m\ddot{x}_1 = k(x_2 - x_1 - l), m\ddot{x}_2 = -k(x_2 - x_1 - l) + k(x_3 - x_2 - l), \cdots m\ddot{x}_i = -k(x_i - x_{i-1} - l) + k(x_{i+1} - x_i - l), \cdots m\ddot{x}_{n-1} = -k(x_{n-1} - x_{n-2} - l) + k(x_n - x_{n-1} - l), m\ddot{x}_n = -k(x_n - x_{n-1} - l)$ ． (3) $M\ddot{x}_G = 0$ ．

9章

9.1 $\tan\beta = 2\tan\alpha$ ．

9.2 $\mu = \frac{1}{2}\tan\theta$ ．

9.3 半径 R の円の中心から右に $R/6$ ．

9.4 (1) $\frac{1}{3}Ml^2$ ． (2) $\frac{1}{3}M(a^2 + b^2)$ ．

9.5 $I_x = \frac{M}{2}\left(a^2 + \frac{l^2}{6}\right)$ ， $I_z = Ma^2$ ．

9.6 (1) $\omega_2 = \frac{I_1}{I_2}\omega_1 < \omega_1$ ． (2) $\frac{1}{2}\left(\frac{I_1^2}{I_2} - I_1\right)\omega_1^2$ ．

9.7 $I = \frac{gt^2}{2h}(M - m)a^2 - (M + m)a^2$ ．

9.8 $I = \frac{1}{12}ml^2$ ， $L = \frac{1}{12}ml^2\omega$ ， $K = \frac{1}{24}ml^2\omega^2$ ．

9.9 $\omega = \sqrt{\frac{5g(l+a)}{5(l+a)^2 + 2a^2}}$ ．

9.10 (1) $Mv = F\Delta t$ ． (2) $\frac{1}{12}Ml^2\omega = aF\Delta t$ ． (3) $v - \frac{l}{4}\omega = 0$ より $a = \frac{l}{3}$ ．

9.11 (1) $M\frac{dv}{dt} = -\mu'N = -\mu'Mg$ ． (2) $I\frac{d\omega}{dt} = \mu'Mga$ ． (3) $v = \mu'gt + v_0$ ，$\omega = \frac{\mu'Mga}{I}t$ ． (4) $t = \frac{2v_0}{7\mu'g}$ ．

略解

索　引

―――――――あ―――――――

アモントン, 67
アリストテレス, 67
合わせ型, 15
安息角, 66

位相, 93
位置エネルギー, 127
1次元空間, 8
位置ベクトル, 11
1階微分方程式, 56
一般解, 57
一般化座標, 150
一般相対性理論, 52

運動エネルギー, 124, 125
運動の3法則, 26
運動の法則, 27
運動方程式, 28, 54
運動摩擦係数, 70
運動摩擦力, 70
運動量, 27, 172

SI組立単位, 40
SI単位系, 40

n体問題, 232
エネルギー, 124
エネルギー積分, 125, 132, 211
遠隔力, 32
遠日点, 203
遠心力, 153, 160
円錐曲線, 207
円錐振子, 94
円筒座標, 255
円筒座標系, 11

オイラー, 7, 68
オイラーの公式, 51, 93
オイラー=ラグランジュ方程式, 150
重さ, 48

―――――――か―――――――

階数, 104
解析力学, 150
回折限界, 192
回転行列, 156
回転座標系, 155
回転軸, 181
回転の運動方程式, 172, 187
回転半径, 257, 268

回転力, 179
外力, 194, 232
角運動量, 172
角運動量が従う方程式, 185, 188
角運動量保存の法則, 185
角振動数, 92, 107, 269
角速度, 144, 172
角力積, 280
過減衰, 102
重ね合わせ, 92
重ね合わせの原理, 44
可視光線, 192
加速度, 20
加速度ベクトル, 20
ガリレオ, 26, 96
換算質量, 197
慣性, 27, 29
慣性系, 33, 36, 218
慣性質量, 29, 42, 47
慣性抵抗係数, 77
慣性抵抗力, 77
慣性の法則, 26
慣性モーメント, 172, 173, 256, 257
慣性力, 36, 118, 155, 160
完全非弾性衝突, 214, 215

基準振動, 223
基底変換, 225
軌道, 61, 80, 203
基本解, 92
基本ベクトル, 176
基本ベクトル表示, 12
基本量, 39
逆行列, 158
逆ベクトル, 15
球座標, 164
休止角, 66
球座標系, 11

仰角, 54, 78
共振, 112
強制振動, 107
共鳴, 112
共鳴曲線, 112
行列式, 177, 225
極座標, 144, 202
極座標系, 10
近日点, 203

偶力, 254, 276
クーロン, 67
首振り運動, 275

ケプラー, 201
ケプラーの第1法則, 203
ケプラーの第3法則, 209
ケプラーの第2法則, 209
ケプラーの法則, 201
原始関数, 57, 64
減衰角振動数, 99
減衰振動, 100
減衰率, 98
現代物理学, 6
原点, 8

向心力, 148
剛体, 6, 246
剛体の平面運動, 268
公転周期, 209
勾配, 137
降伏点, 8
抗力, 72, 78
合力, 30, 54
抗力係数, 78
固定軸, 253
古典力学, 52
弧度法, 16

索引

290

固有角振動数, 98, 108
固有周期, 98, 108
固有値, 224, 225
固有値問題, 224, 225
固有ベクトル, 224, 225
コリオリ力, 153, 160

——————さ——————

歳差運動, 275
最大静止摩擦力, 68, 70
逆ねじ, 176
座標系, 8
座標軸, 9
作用線, 30
作用・反作用の法則, 31, 194
サラスの方法, 178
散逸, 131
3次元極座標, 164
3次元空間, 8
3体問題, 7
散乱問題, 216

次元, 39
次元解析, 40, 125
仕事, 120
仕事率, 122
自然長, 90
実験室系, 217
実体振り子, 268
質点, 6
質点近似, 6
質点系, 6, 232
質量, 47
質量中心, 195, 232, 247
質量中心系, 217
質量中心に関する定理, 235, 247
質量中心の運動の角運動量, 199
質量中心ベクトル, 195

磁場, 121
射影ベクトル, 151
周期, 93, 145
周期的外力, 107
周期的な運動, 90
重心, 195
重心運動の方程式, 197
重心系, 217
重心ベクトル, 195
終端速度, 84
周波数, 93
重力, 45, 54, 194
重力加速度, 44
重力加速度ベクトル, 45
重力質量, 42, 47
重力のモーメント, 240
シュンペーター, 4
焦点, 203
衝突, 6, 212
常微分方程式, 103
初期位相, 93, 144
振幅, 93
人類の至宝, 51

垂直抗力, 67, 68, 133
スウィングバイ, 212
スカラー, 14
スカラー積, 16, 121, 146, 175
スカラー場, 121
ストークス, 118
ストークスの法則, 77

制限3体問題, 7
静止摩擦係数, 68, 70
静止摩擦力, 69, 271
正方行列, 225
積分定数, 58
接触力, 33

索引

ゼロベクトル, 14
全運動エネルギー, 198, 240
全運動量, 198, 235, 248
全角運動量, 199, 236, 248
線形, 104
線形結合, 92
全質量, 195, 233
線積分, 122

相対位置ベクトル, 195
相対運動, 232
相対運動のエネルギー, 199
相対運動の角運動量, 199
相対運動の方程式, 198
相当単振り子の長さ, 270
層流, 77, 118
速度, 17
速度ベクトル, 17
束縛力, 133
塑性, 8
素粒子, 6

───────た───────
第1宇宙速度, 228
対角化, 225
対角化可能, 225
体積素片, 164
第2宇宙速度, 228
楕円, 203
多重積分, 252
多体問題, 7
ダ・ヴィンチ, 67
単位行列, 224
単位ベクトル, 13, 15
単振動, 90
単振動の微分方程式, 92, 206
単振動の方程式, 269
弾性係数, 90

弾性限界, 8, 90, 97
弾性衝突, 212, 214
弾性体, 8
弾性力, 90
単振り子, 94

力の分解, 30
力の合成, 30
力の場, 121
力のモーメント, 175, 179, 195, 253
中心力, 188
中心力場, 149
張力, 133
調和振動の微分方程式, 92
調和の法則, 209
直交座標系, 9

継ぎ足し型, 15

定係数, 104
抵抗力, 76, 96
定積分, 59, 89
テイラー展開, 48
ディラック, 53
デカルト, 26
デカルト座標, 54, 144, 207
デカルト座標系, 9
デモクリトス, 24
デル, 137
天頂角, 10, 251
電場, 121

等価性, 47
等加速度運動, 55
導関数, 18, 56
動径, 10
同次, 104
等時性, 96

索引

292

等速円運動, 144
動摩擦係数, 68, 70
動摩擦力, 68, 70, 271
特解, 59
特殊解, 59
特殊相対性理論, 52
特性多項式, 225
特性方程式, 92, 105
度数法, 16
トライボロジー, 68
トルク, 179

——————な——————

内力, 194, 232
ナヴィエ, 118
ナヴィエ＝ストークス方程式, 118
ナブラ, 137
滑らかな束縛力, 133

2階微分方程式, 56
2次元空間, 9
2重積分, 252
2体系, 194
2体問題, 6, 194
ニュートン, 7, 26, 41
ニュートンの記号, 19, 195
ニュートン力学, 52

粘性係数, 77
粘性抵抗力, 77, 96, 107
粘性力, 118

——————は——————

はねかえり係数, 215
ばね定数, 90, 91
速さ, 18
反発係数, 215

万有引力, 26, 41
万有引力定数, 42

非慣性系, 36
微小仕事, 120
微小質量要素, 246
微小変位ベクトル, 122, 165
非線形, 104
ピュタゴラスの定理, 12
非弾性衝突, 212, 214
非同次, 104
微分, 18
微分係数, 18, 56
微分積分学の基本定理, 60, 65
微分方程式, 29, 56
非保存力, 131

ファインマン, 25, 51
フーコーの振り子, 170
復元力, 107
フック, 41
フックの法則, 90
不定積分, 57, 64, 89
ブラーエ, 201
振り子, 94

平均の速度, 17
平行軸の定理, 258, 270
平行四辺形の法則, 15
並進運動, 33, 232
並進運動のエネルギー, 199
並進運動の方程式, 197
平板剛体に関する定理, 259
ベクトル, 14
ベクトル積, 175, 182
ベクトルの合成, 15
ベクトルの分解, 15
ベクトル場, 121

索引

293

ベクトル微分演算子, 137, 165
変位, 90
変位ベクトル, 13
変数分離形, 79, 88
偏導関数, 129, 136
偏微分, 103
偏微分方程式, 104

ポアンカレ, 7
方位角, 10, 251
法線ベクトル, 176, 181
放物運動, 3, 54
保存力, 126
保存力の場, 126
ポテンシャル, 137
ポテンシャル・エネルギー, 124, 127

──────── ま ────────

マイクロ波分光, 192
マクローリン展開, 45, 49, 81
摩擦, 66
摩擦力, 67, 69

見かけの力, 36, 155
右手系, 10

面積速度, 179, 189, 209
面積速度一定の法則, 209
面積速度の保存, 190

──────── や ────────

有効断面積, 77
有効ポテンシャル, 211

余因子展開, 179
揚力, 78
揚力係数, 78
弱い等価原理, 47

──────── ら ────────

乱流, 77, 118

リーマン和, 65
力学的エネルギー, 132
力学的エネルギーの保存, 132, 211
力学的相似則, 118
力積, 28, 172
離心率, 203
流体, 8
流体の速度場, 121
臨界減衰, 101

レイノルズ, 118
レイノルズ数, 118
連成振動, 219
連続体, 7, 246
連続対近似, 7
連立微分方程式, 220

──────── わ ────────

惑星, 201

索引

294

著者略歴 (50 音順)

井口 英雄(いぐち ひでお) 2000 年京都大学大学院理学研究科博士課程修了.博士(理学).大阪大学大学院理学研究科教務補佐員,京都大学基礎物理学研究所 COE 研究員,日本学術振興会特別研究員,日本大学理工学部助手,専任講師を経て,現在,日本大学理工学部准教授.専門は宇宙物理学.日本物理学会会員.

佐甲 徳栄(さこう とくえい) 2000 年東京大学大学院理学系研究科博士課程修了.博士(理学).科学技術振興事業団 CREST 研究員,アレクサンダー・フォン・フンボルト研究員,東京大学大学院理学系研究科助手,日本大学理工学部専任講師,准教授を経て,現在,日本大学理工学部教授.専門は原子分子物理学・光物質科学.日本物理学会,日本化学会,分子科学会,原子衝突学会,各会員.

相馬 亘(そうま わたる) 1996 年金沢大学大学院自然科学研究科博士課程修了.博士(理学).京都大学博士研究員,(株)国際電気通信基礎技術研究所 (ATR) 主任研究員,(独)情報通信研究機構 (NiCT) 専門研究員,日本大学理工学部准教授を経て,現在,立正大学データサイエンス学部教授.専門は素粒子論,複雑系科学,科学・情報計量学.著書に "Econophysics and Companies"(共著,Cambridge Univ. Press),"Macro-Econophysics"(共著,Cambridge Univ. Press),『経済物理学』(共著,共立出版)他多数.日本物理学会,情報処理学会,日本工学教育協会,アメリカ経済学会,国際科学・情報計量学学会,各会員.

中原 明生(なかはら あきお) 1993 年九州大学大学院理学研究科博士課程単位取得退学.博士(理学).中央大学理工学部技術員,日本大学理工学部助手,専任講師,准教授を経て,現在,日本大学理工学部教授.専門は粉体と破壊の物理学,流体力学(レオロジー).著書に "Desiccation Cracks and their Patterns: Formation and Modelling in Science and Nature"(共著,John Wiley & Sons, Inc.)日本物理学会,日本流体力学会,アメリカ物理学会,アメリカ地球惑星連合,日本地球惑星連合,各会員.

改訂版 理工系のための力学

ⓒ Hideo Iguchi, Tokuei Sako,　　2012, 2019
Wataru Souma, Akio Nakahara

2012 年11月25日　初版 第 1 刷発行　　Printed in Japan
2019 年 9 月25日　改訂版 第 1 刷発行
2022 年 3 月25日　改訂版 第 2 刷発行

著者　井口英雄，佐甲徳栄

相馬　亘，中原明生

発行所　東京図書株式会社

〒102-0072 東京都千代田区飯田橋 3-11-19

振替 00140-4-13803 電話 03(3288)9461

http://www.tokyo-tosho.co.jp

ISBN 978-4-489-02319-4